Having Faith

An Ecologist's Journey to Motherhood

一名生态学家的孕育之旅

[美] 桑德拉·斯坦格雷伯 著

胡婧 译

北京大学出版社
PEKING UNIVERSITY PRESS

著作权合同登记号　图字：01-2016-1050

图书在版编目(CIP)数据

一名生态学家的孕育之旅/（美）桑德拉·斯坦格雷伯著；胡婧译. —北京：北京大学出版社，2019. 3

ISBN 978-7-301-30134-0

Ⅰ. ①一…　Ⅱ. ①桑… ②胡…　Ⅲ. ①环境影响－健康　Ⅳ. ①X503.1

中国版本图书馆CIP数据核字(2018)第283675号

书　　名	一名生态学家的孕育之旅 YI MING SHENGTAIXUEJIA DE YUNYU ZHI LÜ
著作责任者	［美］桑德拉·斯坦格雷伯　著　胡　婧　译
责任编辑	黄　炜
标准书号	ISBN 978-7-301-30134-0
出版发行	北京大学出版社
地　　址	北京市海淀区成府路205号　100871
网　　址	http://www.pup.cn　　新浪微博：@北京大学出版社
电子信箱	zpup@pup.cn
电　　话	邮购部010-62752015　发行部010-62750672　编辑部010-62764976
印 刷 者	北京宏伟双华印刷有限公司
经 销 者	新华书店
	720毫米×1020毫米　16开本　19.75印张　350千字
	2019年3月第1版　2019年3月第1次印刷
定　　价	45.00元

译者序

这是一本生物学和环境学的科普读物，阐述新生命诞生与外部环境的关系；它更是一部感人至深的回忆录，展现信念于个人的价值。

译界认为，翻译是最好的精读。作为本书的译者，我对此深有感触。初读本书，觉得这只是单纯的翻译任务，一如往常。从专业的角度，我开始关注书中大量的生物学、化学和环境术语以及人名、地名等专有名词。在翻译过程中，我时不时参阅和本书内容相关的中文平行文本，以增进对专业知识的了解。总体而言，本书在结构和风格上均可一分为二。结构上，以宝宝出生前后划分；风格上，以作者作为生物学家和新妈妈的双重身份交替呈现。然而，随着翻译的深入，无论是哪一部分，书中的文字仿佛有了生命一般：我的脑海中浮现出一幅幅生动的画面，直到译完费思降生那一刻时，我发现自己的眼睛湿润了；直到译完最后一章至“坚守信念”这四个字时，我感到自己心里有某种东西也变得坚定了；直到此时此刻，我大胆地为本书写下这篇译者序。我问自己，是什么造成了这种转变？

是信念。

作为译者，我相信作者的引导，相信书中的观点确凿有据，也相信人类的情感不分国界和语言。但如作者开篇所述，一个人往往具有不同的身份。本书作者桑德拉·斯坦格雷伯既是一位生态学家，也是一位母亲。她的双重身份相互影响，互相依存，最终成就了以婴幼儿健康和环境污染为主题的研究成果。译完本书，我常想，自己的另一种身份有没有——或者说怎样影响了我对这本书的解读和翻译？这要从三十二年前的一个冬夜说起。

那晚，在中国西北边陲的土地上，有位新妈妈生下了一个女婴，怀孕和生产过程恰如作者在本书中的描述。和世界上所有妈妈一样，她希望自己的孩子健康快乐地度过一生。然而事与愿违。由于早产，婴儿体质很差。一次看似普通的感冒导致婴儿脑神经受损，使她患上了脑瘫。疾病来势汹汹。婴儿四肢的肌肉出现严重痉挛，双腿相互交叉，脚尖朝下勾，酷似一把剪刀。双手紧紧握拳，很难掰开，有时指甲都能把手掌挖破。医生说婴儿将来“不会说话，不会笑，连父母也不认识”。这是新妈妈始料未及的结果。有些好心人见到此状，纷纷劝她放弃患病的婴儿，再要一个健康的孩子。当时她的所感所想，我不得而知，但我可以肯定地说，她没有放弃。

此后，她和她的丈夫共同照顾这个孩子，并且积极寻求治疗脑瘫的办法。一天，两天，三天；一个月，两个月，三个月；一年，两年，三年……他们把全部时间和精力投入到各种尝试中，只为一个目标：让女儿康复。然而，脑瘫是世界公认的不治之症，如此费心劳神地去照料一个被医学界认定无望的女婴，到底会取得怎样的结果，或许只有上帝才知道。他们也没想到，女儿的病情出现好转。她三岁开口学说话，五岁自学拼音，十岁学会站立，十二岁能独立行走，十六岁自学英语，2011年荣获有中国翻译界奥斯卡之称的韩素音青年翻译竞赛的汉译英组优秀奖，2014年被评为新疆维吾尔自治区“自强不息，自主创业之星”，2016年考取英国皇家特许语言家学会Diploma in Translation高级翻译文凭，目前通过计算机和网络从事中英互译工作。

是的，那名女婴就是我。

脑瘫患者的身份似乎让我获得了另一种感官，让我去感受“器官发生”“多氯联苯”“甲基汞”等专业术语之外的意境。虽然时过境迁，自己患病的根源已无从查证，但当我翻译到日本女孩“智子”及其家人与导致水俣病的元凶——池肃化工厂抗争时，当我翻译到“反应停”导致严重的肢体缺陷时，当我翻译到美国妈妈为了保护生育健康而奔走相告时，我还是不免会联想到自己罹患脑瘫的经历，想到自己因无法正常使用双手而练习用下巴和脚操控电脑；想到父亲踏遍天山南北，到处为我寻医问药；想到母亲看着病痛中的我，泪眼婆娑地控诉道：“老天爷，为什么不让我来替她啊！”所有的这些回忆融入翻译的过程，犹如一丝潮润流入干燥的空气，不见其踪影，唯有用心去感受。

一路坎坷，支撑我和家人走到今天不是别的，正是信念。我们不知道未来会发生什么，但我们坚信自己的行动会改变未来。

几乎在同一时期，中国也发生了翻天覆地的变化。改革开放，经济腾飞，家家户户过上了小康生活。然而，有些发展却是以牺牲环境为代价换来的：雾霾、化工和农业污染、药物滥用、非法食品添加剂等问题层出不穷，频频发生。环保部《2014中国环境状况公报》的数据显示，2013年二氧化硫排放总量为2043.9万吨；工业固体废物产生量达327 701.9万吨；43.9%的监测点地下水水质“较差”，主要超标指标为“总硬度、铁、锰、溶解性总固体、‘三氮’（亚硝酸盐、硝酸盐和氨氮）、硫酸盐、氟化物、氯化物等”。身处其中，我们感到危机四伏，防不胜防。要治疗环境的顽疾，也绝非易事。摆在我们面前的有两个选择，放弃和逃避是其中之一。然而，信念告诉我们，这改变不了什么。古人云，天下难事必作于易，天下大事必作于细。能改变这一切的，也恰恰取决于我们每一个人细小的行动。为了祖国更加美好的未来，从自身做起，了解并选择绿色的生活方式，尊重自己和他人的生命，勇于表达心中的诉求，不论你是环境工作者、政策制定者、监管人员、教育人士、餐饮业主、医护人员、产业工人、业界领导，还是一位准妈妈。

因为我们都是坚守信念的人。

胡　婧

2017年5月于乌鲁木齐

献给杰夫和费恩

目　录

前　言

每一位女性在怀上宝宝后都会拥有各种身份的体验。我是一位生物学 ix
者，也就是说我要花大量的时间思考各种生物与栖息环境之间产生的相互联系。我38岁怀孕，然后便惊奇地发现自己变成了一块栖息地。我的子宫是一片内海，里面栖息着一个生灵。

我开始用科学家的目光内观自身，积极探索从外界进入女性体内的空气、食物和水孕育新生命这一奇妙的生物过程，同时分析环境对孕妇和哺乳期妇女所构成的威胁。有毒化学物质怎样穿透胎盘的层层阻隔？怎样进入羊水？怎样进入乳房后方负责分泌乳汁的腺泡？胎儿在最早的发育阶段与合成的化合物接触会受到哪些影响？这些问题的答案看似对我作为准妈妈的未来至关重要，而且纷纷指向一个简单的道理：要想保护体内的生态系统，就必须要保护体外的生态环境。

本书集结了最具个人色彩的生物学调查结果。第一部分逐月讲述胎儿发育的过程，分为九个章节，标题分别选自农耕期各月份对满月的传统称
呼。另外，我也探究孕期各种奇事，包括令人费解的妊娠反应、历史上在 x
识别影响胎儿的毒物方面的失误、双手握住从自己体内抽取的一小管羊水时的所感所想、导致出生缺陷的原因以及某些化学污染物对胎儿脑部发育的破坏力。临产时，我把注意力转向分娩过程本身的生态学。我计划在一家大型科研医院自然分娩。在决定分娩方式时，我的另一个身份——癌症幸存者——起到了至关重要的作用。

接下来，本书仔细分析了哺乳的共生关系。因此，本书的第二部分首先介绍当乳房接替胎盘给婴儿输送营养时，在母婴之间重建生物关系的过

程。在第二部分中，我会就母乳具有抗病功能，在促进婴儿脑部发育方面，细细梳理母乳的演化起源。最后，我剖析母乳的优势——当然还包括母亲分泌乳汁的能力——如今正怎样遭受人类食物链中有毒化学物质的侵害。

书后随附的参考文献让读者一睹本书研究所涉及的数百篇科学论文、专著、报告和文本。想要了解更加详尽的生物学论述，可在此查阅。不过，所有的这些研究实际上可被归纳成简单的几句话。用北美原住民助产士卡齐·库克（Katsi Cook）的话来说，女人的身体是第一环境。如果外界的环境被污染了，女性体内的生态系统也会遭到污染。如果女人的身体被污染了，住在里面的宝宝也会受到牵连。这些道理应该激励我们所有人——爸爸妈妈、爷爷奶奶、医生、助产士以及关心后代的每一个人行动起来，保护环境。

2001年1月31日

纽约州伊萨卡市

第一部分

3 在医院的日光室里，阳光穿透玻璃窗，如温泉一般洒进来。我把你带到这儿，小宝贝，是想让你看看天空——像矢车菊一样湛蓝的天空，还有你出生的城市——波士顿的那些砖石建筑。可你却在酣睡，没有一点点想要醒来的迹象。

昨晚，你依偎在我的臂弯里。我抱着你，让你的身体紧紧贴合在我的腹部外面，而不再是里面了。你那一弯一曲、一凸一凹的体型，如同我自己的，再熟悉不过了（我对你脚后跟的形状特别熟悉，许多个星期以来我都能在肚皮下感觉得到，就在左肋下方的位置）。凌晨3点，你醒了。你爸爸说他在陪护床上望过去，发现你正瞅着墙上的一片亮光。我睡觉时，他把你抱进怀里，在墙上演手影戏给你看。他说你专注地看着——他强调“专注”一词。他说表演结束后，你把注意力转到了他的脸上，用平静的目光注视着他。爸爸说你具有一种善于观察、勤于探究的精神。

你的左手从襁褓上面晃了出来，可你还是没有醒。小手背上的血管走向和我的一模一样。我一刻不停地看着你，欲罢不能。难怪妈妈们都声称自己记不清分娩时的情形。你占据了我所有的脑细胞。仅仅是你的呼吸声——堪称奇迹——就让我无法分心。你的头发散发出那种海水的气味。你
4 的耳朵后面跳动着的脉搏。你那黄油般的皮肤。我太想记住你的一切了，都无暇回忆我昨日的生活。

玻璃窗外的世界，鸣鸟在觅食，在树上歇息。有些鸟将在今晚启程，一路飞往委内瑞拉。矶鹞、鸻和宽翅鹰已启程飞往巴塔哥尼亚和巴拿马。蝙蝠正飞往肯塔基州和田纳西州的山洞。大西洋上，迁徙加勒比海的驼背鲸途经这里。甚至就在此时，远在魁北克的加拿大雁正冲着我们这个方向鸣叫。今天是启程的好日子。

每每看着你，我都在想，现在我不能死。

我为你取名为费思。[①]

1998年9月26日晌午

---

① 费思，即Faith，本义为“信念”，是贯穿本书的文学意境。——译者注

旧月
（一月）

在伊利诺伊卫斯理大学教职工专用的卫生间里，我正对着一根棒棒小便。外面，冬天的第一场雪正紧锣密鼓地下着。这对我来说是件好事，因为五分钟之内楼下就有一堂讨论课要我上，而这场雪让大家进教室后不得不跺跺靴子，抖抖围巾，应该会拖延一会儿时间。

二十年前我在这里上学时，总想知道在这样私密的房间里都会发生些什么事。如今，我以短期驻校作家的身份重返校园，身边有担任短期驻校艺术家的丈夫陪伴。借此机会，我穿过校园里很多熟悉的老建筑，推开一扇扇门，来到曾经不为我知的房间，比方说教务长办公室、员工食堂，还有我现在待的这间墙壁黢黑、窗户宽敞、地面凹凸不平、配备超大型陶瓷设施的厕所。

我集中注意力，听着散热器传出“吱吱”的

响声。尿液溅到了我的手指上。我感到验孕棒朝下弯去，像一根占卜杖。

几分钟之前，我在办公室完成了校友会杂志记者的采访。在接受采访时，我脑子里想的全是自己是否怀孕这一问题。还有两天才该来例假，可我有一种预感。因此，记者离开后，我立刻走到街对面的药店。我上大学时在那里买过避孕用具。每次站在收款区，总担心老师会走进药店，看到
6 我手里拿的避孕套和杀精剂。今天的我和那时一样故作镇定，悄悄走到装有家用验孕试剂盒的柜台前，生怕在店员把那个太过粉红的试剂盒稳妥地装入袋子前我的学生会进来。

洗手盆的前沿呈流线型，冰冰凉凉的，我把湿漉漉的验孕棒放在上面。白色衬着白色，验孕棒仿佛要消失了。

其实我并没有计划现在做测验。可读完盒子背后的说明，验孕是如此的简单迅速，令我惊讶。将验孕棒用尿液浸湿，三分钟之后就有答案了。太有诱惑力了！1986年，我作为《底特律自由新闻报》的科学撰稿人做过一项有关家用自检测试套件的报道，把验孕试剂盒堆了一桌子，这让特稿部的很多人挑起眉毛，大感惊讶。那时，女人自测怀孕的想法还是令人感到难为情的。当时的验孕盒包含了全套袖珍检测工具，要求当事人使用第一次晨尿，并且愿意遵守一系列复杂的操作程序，最后还得等待半个小时。“我要有小孩了吗？”女人问那小小的化学套件。固定在试管下方的反射镜上出现了一个幽灵般褐色的圆环，表示“是的”。这就像是在看茶叶算命一样。

在家用验孕试剂问世之前，女人把尿液交给医院技师去预测自己的未来。1927年，柏林的一家福利医院研发出阿-宋二氏妊娠试验法。该测验将可能怀孕妇女的尿液注入尚未发生性交的成年小鼠体内（后来换成了兔子或蟾蜍），然后将动物解剖，看它是否排卵。如果排卵，那么实验结果就是阳性。这需要数周才能完成。在阿-宋二氏妊娠试验法被应用之前，女人依据自己的身体变化来判断是否怀孕。对某些人来说，可能要过几个月才知道。如今，一根塑料棒上出现两条色带，就能证实怀孕，所需时间比刷牙还快。

我看了看手表，记住开始验孕的时间，然后便十分刻意地朝窗外望去。穿过停车场就是我当年第一次发生性爱的宿舍。再往前走是老科学楼。在那里，我利用除睡觉之外的大部分时间学习无脊椎动物学、比较解

剖学、有机化学。那栋楼里有一间胚胎学实验室。在那里有一次我成功地移植了鸡胚胎翼芽。说来真的很奇怪——我一边深入学习生殖生物学的相关知识，一边开始了自己的性生活。白天，我认真研究胚胎横截面的显微 7
图像，其中体现的美如此奇妙，完全令我折服；晚上则在寝室里展开一番云雨之事，想方设法阻止精子与卵子相会。现在来看，发生所有这一切的年代已飞逝而去，甚至让人怀疑它是否真的存在过。那是从1973年美国法庭裁定罗诉韦德一案[①]到八十年代初出现艾滋病短短几年的时间。在此期间，性爱既不会毁掉女性的生活，也不会夺走性命。如今我重返故地——成了家，不再避孕，岁数也比刚刚学会给鸡做产卵前手术那会儿增长了一倍。

雪下得更大了。中庭里土黄色的草地都已被雪覆盖。

“我怀孕了吗？”这是一个很古老的问题。在我之前有多少女人问过自己？此时此刻又有多少女人站在窗前，等着被尿液浸湿的验孕棒变颜色？其中有些人在祈祷自己不要看见色带，而有些人则盼望着它们的出现。“我怀孕了吗？”而此时，我不确定自己希望看到哪一种结果。我主要还是被验孕的便捷性扰乱了心绪，就好像如此庄严的问题本应该用牺牲动物的方式来求解，或者至少采用精密复杂的操作也行啊。我又读了一遍说明书，注意到上面把那根塑料棒称为“魔棒”。

我猜时间过去约一分钟了，还有两分钟。为了不让自己盯着表，我决定想一想月经。内观人体是我的习惯之一，是我个人的一种冥想形式。一次，我在伦敦住的酒店无意中成了恐怖袭击地点。正当人员集合时，一枚炸弹在我对面庭院的房间里爆炸，炸死了罪犯和隔壁一位熟睡中的妇女。在此后的日子里，我一遍又一遍地在脑海中勾勒穿越心脏四个腔室的静脉和动脉血管。这种方法能减缓我自己的心跳——而且还能避免回忆窗户破碎的景象。

现在就来说说月经周期吧。

在经期结束时，子宫内膜变得薄而光滑——就像洪水退去后留下的一层淤泥。卵巢也变得光滑平静。然后，位于脑部的脑下垂体开始向血液中 8
注入一种叫促卵泡激素的物质。恰如其名，这种激素唤醒其中一个卵巢中

① 美国高级法院裁定女性怀孕后享有决定是否做人工流产的隐私权。——译者注

所有的卵泡。和肥皂泡一样，这些卵泡一齐上升到卵巢表面，每一个卵泡里携带一枚人类的卵子。一般而言，仅有一个卵泡最终会交出“囊中之物”，但所有卵泡都会参与增加分泌雌激素这一项任务中来。正是这种齐心协作使得下一步成为可能。

聚集起来的雌激素从充满卵泡的卵巢表面渗出，在血液里游荡。其中一些雌激素进入大脑，在第二轮应答过程中，垂体做出回应，向血液释放另一种叫作促黄体生成素的物质。如同触发整个过程的第一种激素，促黄体生成素也被卵巢吸收，诱导一枚肿胀的卵泡穿透卵巢表面，一枚卵子被释放，并在几分钟之内被卵巢附近的输卵管伞吸取。这就是排卵的整个过程，用时不到两周就能完成。

水龙头在滴水。采暖器“嘶嘶”地响了几下，然后“咣当”一下运转起来。我猜又过去了一分钟。如果我去看表，就不免会瞅见那根“魔棒”。因此，我把目光锁定在漫天大雪上。

我们很容易把卵子想象成一叶威尼斯独木舟，它安静地漂浮在输卵管这条河道中，但这并不完全准确。我记得在教材里读到过一个案例，说一名女子通过手术摘除了一个卵巢和一条输卵管。不幸的是，剩下的卵巢和输卵管不在同一侧。不过她还是成功受孕了，这令所有关心她的人都大吃一惊。在雌激素的影响下，输卵管可发生位移。它们可伸长，也可弯曲，输卵管伞口主动吸引卵巢排出的卵子，这种吸引力甚至能明显地作用于整个盆腔。另外，卵子一旦进入输卵管内，便被管壁肌肉和管内壁纤毛输送到深部。这不是说输卵管承担着全部的输卵任务。一枚缺少透明带的卵子就不会移动。输卵是一项共同的任务，卵子里有某种东西协助完成输卵过程。究竟是什么东西，尚不为人知。

我想知道现在几点了。在楼下的停车场，最后几位学生一边讨论，一边穿过一排排汽车。可我还没准备好查看洗手盆上的塑料魔棒。

9 在接下来的三四天，子宫里的“河滩”完全变了样。原本平整的子宫内膜功能层增生且变厚。螺旋动脉血管像蛇一样不断在内膜中生长、分支、穿行。深层组织随充满浆液的子宫腺增长而肿胀，表面布满了免疫细胞。促使这种增生形成的是黄体细胞分泌的孕激素。它从释放卵子的卵泡中进入血液。卵泡释放卵子的使命结束后，并没有坐以待毙，而是肿胀，变黄，开始分泌孕激素。这个新形成的腺体叫作黄体。就是它把子宫内膜变成了一片繁茂的湿地。

此刻，我们来到了十字路口——问题的关键点，也就是我等待看到的答案。人类一枚未受精的卵子存活时间为二十小时至二十四小时，最长不超过四十八小时。如果它寿终正寝时还是“女儿身”，那它的旅程就到此为止了。圆圆的黄体很快就会枯竭变为白体；当雌激素、孕激素水平下降时，螺旋动脉的根部开始收缩，整个子宫内膜因缺血而变白；充满浆液的子宫腺停止分泌；螺旋动脉那弯弯曲曲的“梗茎”开始衰老；白细胞渗入进来，剩下的过程就是月经来潮了。这时已经收缩的螺旋动脉突然短暂松弛破裂，涌出的新鲜血液带走萎缩坏死的内膜组织，形成月经。在过去的二十五年里，我经历了成百上千次的“洪灾”和“重建”过程。子宫周期已趋于稳定。

不过，如果输卵管之旅发生意外，那么就要另当别论了——这既是七年级生理课短片的主题，也是神学界激烈讨论的话题。要是长长的输卵管一端出现一枚受精卵，那么我的生活就大为不同了。

当一枚卵子在输卵管的上游与一粒精子结合后，大约在三十小时之内就会发生第一次细胞分裂。四天之后，受精卵游进三角形的子宫，逐渐分裂出五十八个细胞，像一颗桑葚那样簇成一团。此时，那团分裂细胞的一侧开始形成一包液体，周围有滋养层细胞，而在另一侧的成团细胞聚集在
一起，称为内细胞群，是注定要变成胚胎的细胞。那一包液体将变成羊 10
膜，而滋养层细胞将成为胎盘。精子和卵子成功结合一周后，整个受精卵沉入软软的子宫内膜中，这一过程叫作着床。滋养层细胞像变形虫的长长的伪足埋入子宫内膜的深部，同时分泌有助于深埋过程的蛋白质水解酶。作为回应，螺旋动脉的顶端破裂开来，像喷泉一样迸发出血液。就这样，生命在一片血泊中开始了成长。

受孕十二天后——如果我真的怀孕的话，就是我现在所处的阶段——子宫内膜的厚度已完全覆盖了子宫口，而处在早期发育阶段的胎儿胎盘也把多条“吸管”深入下方子宫内膜的“红湖”。同样重要的是，胎盘还开始产生一种激素，叫作人绒毛膜促性腺激素（HCG）。这种激素流入孕妇的毛细血管中，不断在体内循环，直至到达卵巢。HCG在“盛阳”之时终止月经周期，方法是减缓黄体每月一次的“死刑”。因此，从卵巢分泌出越来越多的雌激素和孕激素。子宫内膜不但没有脱落，反而变得更厚。越来

越多的螺旋动脉向上生长，不断破裂，为子宫内膜里的新生命提供营养。免疫细胞伴其左右，为这些血管提供保护。

HCG就是验孕试剂侦测的激素。如果该激素存在于血液中，那么它也就会存在于尿液里，而塑料验孕棒携带抗体，因此能够通过尿液进行检测。如果抗体是从之前暴露于孕妇激素的小鼠体内提取的，那么它们就会与尿液中的HCG结合。如果能让抗体在结合后改变颜色，即可显示验孕结果。如果我怀孕了，那么我应该能看到变色。就在此刻。

我看看手表，已经五分钟啦！我低头向那根验孕棒瞅去，只见上面出现两道淡紫色的线条。没错。现在不再是我一个人了。我上课也要迟到啰。

饥饿月
（二月）

冬季唯一的一场雪融化了，然后又被残酷地冻成高低不平的冰盖，几个星期都化不了。穿着厚厚的衣服，我带着那个秘密，想象着肚子里的孩子（孩子！）就像是被裹在厚厚的红地毯下的一朵薰衣草花。怀孕感觉不像是真的。我的身体看上去和原来一样，感觉也和原来一样，吃饭、睡觉和思维都没有变化。像没有怀孕的人那样，我低下头，伸开双臂，小心翼翼地溜过冰地，每天往返于学校、图书馆和家之间。唯有心头升起的那种紧迫感。我开始温习胚胎学的资料，我还搜集了几本畅销的怀孕指南。

很快，我了解到胚胎学家和产科医生运用两种不同的语言，采用两种不同的时间表来记录孕期变化，之间相差两周。胚胎学的时间表以卵子受孕为起点。这看上去很合理，而且是我习惯的方法。按照胚胎学家的计算，人的孕期为三十八周左右。

产科医生则以孕妇最后一次月经的第一天开始计算时间。根据这种计
12 算方法，妊娠期为四十周。他们认为妊娠期应提前两周，理由是卵子受孕的时间不为人知，而月经来潮则有据可循——要么被记录在女人一周翻阅一次的记事本里，要么经过一点点回忆推断：“我想想。我刚走进地铁站，就发现来例假了。那天我计划买圣诞节的东西，所以肯定是21号，星期一。”医学界认为，月经的发生一般比排卵早十四天，因此也就比受孕早十四天。这种计算方法也不失其合理性。事实上，该方法非常实际。运用产科的时间表，最后那次月经月数减三，日子加七，便可快速算出预产期。

用产科法计算妊娠期的问题是把时间提前了两周，卵子这叶小舟还未驶离卵巢的港湾呢。这种想当然的推断是整套计算方法的依据，结果脱离了实际。对刚怀孕的妇女来说，时间被加快了：短短一周没来例假，就被认为已经怀孕五周了。

一段时间以来，我执拗地把产科时间表换算成自己熟悉的胚胎时间表。我从电话黄页上找到的那位产科医生，想在我怀孕八周时约我检查——他的意思实际是受孕六周。怀孕指南上说往往在怀孕六周时开始出现早孕反应。最终我还是放弃了，转而采纳更新也更长的孕期计算方法。从某种意义上讲，该方法更加细致地折射出发现自己怀孕时的感受。得知自己怀孕就像是穿越国际日期变更线，一刹那，时间向前飞跃而去。

杰夫也体会到了这种新的时间观念——自从两周前的一天下午我递给他显示两条线的验孕棒开始。站在雕塑工作室，他接过验孕棒，慢慢地把它翻转过来。

“这是温度计吗？”

我摇了摇头。

“那是……一只表？”

我没有料到他会这样问。

“从某种意义上说，是的。”我大笑起来，确信自己把他给迷惑了。可他对物体很有悟性，没有就此罢休，而是又看了看手中的验孕棒。

“你怀孕了？这表明你怀孕了？”

13 我使劲地点点头，然后我们一边拥抱，一边大笑。接着我哭了，杰夫则用手抱住了头。接下来，我们踏着雪走回了家，一辆辆汽车从我们身边

嘎扎嘎扎地缓缓驶过。回家后，天色渐暗，我们进厨房开始做饭。做完饭，天完全黑了下来。我们安静地待在一起，在黑暗中坐了很久，感觉冬季短暂的白昼飞逝而过，同时又在身后推着我们前进。

两周之后，我们翻阅各自的记事本，对比艺术展、写书计划、出行、教学任务等活动的时间计划。我的预产期是10月2号。我们郑重其事地把那天用铅笔在日历上勾了出来，就好像那天有一场重大活动似的。

“你知道，这只是猜测而已。有可能提前四周，也可能推后两周。”

“我知道。”

“只有12%的孕妇在预产期当天生产。”

“真的吗？”

沉默。

“让我们一步步慢慢来。你不总这样说吗？”

“我知道。”

沉默。

“你觉得我应该取消多伦多的旅行吗？”

“为什么取消？还有几个星期就该走了啊。”

“费钱。”

未来的时间越来越像是煤矿、锡矿等某种有限的资源，必须加以清点、加工、分配、投资。我们以前从未做过这样的盘点。不知道其他做父母的是否都有这种感受。

我开始留意教师宿舍窗外的银白槭。这是一种速生乔木，拉丁学名是*Acer saccharinmum*。房主想赶快在屋前、屋后遮挡阳光，于是便种植该树种，可银白槭的树冠很脆弱，经不起风雨。在二月阴沉的天空映衬下，它们那光秃秃的细树枝自然而然勾勒出一幅铅笔画。初春时节，树上的侧芽会开出一团团毛茸茸的小花，如黄黄绿绿的纸碎飘落在人行道和车玻璃上，不久之后就会长出尖尖的银白色树叶；夏天，伞状的种 14
子从树上飞下来，歪歪斜斜地落到草地上；深秋，树叶变成干巴巴的“纸卷”，同样从树上飘落下来，然后就能耙出一堆堆灰白色的“蕾丝”。但在这些树叶落下之前，我的小宝宝就出生啦——如果一切顺利的话，就在10月2日那天。

我凑近去看树枝上弯曲的嫩芽。几乎什么都看不到，几乎什么都没有。二月不可能发生十月的事。二月之外的事，不可能在二月里发生——花粉不会随风飘散；花穗不会结出种子；冰冷的枝条两侧不会长出漂亮的叶子；经血里也不会出现婴儿的模样。

人体各个部位的形成过程叫作器官发生。按产科医生计算的妊娠期，该过程在怀孕六到十周开始。这一阶段完成后，胚胎的长度和回形针一样，而且根据定义，身体所有的器官和结构“大体可以辨认”。怀孕十一周时器官发生过程不再继续，胚胎已生长成为胎儿，此后只是体积在增长，直至出生。出生时，胎儿约有1加仑[①]牛奶重。

在我研究过所有的生物学过程中——从光合作用到回声定位，器官发生最为神奇。有时它像一场魔术表演，有时又像手工折纸——用几张纸就能变出美丽的形状。在器官发生的过程中，细胞在体内来回跋涉，堪比奥德修斯。单用一种比喻怎能将它形容啊！肯定不像是你拿一块泥巴，在一头捏个小小的脑袋，在另一头捏出腿和脚那么简单！

怀孕第四周和第五周是建立基础的阶段。[②]胚泡壁的滋养层继续沉入子宫内膜，同时舒展开来，胚泡腔内一侧的内细胞群增殖分化，变成一个有两层细胞的二胚层胚盘。胚盘的边缘向外生长，并开始向两边卷曲，最后在周围形成两个略微扁平的球状物。然后事情变得复杂起来。一个透明的带状物开始在胚盘上层的中部形成。在带状物的一端长出一团突出物，恰似一座微型火山，中央是凹进去的小小火山口。这个带状物叫作原条，突出物叫作原结，凹陷处叫作原窝。在多变的环境下，这些都是临时构造，负责将迁移的细胞输送到正确的方向。原条就像是某种通向两层细胞之间隐秘空间的洞门。上层细胞来了一次大逃亡，穿过原条，扩展迁移。此时三胚层形成。第五周结束时，原条的工作完成了，并且已经开始消失，随之而来的是器官发生过程的开始。

三胚层就像是以色列的原始部落。所有的人体器官都源自某一胚层，但具体生长自哪一层，有时却不是十分清楚。例如，说毛发源自外胚层，肌肉源自中胚层，肠道源自内胚层是有一定的道理。可为什么说阴道生长

---

① 1加仑=3.785升。

② 从此处开始，我采用产科妊娠期计算法。

自中胚层，而更靠外边的膀胱却源自内胚层？或者为什么说大脑和皮肤一样，源自外胚层的细胞？想要解开这些胚胎学秘密的努力，曾经让我几近抓狂。

了解一切之本源的绝招是分析各组织从始至终的变化过程。这和研究圣马太的宗谱一样：从外胚层生长出原始上皮，从中又依次发育出肛道上皮、口道上皮和牙釉质。在每一个阶段，这些结构都会变换形状，变得更加精细。三胚层形成初期的胚盘逐渐变成圆柱形胚体，从某种意义上说，整个胚胎是从这里向两侧交叠卷折形成。器官发生过程以三层细胞开始，并且在一周之后产生像楼梯栏杆末端装饰一样的卷折、分离的结构。接下来的三周，又发生几次卷折。在此之后，一个“大体可以辨认”的小人儿便栖息在子宫内膜这片湿地上了。

这一切看起来像在变戏法，但实际上是受胚胎学的两个关键原则支配。它们分别是迁移和诱导。

迁移是指发育中胚胎的细胞不只是生长和分裂。它们实际上还会分
离，生出像蜗牛一样的足，“走”过临近的结构，去较远的区域安营扎 16
寨。穿越原条的长途旅行只是细胞的第一次迁移，之后还会发生许多次迁移。男性胚胎中，原精子细胞由卵黄囊形成，通过肠道游走一段时间后，才去占领终将成为睾丸的区域。最后，当睾丸下降到阴囊中后，这些细胞再次移出体腔。

凡是重要的旅行，都将给旅行者带来深远的变化。诱导便是这种变化，发生在未成熟的细胞——即所谓的干细胞——在迁移途中与其他细胞相遇之时。通过几次相遇，干细胞发生分化，从未特化的组织变成特定的器官和结构。迁移细胞再次安居下来后，便获得了一种身份。通过那样古老的游走传统，它们找回了自我。例如，二胚层胚盘上层的某些细胞通过原条涌入下方时，会掠过下层的细胞。中层细胞在这种接触诱导中发育成为血管。如果两层之间没有接触，这些血管则永远也不会形成。

上述这种转变是有代价的。细胞的命运一旦确立，它便丧失了扮演其他角色的能力。因此，血管不可能再变成筋腱或淋巴管——即使被相应诱导细胞接触也不行。胚胎学家认为，胚胎干细胞在迁移过程中会到达“限制点”。此时，整串的基因被关闭，只留下细胞开始新生命所需的特定几个基因。而胚胎中的某些基因通过被称作信号传递因子的一系列化学诱因

引导所有这些细胞的发育。大量参与此项工作的一个关键基因有个非常奇怪的名字，叫作音猬因子（sonic hedgehog）。它位于原结附近细胞内部，负责引导大脑、肠道、四肢等身体器官的发育。

最容易体现诱导工作原理是发生问题之时。例如，迪乔治综合征，患者先天心脏畸形，同时还会出现免疫缺陷、低血钙、头颅形状异常和腭裂。所有这些症状相互之间似乎毫无联系，但事实上都是从被称为心脏神
17 经嵴细胞发育而来的组织引起的。在器官发生的某一天，这类细胞的部分成员从神经组织的一次折叠中生成，从心脏生长出大血管。其余的神经嵴细胞游进心脏上方不同的拱形结构中，参与颜面骨、还有颈部的两种不同腺体的形成。这两种腺体分别叫作甲状旁腺和胸腺，前者负责控制体内钙的水平，后者负责将未成熟的免疫细胞转变成为一支精锐部队。心脏神经嵴细胞的游走最终受22号染色体上的一组基因引导。如果这组基因缺失，结果就是迪乔治综合征及其导致的各种不同的生理缺陷。小问题真的会引发大灾难啊。

正是因为罕见的问题为胎儿的正常发育提供了如此重要的线索，所以胚胎学课本上尽是孕妇不该看的图片。我看这些图片，是因为我在寻找让妊娠最初几周看起来真切的图片，也是因为胚胎学的语言给人一种英雄史诗般的感觉。我感到自己有点像一个迁移的胚胎细胞，踏上了一个既不全靠自己选择也由不得自己掌控的旅程——尽管我盼望怀孕很久了。我怀疑自己也会被改变，怀疑某种新身份正在到来。“限制点”就在前方。

到第六周末，我开始有怀孕的感受了。早晨醒来，我都会感到恶心。在当月剩下的日子里，我回到了童年。

一切从牙刷开始。突然间，牙刷变得太大，每次刷牙，我都想吐。于是我买了一只小小的儿童牙刷，手把上设计有亮闪闪的装饰物和卡通形象。几天之内，问题好像解决了。可接着我又发现嘴里的口水太多了。唾液增多是公认的妊娠反应之一，专业上叫作多涎症。这个术语，我不是在胚胎学教科书上学到的，而是在一本按周编写的怀孕畅销书上看到的。我一般不看这类书，因为上面的医学解释太糟糕，而且我讨厌那种故意煽情、过分安抚的语气。

咽口水让我感到恶心，因此每天清晨在去校园的路上，我开始寻找一些

不太显眼的地方去吐口水。在方院的隔墙后边，在英文学院附近已经冻结的花床里。我从三年级开始就没有在公共场所吐过口水了。那时我吐得更准。

到了第十一周，吐口水发展成呕吐。我小时候经常呕吐：一是因为我 18
患有严重的晕动症；二是因为我是公立学校教师的女儿，这意味着整个暑假都是在汽车后座上度过的，游遍一个个国家公园。体育课上颜面扫地时也可引发呕吐。整整一个学年里，大多数的呕吐都发生在学校体育馆那光亮的地板上。每每此时，哨声响起，比赛停止，管理员被招来，某种散发着水果味的粉红色锯屑被喷洒在那一滩泛着泡沫的呕吐物上，而我却呆呆地盯着自己脚上的那双帆布鞋。我在课堂上吐得较少，因此学习成绩优异，只是上二年级时有一次我吐在了正前方的男孩身上。原来我得了流感，被接回家休息。而他上高中时成了人见人爱的学生。漫长的四年里，他在走廊遇到我时都要装出一副呕吐的样子，然后嘶嘶地警告说："忍住别吐，斯坦格雷伯。"

如今上完课，走在回家的路上，我都要忍住。在校园里吐口水是一回事，而呕吐则是另一回事。通常我能忍到宿舍楼，一见卫生间里的洗手盆，就忍不住了。这已经变成了一种条件反射。如果我躺下来，尽量不去卫生间，则不会吐。问题是现在我总想小便。这是因为孕激素水平的上升使盆底的肌肉松弛，导致子宫下坠到膀胱上。我不得不小便，因此也不得不呕吐。

我越来越像个孩子。孕激素还减缓了新陈代谢，导致疲倦。我九点上床睡觉，白天还打几个盹。早晨我郁郁寡欢地醒来，拖拖拉拉地走到餐桌前。老公在我面前摆上一个烘烤的奶酪三明治。这是我要他做的，可我却疑虑重重地看着它。

"你切错了，"我听见自己说。"面包也不对。"

我无法解释自己是怎么了。突然间，食物的品相决定着我能否将它吃下去。其他规则也相继建立：香蕉必须冷藏后才能吃；早餐可以吃鸡蛋，但必须是滚烫的，蛋黄又硬又完整才行；两顿饭中间可以喝水，但吃饭时喝水却不行。我发现自己最爱吃的大多数东西——豆子、沙拉、豆腐、蔬
菜——都令人作呕。我忧愁地看着盘子里的食物，那样子特别像我记忆中 19
三岁时的情形，父母在一旁连哄带骗地说："可是你爱吃杂碎。杂碎是你一直都爱吃的啊！"

我抛开了胚胎学的高级世界，开始读起了有关孕吐的资料。原来有很多孕妇和我一样。美国超过四分之三的孕妇在怀孕第二个月有反胃的感觉；一半多一点的孕妇出现呕吐。我属于少数的一类——25%，天天都吐。孕吐不受地区、生活习惯、种族或社会阶层的影响。博茨瓦纳!Kung原始部落的妇女和日本、阿拉伯国家、欧洲国家及美洲国家的准妈妈一样称自己遭受过孕吐之苦。南美洲的调查发现，黑人和白人孕妇呕吐发生概率相近。在原住民社会中，调查数据显示孕吐和农业生产、工作习惯、社会结构、社区人口及居住方式之间没有任何关系。

孕妇晨吐也不是一种新现象。最早的描述是记录在莎草纸上的，距今已有四千年的历史了。亚里士多德对此发表过见解，古罗马名医索兰纳斯也谈过自己的看法。他认为干燥的食物、低度酒、按摩和坐马车有助于减轻反胃的痛苦。古人对受晨吐折磨的孕妇怀有悲悯之心，让我感动。（顺便提一句，晨吐不只局限于清晨，但恶心的感觉往往在起床时最明显。这一点我可以证明。）早在二十世纪，研究氛围变得更加浓厚。医学上缺少对孕吐的充分解释——再加上有些孕妇没有恶心的感觉，使得孕吐原因的解释向心理学蓬勃发展，而同时人们对无法进食的孕妇的怜悯心不断减弱。二十世纪三十年代的一家医院让茶饭不思的孕妇天天躺在床上，不让亲朋好友探视，也不给她们接呕吐物的盆，直到她们好转为止。作为康复的激励手段，照顾她们的护士按医院要求不好好给她们换床单。整整一个世纪，孕吐被归罪于神经衰弱、潜意识里想要堕胎的渴望、不愿做母亲的想法、不想做家务的诡计、性功能紊乱等各种各样的因由。

我见过最令人瞠目结舌的文章是由一位苏格兰医生于1946年发表的。据他所称，孕吐与“过度依恋母亲”有关。这一发现还产生了其他推论：
20 “研究这些病人的情绪状态……揭示了一个共同特点，即与丈夫的性关系引发恶心……我已在几百名妇女中证实了该发现。在此过程中，我注意到有很大比例的妇女在婚姻生活中过度依恋自己的母亲。”

让孕妇远离母亲是根治孕吐的妙方。我不明白怎么会有人提出这样的理论，直到近期我发现护理文献中一篇报告成功应对重度孕吐方案的文章：“大多数妇女在怀孕早期阶段会减少社会工作，**变得更加依赖母亲和**好朋友，请他们帮助自己做饭、照顾孩子。”

这也就是说，呕吐严重的孕妇是在寻求母亲的帮助。或许那位好大夫只是混淆了因果关系。另外，进一步研究发现，在孕妇对传宗接代的内心感受和恶心呕吐发生次数之间没有关联。关于这一点，孕吐的严重程度不受婚姻状况、之前的妊娠次数、工作性质或居住环境的影响——尽管城市较农村更为普遍，而且确实也有遗传的因素。又有理由打电话给妈妈啦。

那么，孕吐的原因究竟是什么呢？那些一向安抚人心的怀孕书欢快地表示实际上没有人知道原因何在，可是深受其折磨的孕妇也应该振作起来，因为恶心是妊娠健康的征兆。看起来的确不假。呕吐严重的孕妇出现流产、死胎和早产的概率较低，而且宝宝出现心脏缺陷的风险也更低。我真的放心了——虽然我还是对孕吐之谜感到烦恼。对这个全球大多数孕妇经受的痛苦，为什么会缺乏医学上的解释呢？

部分原因是因为迄今为止相关研究少得可怜。我搜集有关这一课题的各类资料，结果从医学文献中搜刮来的书籍和期刊论文只占用了书桌一块小小的空间。据确切了解，孕妇出现恶心的反应是因为在胃的表面出现异常电活动。通常情况下，胃会经历被称作“慢波”的一系列电振荡，使胃 21
轻微收缩。慢波速度的干扰长期以来被认为是导致恶心和呕吐的原因。近期研究显示，孕吐患者的慢波节律要么比正常的快，要么比正常的慢。无论快或慢，都可导致胃收缩停止，恐怕今早咽下的饭就要重现啦。

可什么使慢波受到干扰呢？大多数研究人员认为罪魁祸首一定是某种激素。胎盘中的HCG是最经常被揪出来的嫌疑对象。背后有几项旁证：血液中HCG水平过高被认为是导致恶心的原因所在；怀有双胞胎的孕妇，其血液HCG水平更高，往往会出现更严重的呕吐；最要命的是，血液HCG水平的高低变化在妊娠期内与恶心呕吐紧密相关，从第六周开始，到第九周达到高峰，十四周左右开始减弱。然而，某些被认为使HCG大幅升高的癌症并不会引发恶心和呕吐。

怀疑孕激素或雌激素是罪魁祸首的研究人员指出上述矛盾。在妊娠期内，英勇无畏的黄体作为负责在胎盘形成前统揽全局的卵巢腺体，使血液中的孕激素和雌激素含量水平上升至前所未有的高度。此外，几乎所有在怀孕期间服用孕激素和雌激素药物的妇女也会感到恶心。除此之外，医生给没有怀孕的妇女开孕激素和雌激素这两种激素类药物，也会改变胃慢波，引发恶心。另一方面，孕激素和雌激素的水平在整个孕期都维持在高位，而恶心的感觉一般会在怀孕第四个月减退。另外，在这两种激素的血含量和恶心的严重程度之间也没有联系。难道是我们孕妇适应了升高的激素水平？还是因为我们的耐受程度不同？或者是还有其他未被发现的物质在作祟？

相关候选者可不少。妊娠的早期阶段与甲状腺功能的改变相关。因此甲状腺素可能导致孕吐。在此期间，准备分泌乳汁的激素水平也会大幅上
22 升，还有那些被冠以“激活素”“抑制素”等名称的生长因子。或许其中一种因子是真正引发孕吐的物质。各种激素在血液中的传输方式在妊娠期也会发生变化——有些激素通过蛋白质传送，有些则在体内自由循环。也许不是哪种激素导致了孕吐，而是其传输方式变化的影响；或许也和大脑有关。两位研究人员合作分析脑干后方被称作极后区的结构，希望在那里找到孕吐的根源。这个低垂的脑体担当起了有毒物质侦测器的责任，作用于味觉。另外一种假设全面建立起一套激素阴谋论，即在HCG干扰胃肌收缩的同时，雌激素和孕激素共同影响极后区，因而向已经感到恶心的消化系统发送呕吐信号。

总之，孕吐的根源不为人知，因为几乎没有人进行过专门的研究。即便有人开展研究，遇到想不通的难题后，也就很快放弃了。因此，我很高兴发现两位女研究员从截然不同的两个方向获得的研究成果。一位是营养学家，另一位是进化生物学家。她们的研究转化成了两本已出版的论著，这是我能在相关课题上找到的唯一著作。营养学家米丽亚姆·艾里克（Miriam Erick）在波士顿照顾患有妊娠剧吐症的孕妇。这是一种罕见且可威胁生命的孕吐。（据传，《简·爱》的作者夏洛蒂·勃朗特（Charlotte Brontë）就是死于剧吐症，即长期剧烈的呕吐。）艾里克的工作是寻找这些孕妇能吃的食物，以接触各类食物为出发点。相比之下，进化生物学家玛吉·普洛菲特（Margie Profet）作为一位荣获麦克阿瑟奖的学者，在哈佛和伯克利高等学府工作，远离床榻边的呕吐盆。普洛菲特的研究方法是概念性的，以达尔文进化论为出发点。

艾里克记录下自己观察到的许多现象，为深入研究提供了依据。首先，她注意到没有哪一种食物是所有患有呕吐的孕妇都想吃的，解决孕吐问题的办法具有很强的个人特点。缓解呕吐的其实是那些味道强烈、新奇的食物，而不是味道平淡、孕妇经常吃的食物。根据艾里克所述，如果有

一种备受孕妇青睐的食物，那就是西红柿。读到这里，我如释重负。那些吃饼干、喝姜汁汽水、寻觅无味食物的标准建议对我一点作用都没有。孕吐和患胃肠感冒或喝醉酒不同，而是和深度饥饿相关。什么都不吃或者只 23
吃一点病号饭会加重恶心的感觉。此刻，一场“内战”在体内爆发：想到食物会恶心，但只有食物——大量的食物——才具有镇压恶心的力量。因此，我想吃的不是平常的全麦素食，而是带骨猪排和凉拌卷心菜。这两样菜二十多年没有登上我的餐盘了。我不是说自己特别想吃这些菜，只是能够想象自己能将它们咀嚼并下咽而已。我把一碗麦乳吐了出来，却能狼吞虎咽地吃下整整一盘蛋黄酱拌生卷心菜，并且能感觉好一些。披萨也成了我的首选——可能是番茄酱的缘故。艾里克的观察还解释了为何有些调查发现出现恶心症状的孕妇拒绝吃肉，而有些调查结果却相反。

艾里克记载了另一种有趣的现象：妊娠期恶心的感觉往往由嗅觉引发，而不是味觉。这也许就是我为什么能吃下冷藏的香蕉而不是香气更为浓郁的新鲜香蕉的原因。妊娠增强了嗅觉，有些证据显示这是雌激素的作用。另外，太空项目的研究（对某些造价高昂的航天项目来说，恶心严重威胁到项目的成功实施）指出，呕吐可由嗅结节的刺激引发。在寻找孕吐根源的过程中，这些研究结果似乎是重要的线索。

对我来说，世界果真充满了各种味道。我一直对嗅觉比人类强的动物感到好奇，现在自己竟变成了其中一员。这不一定是件值得高兴的事。人类的世界大多闻起来都非常糟糕。我发现橱柜里有油漆味，从浴缸里飘出某种像沼泽地的味道，行人身后飘着除臭剂和须后水那种淡淡的气味，汽车尾气难闻得无法形容。最终，我发现了吃饭的好地方——卧室，因为那里是家里气味最少的房间。饭菜被冲入下水道的次数渐渐减少了，杰夫这位快餐厨师舒了一口气。

和米丽亚姆·艾里克及其研究成果的直观性相比，玛吉·普洛菲特的研究视角长远得多。她不太喜欢研究被生物学家称作“近因”的现象，而是对终极原因更感兴趣。也就是说，除所有可能引发呕吐的直接诱因之外，人类为何会进化出一个对激素产生反应的消化系统？根据普洛菲特的理论，孕吐是人体在器官发生阶段保护胚胎的一种适应性变化。普洛菲 24
特认为，恶心和呕吐确保食物传播的毒素在生命最脆弱的时期不会到达子宫。这是一个大胆的假设。

她最关心的毒素是从植物中发现的自然毒素。植物最初进化出这些有毒物质是为了躲避昆虫及其他食草生物的袭击，非常行之有效。它们存在于马铃薯、卷心菜、芥末、胡椒等很多人工种植的蔬菜和调料中——尽管含量很低。为了证明这些物质能伤害到胚胎，普洛菲特提出几项论据。第一，发生孕吐的时期与器官发生阶段几乎完全重合，而后者是产前生命最易受有毒物质威胁的阶段；第二，如上所述，出现呕吐症状的孕妇会收到较好的妊娠结果；第三，根据普洛菲特的观点，最让孕妇恶心的食物是味道强烈的蔬菜、调料味很浓的食物以及其他含有化学驱虫剂的食物，如咖啡豆；第四，人类的呕吐长期以来被认为是一种对有毒物质的自然反应机制。在最后一点上，普洛菲特无疑是正确的。这是癌症患者在放化疗后出现呕吐的原因所在。化疗和放疗都包含有毒物质，身体探查到它们的存在，就会动用唯一的手段将其清除，不论该手段有多么不合时宜。一位研究呕吐的专家将呕吐这一研究主题定义为“人体纠错的办法”。

另一方面，从普洛菲特假说产生而来的几点论断在实际生活中其实站不住脚。自然毒素含量高的蔬菜都带有强烈的味道和苦味，如羽衣甘蓝、卷心菜和球芽甘蓝，然而，这类蔬菜正是看起来能够预防癌症及某些出生缺陷等健康问题的蔬菜。这是由于它们含有的维生素、矿物质及其他对人体有益的化学物质呢，还是因为我们人类已经进化出有效的排毒机制，让这些蔬菜具有安全性，尚不清楚。近期一项检验普洛菲特假说的研究发现，在苦味食物的摄入量和处于妊娠早期、出现呕吐症状的孕妇之间没有联系。更为重要的是，研究没有发现在食用富含自然毒素和不良妊娠结果之间存在关联。换句话说，出现孕吐症状的孕妇和没有孕吐症状的孕妇一样没有主动规避这些蔬菜，而且食用它们看起来并没有对婴儿产生不利影响。不过，这只是验证普洛菲特理论的首项研究。是非与否，还有待更进一步的判断。

除此之外，还有其他的疑问。普洛菲特第三项主张，认为孕妇一般不喜欢吃味道强烈的蔬菜和调料，这与艾里克的观察不符。最受孕妇欢迎的水果——西红柿属于茄属科植物，这类植物有各种致命的品种，而且我对凉拌卷心菜的迷恋又该如何解释呢？此外，如果说呕吐是规避植物毒素的办法，那么我们应该看到其他受孕动物具有同样的机制——食草动物呕吐的概率要大于食肉动物。可没有证据显示其他物种有孕吐现象。马被认为是不会呕吐的动物，大老鼠、小鼠和兔子也不会呕吐，而会呕吐的动物——灵长目动物、猫、狗、白鼬、鼩鼱——多数为食肉动物。

近期有人修改了普洛菲特假说，指出尽管孕吐确实可以作为一项进化功能，可最初的用途也许不仅仅只是为了让孕妇对植物毒素产生厌恶感，而且还是为了帮助孕妇规避布满病菌和寄生虫的变质肉食。在制冷技术普及之前，变质的肉食会构成十分严重的危害。相关研究人员认为孕期对肉、禽、蛋的恶心发生率至少和蔬菜相当。他们调查了几个从未有人报告孕吐的传统社会，发现和孕吐普遍存在的传统社会相比，这些文化对肉制主食的依赖度低得多。

最后一点，尽管呕吐毫无疑问是一种防毒机制，可人类也利用这种本能反应来对付其他问题。导致呕吐的已知因素还包括焦虑情绪、恐怖的景象和剧烈的疼痛，另外，食物只是引发妊娠反应的一个因素。研究显示，任何一种感官刺激都可触发恶心感，包括鲜艳的颜色、运动和难听的噪音。

月底，我们第一次去看产科医生。接诊台后面的墙上贴满了新生儿的照片。我吃了一惊，意识到自己还没有将怀孕与分娩联系起来。在候诊区，我填写了一张长长的医学问卷，看着其他各位孕妇一一走过全套程 26
序。首先进入厕所，接取尿液进行检验，然后称体重、量血压，最后返回到检查室。接下来该轮到我了。虽然我有孕吐现象——或者说是由于我为了压住恶心的感觉而吃下去的东西——我的体重增加了4磅[①]。杰夫陪我做体检。他坐在门旁的高脚凳上，而我则爬到检查床脆脆的垫纸上。我全身赤裸，只倒着穿了一件长衣，本应感觉到冷，可我感到又潮又热。医生走了进来。他是一个大块头，就像政治候选人那样笑容可掬。他先说后听。他坐下时两腿叉开，说话时双手大幅比画，再加上他那宽大的身材，占去了更多的空间。护士和病人对他直呼其名，管他叫丹医生。做自我介绍时，我想称自己为桑德拉博士，可最后还是放弃了这个想法。他把一切解释得很到位，于是我决定一直选他做孕检。第六个月，我们就要回波士顿了，所以我不必想象丹医生为我接生的情景。

作为孕检结束前的重头戏，他把一台多普勒超声波传感仪放到我的肚子上，打开挂在他的皮带上的扩音器。

---

① 1磅=453.6克。

“你很瘦。或许我们能听到胎儿的心跳。”

他慢慢移动着探测仪，把头歪向一边，好像在试着寻找外地电台似的。一阵杂音过后，我们听到一声深沉的脉动。医生告诉我们这是我自己的血流声。然后又是一片杂音。我和杰夫看了看彼此。突然间，在“噗噗”和“呼呼”声中出现一个频率更快、音律更高的声音。

“就是这儿。”

我们所有人都在侧耳倾听。这种声音听起来像某人在水下鼓掌。

心脏是最先发育的器官。在受孕后二十二天（即产科日历第五周）开始输送血液。我们听到的是一个已跳动三星期的心脏。

“我感觉像是个男孩。”丹医生说。

“你在开玩笑吗？还是你比我掌握了更多的内情？”

“呃，我还是有50%的正确率，不是吗？”

27 我一般不喜欢在体检时说俏皮话。不过，这几乎总是一个好兆头。医生缄口不言才让我担心呢。

回到家后，我爬上床。杰夫跟着上了床。我俩蜷缩在被子里。窗户开着，让清新的冷空气吹进来。

“看啊，”杰夫说。“能看到从巷子对面小教堂的窗户反射过来的夕阳。”

“天变长了。”

前几天，杰夫按照中国的风水重新布置了卧室的陈设，将信将疑地希望外部的和谐或许能疏解我体内的失调。单凭这眼前的新景色，他的努力就没有白费。我对他越来越依赖，这是自己没有预料到的，也很难承认。几周前的胜者心态蜕变成了一种奇怪的病弱状态。

“我能闻到你皮肤的味道。”

“啊哦。”

“没关系。你知道，我现在是一条可恶的猎狗。要是你跑了，我都能循着你的气味把你找到。”

“你现在感觉如何？”

“现在我感觉还可以，不过很快我就要吃东西了。”

“不是，我是说怀孕是什么感觉？”

我笑了。“我以为你想要让我报告恶心的情况呢。”我想了一会。

“感觉像是有种冬眠的渴望。”

我解开牛仔裤的拉链，杰夫把一只手放在我的肚皮上。我们侧耳倾听，好像胎儿的心跳也许会突然通过他的掌心再次响起。

“它听起来很有力，对吧？”他说。“听起来很坚韧。”

杰夫的直觉性很强。我已经学会了把他的看法当成数据认真对待。

“不知怎么，我感觉身体变得更加柔软了，就好像我的那些棱棱角角变得模糊起来。”

“你的皮肤在变化，”他回应说。“感觉更有弹性了。”

他的手掠过我的骨盆，在臀部和肋骨的凹陷处停下。每到此刻，我都
会记起自己嫁给了一个雕塑师。我翻身到床边，捡起地下的那本胚胎学全
解，翻到器官发生的部分。我们一起看了一会儿里面的图表和电子扫描的
显微图。心脏开始跳动的两天之后，眼睛开始形成。再过两天，肩部发出 28
肢芽。次日，神经管闭合，成为脊髓。一天过后，腿和脚初见雏形。

“怪不得你想让外面的世界安安静静，”杰夫说。

“你看到这些图片做何感想？”

“它们让我想起了我为剑桥河节设计的一场苏萨游行乐队表演。”

我们在床上躺着，直到教堂窗户上的光辉褪去。杰夫起来准备晚饭。我半睡半醒，眼前浮现出一系列的画面：一支游行乐队上场演出。其中有些乐手停下来，转过身，朝不同的方向走去。从一排直线中钻出一条口吐信子的蛇。然后那条蛇消散开来，重新聚合成一群鸟。接着那群鸟又变成飘落的枫叶。啊，十月。

树液月

（三月）

29 冬天里的某种东西开始瓦解。这种变化几乎察觉不到。外面的景色和原先一样——棕褐色的作物残茎和黑色的尖树枝，但光线却不同了。少了一些闪耀，多了一些柔和。风也刮起来了。

怀孕进入第十一周，我要么感觉好了一点，要么就是习惯了难受的感觉。不管怎样，风把窗户吹得“嘎啦嘎啦”响，吵得我不得安宁。我在口袋里装满对付反胃的乳酪，沿66号公路驱车9英里前往芬克林场（Funk’s Grove）。这里占地1600英亩[①]，是伊利诺伊州中部所剩面积最大的未伐林地，属于古老意义上的“保护区”。一百五十年前，芬克家族把种子卖给当地农民，赚了大笔的钱，然后把这块土地变成私家田园。他们的后代慷慨地向公众开放了林地。一代代生

① 1英里=1.61千米，1英亩=4046.9平方米。

物学专业的学生被带到这里，学习树种识别和森林生态系统的相关知识。我曾是其中一员。

上大二那年，生物学课新来的一位热心肠的教授把我带出实验室，引导我走进田野。在那里，做实验要靠气流和天气，要看时间和季节。最初的一项研究因我的睫毛在一场大风雪中被冻住而被迫中断。另一项研究以我的记事本掉进一片香蒲草中而告终。我立刻爱上了野外研究，其弊 30
端——即不稳定的环境——恰恰是我爱上它的原因。我喜欢依靠古老技术收集数据：如何在黑暗中设陷阱；如何在雨中系绳结；如何通过树皮分辨树种，通过踪迹辨认哺乳动物，通过鸟鸣认识鸟类。受到芬克林场的鼓舞，我离开了实验室的工作台，永不回头。

林场有一片大草原，是我最喜欢的地方。那里生长着粗壮的大果栎，就像原始巨人一般屹立在大地上，四周是延绵数英里、迎风飘曳的草。今天天气不好，不能去那里徒步了，于是我便向木溪镇旁的枫树林进发。现在正值采收枫糖浆的季节。大树被用来采集汁液。有些采用传统的金属桶，而有些则选用较为复杂的塑料袋和引流管设计。我在金属桶间漫步了一会，聆听着枫树汁液流到桶里的“咚咚”声。

植物生理学家至今仍然无法解释枫树为何在春天产生汁液。这个谜团让我暗自高兴。所有的乔木都会在冬季储存糖分，而且对于大多数树种来说，简单的毛细管作用就可使糖分在早春从树根升到枝干。一滴水浸透餐巾纸，依靠的正是这种黏附力。但仅凭这项原理并不能解释糖枫树为何能在每年三月平均产生十加仑至十二加仑的4%蔗糖溶液，然后让汁液汩汩地流到桶里。其他任何树种都只会从开口处渗出汁液来。可不知怎的，枫树那套复杂的液压系统在树的内部产生一种力量，超过外部的气压。汁液便从各个切口和断裂的枝干中涌出。

我靠在一棵未被开采的小树上，一边慢慢咀嚼着奶酪，一边想象着树皮里面的情形。高处树冠间的风听起来就像是一座偌大的排气扇，而在低处却风平浪静。太阳露了一会儿脸。在另一朵云将它遮住之前，树枝的影子在褶皱的树干和层层树叶上舞动着。

很快，我对植物的遐思转移到产科学上。人类胎盘的内部构造其实很像枫树林：在怀孕最初的几周，由胚胎发出进入子宫内膜的那些长长的细胞柱，一次又一次地快速分叉，直到妊娠三个月后，一整片“树冠”紧紧贴合在子宫的最深层。与此同时，子宫螺旋动脉的开口不断涌出一股股新 31

鲜的血液，输送到这些枝状结构中间。

随着母亲的血液一滴滴穿透胎盘中纵横交错的“树冠”，各种重要的交换过程开始了。其中以二氧化碳和代谢废物交换为氧气、水、矿物质、抗体和营养物的过程最为显著。这个过程和我们自身毛细血管中血液的净化和补充过程相似，主要不同在于胎盘不依靠简单的扩散，而是积极运送母血中一滴滴渗进来的所需的物质。这种方式确保了胎儿在母亲血液中钙、碘等物质过高或过低的情况下也能获得稳定的营养供给。而对于氧气的输送，胎盘则确实需要依赖被动扩散的方式。这就是为什么当孕妇接触烟草时，脐带血的氧含量下降的原因。被输送进胎盘的许多大分子在被允许穿越母婴屏障前都会发生分解。譬如有些蛋白质会被分解成氨基酸，而后再被输送进去。到达另一端后，它们再重新合成。

通过上述方式重新获得营养和氧气后，胎盘枝蔓中的胎血流入脐带，进入胎儿的腹部。胎盘从另一方向排出胎儿产生的废物，但这并非交换过程的全部。胎盘还向自由流淌的母体血液中输送大量的激素及其他化学信号。然后这些物质会进入母亲的体内。妊娠三个月时，它们会引发不易察觉但十分重大的变化。其中有些物质改变新陈代谢，调整心脏功能。而有些则悄悄改变了血流量。（最终，子宫会接收比孕前多五十倍的血，同时孕妇的总血量会增加三分之一。）一种胎盘激素开始准备母乳分泌。另一种激素终止了黄体的功能；从第三个月开始，胎盘接管了分泌孕激素的任务。除此之外，其他的胎盘激素改变了母亲自身的激素结构，使其发挥略微不同的功能。总之，孕妇能自动调整自身的渗透作用。母体提供的胆固醇经胎盘转化
32 成各种甾类激素，之后又被重新输送回母亲的血液中，触发上述变化。

结果就是我有点被劫持的感觉。我的身体已经出现了几种明显变化。尽管我的子宫仍位于盆骨的限制区域，可我的肚子正在变厚，变软，好像我终日只吃椰肉和牛油果似的。另外，我的乳头也在发生改变，颜色变得更深，表面更加凸凹不平，触摸时有种麻嗖嗖的触电感。还有一些看不见的变化。呼吸的速度和深度感觉和以往不同了。而且我注意到起身时的脉率也变了，好像我的心脏接收略微不同的频率信号。我失去了平衡感。所有这些变化的原因可归结于胎盘激素。例如其中一种激素使关节松弛，以备分娩之需。这也许就是我为何在走路时感到胯部有点失稳的原因。

有一些现象是无法解释的。其一，胎盘是如何逃过母体免疫系统对外

来入侵者发出的无声警报？胎盘由母婴两人的个体细胞组成——具有该特点的哺乳动物器官是独一无二的。从这个意义上讲，就像是在枫树树干上生长着的苔藓一样。半菌半藻类的苔藓代表了一种共生现象，无论从哪个方面来看，其完整性足以证实这两种生物体合二为一，成为一种生物。同理，胎盘以生物学上最亲密的方式联系着母亲和胎儿。然而，属于胎儿那部分的胎盘细胞在基因上不同于母体部分的胎盘细胞，所以本应被母体认定为外来物质，并像任何其他移植组织那样加以排斥。背后的原因是科学家认真探究的问题。相关答案对癌症研究者和器官捐献监管者都有益。狡猾的肿瘤也会逃脱免疫系统的监控，这有悖于我们的愿望；而器官及其他物质的移植却无法躲过监控，这也不符合我们的期许。解密胎盘与母体免疫系统的关系有可能解决这两个问题。

另一个不解之谜是各物种的胎盘为什么有很大的差别。比较解剖学的研究人员惊叹于胎盘这个器官的易变性。甚至亲缘度最高的哺乳动物，其胎盘的解剖结构都大相径庭。这种现象令人感到意外，因为对生存至关重要的多数生物结构都是在自然选择的狂飙时期中变化得很缓慢。能发挥作用的胎盘一旦形成，其基本形态本应被保存下来。可是月经周期同为 33
二十八天的猕猴，其胎盘轻轻附在子宫内膜的表面上，而不是嵌入下方的组织深部。此外，猕猴的胎盘呈心形。其他猿类动物以及马、猪、树懒的胎盘为散布状胎盘，而整个胎囊像环形剧场那样附于子宫壁上。相比之下，怀孕的猫、狗或大象体内有一条环绕胎囊的“安全带”——环状胎盘，用来给胎儿提供营养。奶牛和绵羊的胎盘为簇状的多叶胎盘。人类的胎盘呈圆形盘状，结构简单，附着点固定在子宫内膜的一个区域。猿、犰狳、仓鼠和吸血蝙蝠的胎盘亦是如此。

怀孕三个月时，人的胚胎直径达两英寸①；与它相连的脐带约4英寸长，而且最终会生长成一条22英寸长、半英寸宽、弯弯曲曲的“绳子”。胎盘会继续向外发育，成为一个8英寸宽、1英寸厚、1磅多一点重的圆盘——其大小和形状如同一块单层饼。对于所有的物种，胎盘随分娩脱落，排出体外。我们人类是唯一不吃它的哺乳生物。

胎盘是一个生物之谜。它在进化的过程中不断改变形状；它能避开母体的免疫系统，而同时又能为胎儿提供免疫防护；它是那块哺育了我们所

① 1英寸=2.54厘米。

有人的圆饼；它是另一个大脑，慢慢夺取我自己大脑的控制权；它是一片血染的森林，是孕妇体内的枫树林。

人体至少有三个器官能防止有害物质进入对毒物特别敏感的区域：一是大脑，二是睾丸，三是胎盘。这些屏障是功能性的，而不是结构性的。也就是说，在脑细胞等组织和为其提供养料的毛细血管之间不存在特殊的壁、沟壑或隔断，唯有普通的细胞膜，而这些膜独有离子泵及其他亚细胞结构，使其在某种程度上控制得以穿越细胞膜、通过血液传播的分子。

34 胎盘里的屏障位于胎盘中血管分支的表皮上，由介于母婴循环系统之间的四层半透膜构成。当我们说某物透过胎盘，那意思是它穿越了这层膜。胎盘内部只有浸在母亲汩汩血液中、布满毛细血管的丛密绒毛。没错，胎盘这道屏障能够非常有效地阻隔细菌。细菌的体积过大，一般无法穿过绒毛。那些可以溜过去的细菌迅速地被一种叫霍夫包尔氏细胞的特殊免疫细胞灭杀。此外，某些胎儿发育不需要的肾上腺激素也会被胎盘酶灭活。

然而，面对有毒化学物，胎盘则失去了屏障的作用。胎盘主要按分子质量、电荷量及脂溶性分类进入母体循环系统的化学物质。换句话说，体积小、中性电荷、易溶于脂肪的分子便可自由通行，不论其伤害会有多大。

以杀虫剂为例。分子较小的杀虫剂穿透胎盘而不受任何限制。对它们来说，前方没有屏障。由大分子构成的杀虫剂在穿越胎盘之前遇到胎盘中的酶类，被部分代谢，可有时这种转变的过程使其毒性增强，对胎儿构成更大的威胁。又如汞这种破坏大脑组织的毒素，当汞与一个碳结合被称作甲基汞。即使母亲的血液中含有极少量的甲基汞，胎盘也会积极地将其吸入胎儿的毛细血管里，就好像把它当成宝贵的钙或碘分子一样。随着妊娠继续，脐带血中的汞含量最终会超过母亲血液中的汞含量。对于甲基汞，胎盘的作用更像是一个放大镜，而非屏障。

更加严重的是，化学物质甚至不用透过胎盘就能造成伤害，有些化学物质存留在胎盘中，对其产生伤害。例如，胎盘的氨基酸转运系统用来将蛋白质从母亲的血液转运到胎儿的血液中，尼古丁便可破坏该系统。这有助于解释吸烟妈妈的孩子出生时体重平均低7盎司[1]这一现象。（尼古丁还

① 1盎司=28.35克。

会穿越胎盘，进入胎儿体内。）另外，被称作多氯联苯（PCB）的工业污染物使胎盘中的血管发生改变，降低了血流量。汽车尾气所含的重金属镍
也影响胎盘产生和释放激素的能力。总而言之，胎盘不但不能保护胎儿的安 35
全，而且还无法使自身免受伤害。和其他任何活体组织一样，它是脆弱的。

那么，认为胎盘密而不透、防护力强的这种观念是从何而来的呢?

肯定不是来自古人。亚里士多德和希波克拉底都认为胎盘直接把母亲的血输送到胎儿脐带。十三世纪的托马斯·阿奎那也这么认为。当然，他们所有人都想错了，但这个错误却产生了最为正确的判断，即凡是进入母亲身体的物质也能进入胎盘。即使在古迦太基，新婚夫妇被禁止喝酒，以免伤害在洞房之夜形成的新生命。在此之后的十五世纪，列奥纳多·达·芬奇等解剖学家首次观察到母婴的血液似乎并不融合。多年之后，一次可怕的实验证实了上述疑惑：有人将融化的蜡注射进一位生命垂危的孕妇的子宫动脉中。之后的尸检显示蜡没有存在于胎儿的组织中。在这位不幸的母亲死后便诞生了胎盘具有屏障功能这种观念。

一位名叫安·达立（Ann Dally）医学历史学家的研究拓展了人们错误地认为胎盘密而不透的历史。十九世纪中叶，维多利亚时代的人对妊娠的敬畏之情强化了胎盘是攻不可破的堡垒这种思想——虽然在那时已经出现大量的反证。数十年来，畸形学家（研究出生缺陷的学者）一直发表环境物质引发动物先天畸形的研究报告，但这些研究成果要么被认为和人类不相干，要么因为研究证据不符合社会主流思想而遭忽视。这种反对一直持续到二十世纪。二十世纪五十年代，大量文献证实胎盘可因母亲营养不良、照射X射线、服用药物、接触某些化学物质等各种情况而受到损伤。然而，正如达立回忆自己在医学院的经历，“医学院的学生受到教育，认为人类胎盘给予胎儿完美的防护，有毒物质无法穿透……好像总有一种态
度，把子宫和胎盘理想化了，对几近全部有关环境因素致使胎儿受伤害的 36
大量现有证据置若罔闻。”

认为胎盘密不可透的观念具有长期且耻辱的历史，千千万万的母婴因此受到伤害。事实上，这种观念至今仍阴魂不散，影响着有毒化学物的防控政策。通常，环保管理者在制定人体污染物暴露限值时通常不会考虑环境经胎盘的影响。这着实令人气愤，因为二十世纪至少上演了四场经胎盘传导的悲剧，而其中任何一场悲剧都足以击中胎盘神话的要害。第一场悲

剧的主角是病毒，第二场是药物，第三场是日本渔村塑料厂排出的废料，而第四场悲剧的主角则是一种激素。它们的名字如同著名战场的名字一般响亮：风疹、酞咪哌啶酮（即反应停）、水俣湾、己烯雌酚。

风疹又名德国麻疹，可穿过胎盘，在怀孕最初几周对胚胎造成损伤，而它的发现者并不是胚胎学家，也不是畸形学家，而是澳大利亚悉尼的一位眼科医生。在一段时期之间，他遇到很多患有先天性白内障的婴幼儿，为此感到痛心。或许正是因为诺曼·麦卡利斯特·格雷格（N. McAlister Gregg）是一位医生，不是实验室里的研究员，他于1941年发表的研究报告震动了医学界。

格雷格进行了细致的调查工作。他注意到被带来找他做手术的患儿出生日期相近——虽然出生地范围很大。除了视力丧失、眼睛浑浊的症状外，患儿还出现其他相同的问题：心脏缺陷、进食困难、发育不良、易猝死。随后他意识到，他们的母亲在怀孕初期恰逢1940年风疹大面积爆发的高峰期。那年夏天，很多军营驻扎在乡村，为各种传染性疾病提供了温床，在此之后，这些疾病蔓延到平民中间。

风疹看似不可能导致出生缺陷。和其他类型的麻疹不同，风疹通常是一种小毛病，但候诊区两名母亲之间的谈话让这位医生开始怀疑这种疾病进入子宫后是否可能产生另外一番情形。两名妇女都说自己在怀孕早期患
37 过风疹。因此，格雷格开始询问其他患儿的母亲。七十八名患儿母亲中大概有十人能回忆起自己在1940年夏天得过风疹。格雷格继续调查。即使在无法确认自己患过风疹的母亲中仍存在很高的可能性。（“有位母亲说她忙于照顾十个孩子，只记得自己在怀孕六周时生过病。当时她的一个孩子突然患百日咳死去。虽然母亲生病了，但她却不能卧床休息。”）格雷格正确地得出推论，胎儿接触到风疹时正值其眼睛形成阶段，因此造成相关组织的“错乱”。最终，水晶体——位于眼球后方聚焦光线的小小球状棱镜——开始发白或变得浑浊，失去了透明度。除此之外，风疹可干扰心脏和脑部的发育，还会造成患儿严重失聪。

1964年，继格雷格发表具有里程碑意义的论文二十三年之后，全球爆发风疹疫情，学校因此年年接纳许多聋哑学生。单单在美国就有超过两万名儿童因患先天性风疹致残。情急之下，孕妈妈们要么纷纷前往日本合法

引产，要么在美国当地要求法院将人流合法化，要么直接选择非法人流。最终在1969年，第一批疫苗问世，这是公共卫生成功的典范。三十年后的今天，风疹几乎无人知晓。事实上，它已经变成了一种虚无缥缈的隐患，很多母亲甚至犹豫是否该让孩子注射风疹疫苗。这种疾病是如此的轻微，她们不明白为什么还要为此烦劳，因为她们已经忘记了注射风疹疫苗真正的目的不是为了让自己的孩子免患风疹，而是为了避免他们把病毒传播给刚怀孕的妇女，否则后果十分可怕。我们给自己的宝宝打疫苗，是为了确保其他宝宝免受病毒伤害。

我意识到我和杰夫也许属于最后一代记得风疹的准父母了。杰夫的母亲在刚刚怀上第五个孩子时患上了风疹，在医生的建议和秘密协助下，她终止了妊娠。“那时我看上去就像个草莓，”她回忆说。“而且我还要考虑其他四个孩子呢。”

对我来说，风疹就是我在主日学校认识的那个戴着眼镜和助听器、喜欢傻笑的小男孩。他一直不停地去医院做各种手术。有一次他大声问我身 38
上有没有高洁丝卫生巾。我对母亲抱怨，她给我讲了有关怀孕和风疹的事。露贝拉，多么好听的名字，[1]用来解释小史蒂夫的问题太不合适了。

现在我给妈妈打电话，再次询问风疹的事。我有没有注射过疫苗？她不记得了。

“疫苗是在1969年问世的，当时我有九岁或十岁了吧。”

“只要当地有疫苗，就给你打了，这是肯定的。”

“嗯，也许我不用打疫苗。我是说如果我得过风疹的话。”

“没有，你没有得过风疹。”

母亲学过微生物学，我相信她。总之，我问她是因为好奇，而不是出于恐惧。第一次孕检时抽血化验结果显示我体内存在风疹的抗体。一定是在某个平常的日子，我注射了风疹疫苗，只是我和母亲都想不起来罢了。抗体比胎盘的保护性强。而我们所有这些小时候注射过风疹疫苗的孕妇都要感谢一位认真倾听母亲育儿经历的眼科医生。

格雷格医生于1941年谦逊地在《澳大利亚眼科学会学报》发表的研

① 风疹的英文音译。——译者注

究报告，被誉为证明人类结构性出生缺陷与环境因素之间存在因果关系的开创性成果。或许果真如此，可半个多世纪之后阅读这篇报告，我更对其中一部分遭到漠视的内容留下深刻印象。在文中，格雷格不仅对风疹等传染性疾病发出警告，而且还提出："有毒物质的影响……被认为可穿越胎盘。"如果说病毒能穿过胎盘，对胚胎造成严重破坏，那么对其他物质而言，也存在这种可能性。为了支撑自己的观点，格雷格接着引述相关研究——已经在当时医学界发表的成果。倘若人们重视格雷格的全部警告，之后出现大量的出生缺陷病例也许就能避免。

比如反应停（酞胺哌啶酮）[①]造成的出生缺陷。

坐在书桌前，我必须深吸一口气才能打开相关专著。我不相信怀孕期间有视觉上的忌讳——那种认为看到斑点鱼会让宝宝长胎记或者与失去一
39 条腿的人狭路相逢会使宝宝变成瘸子的迷信思想。然而，自从怀孕后，我就变得迷信起来。残疾孩子的照片同根茎植物一样引发我的强烈反感，而且我已经知道被称作反应停的镇静剂所造成的伤害十分刺眼：那些生来没有耳朵的婴儿，双手像龙虾爪子的婴儿，臀部直接长出脚趾的婴儿，缺少四肢的婴儿。

但我对上述景象的厌恶感却不抵探索它们的迫切感。在此，我受到艾德里安娜·里奇（Adrienne Rich）的著名诗作《潜入沉船的残骸》（*Diving into the Wreck*）中黑社会调查员的启发：一位女潜水员独自一人潜入漆黑的海洋，搜寻一艘沉船，"检查损坏的情况/以及逃过一劫的宝藏……/发掘残骸而非残骸的故事/揭开真相而不是以讹传讹。"我是一位怀有身孕的生物学者，探寻母亲和科学家的声音，希望听到受人重视和被人忽视的警告。我想发现逃过一劫的宝藏。因此，我打开了书桌上的那些书，细细探寻起来。

反应停是德国于1953年研制的一种药物的通用名。该药作为抗痉挛药物被证实无效。但在1958年，反应停被重新包装成一种镇静药大肆销售，被制药厂商吹捧为非常安全，服用后不会产生不良感觉，过量服用亦不会导致自杀。很快医生发现该药对缓解孕吐有效，随后广告便开始宣传这一作用。假若我在1958年怀孕，我肯定会让医生开这种药。

---

① 化学式$C_{13}H_{10}N_2O_4$，主要成分α－苯酞茂二酰亚胺。反应停的致畸作用来自其组分中两种互为对映体的手性分子中的一种。——编者注

如今我们都知道，反应停对胎儿和成人都不安全。该药问世几年后终被撤出欧洲和加拿大的市场。而在此之前，至少有8000名婴儿患上了最让母亲胆寒的各种先天畸形。反应停引发的典型出生缺陷是“肢体残缺症”，即上肢和下肢发育短小或出现缺失，尤其是叫作“海豹肢症”的残疾类别，肢体形似小小的鸭蹼。破坏不仅仅是身体上的，这些婴儿的出生导致婚姻破裂、家庭受困、母亲被无尽的内疚感压垮。除了明显的畸形之外，反应停还造成了无数流产和死胎。此外，该药给没有怀孕的成人服
用，也会造成神经损伤。近些年，美国食品药品监督管理局（FDA）对制 40
药厂最初的宣传做出如下说明：“制药厂宣称该药无毒，无副作用，对孕妇绝对安全。在这些宣传中，没有一项属实。除了对胎儿的影响外，该药还在成人中间引发周围神经炎。这是一种导致手脚疼痛麻木的病症，往往不可逆转……科学实验——倘若被实施——也许能发现反应停是不安全的。然而，相关制药企业却没有开展这些实验。”

证实反应停具有破坏力的实验其实已经被实施了——历时近四年、在人身上做的大范围实验，1961年秋天，一位科学家发表论文，指出反应停是导致德国出现海豹肢症病例的原因。几乎在同时，澳大利亚产科医生威廉·麦克布莱德（William McBride）在英国著名的医学期刊《柳叶刀》发函询问有没有医生注意到在妊娠早期服用反应停的母亲产下四肢出现奇怪畸形的胎儿这种广泛的病例。和二十年前其同胞发表的风疹报告一样，麦克布莱德的征询信打破了沉寂。类似的报告开始在全球范围涌现，而反应停则被迅速撤出欧洲市场。

反应停如何能在其安全性未提前得到证实的情况下销售给四十八个国家的孕妇？一种流行的观点认为研究人员没有理由怀疑该药不安全，没有理由进行更多的实验。可这并不完全符合事实。单凭天真的想象并不能解释该药在欧洲遭禁后为何继续在加拿大市场销售。另外，正如安·达立所指出的，甚至在该药进入欧洲市场之前就已经浮现不良迹象，证明其有害，但都遭到忽视。事实上，初步证据就足以说服在FDA任职的医生弗朗西斯·凯尔西（Frances Kelsey），责令该药禁止进入美国市场。其背后还有一个故事呢。

1960年，辛辛那提的一家制药企业申请在当地生产并销售反应停。
其销售部制定了宏大的计划：反应停将作为非处方药销售，不仅仅治疗 41

失眠、孕吐，而且还能缓解厌食症、阳痿早泄、哮喘、酗酒及“学校成绩欠佳”等各种人间疾患。评定该药安全性和有效性的责任落在凯尔西的身上，而当时她在FDA只工作了一个月。上级要求她迅速审核。但在制药厂提供的数据中，她发现了隐患，因此放缓了审批速度，提出难以回答的问题：有些成人服药后为什么感到手脚刺痛？该药对新陈代谢产生怎样的影响？它在孕妇体内又会产生哪些确切的影响？制药企业的回答不充分，因此她暂缓了审核，却迅速地让制药界认为她是一位碍手碍脚的官僚主义者。

是什么让弗朗西斯·凯尔西看到了药物含毒性的迹象，而其他人却发现不了？事后分析，她说自己的谨慎源于以前对疟疾的研究。她想起人类胚胎无法像成人那样代谢抗疟药物奎宁。反应停是不是也一样呢？她还记得风疹事件，因此一直向申请者索要更多的数据，直至最后德国和英国公布相关报道，因而“审批变得绝不可能”。1962年，凯尔西医生荣获肯尼迪总统颁发的卓越功勋奖。这让我意识到我们千千万万美国中年人不知道自己拥有健全的四肢，原来要感谢这位女医生。和他人不同，她相信胎盘具有可穿透性。

从反应停灾难中，我们还需要挖掘哪些暗藏着的教训？在我看来，至少有两点：

我们若要以保护人类胚胎为目标，就不能等到完全摸透某种化学物质对胚胎可能造成的不利影响后才采取行动。

科学家在1991年才终于认识到反应停伤害胎儿的原理——距该药被撤出市场已经过去了三十年。结果发现，这种药物终止血管生成，穿越胎盘后减缓胎儿某些蛋白质的产生速度。这一发现最终揭开了反应停抹去胎儿四肢的秘密，但无论答案在科学上多么有趣，都不能被用于保护公众的健康。弗朗西斯·凯尔西在医学界了解到这一事实之前就采取了正确的行动。

胎儿在化学物质上的暴露时间至少和暴露剂量一样重要。

反应停事件动摇了毒理学刻板陈旧但深入人心的一项原则，即剂量决
42 定毒性。根据这条定律，致畸因子的暴露剂量越高，出生缺陷就会越严重。但对于反应停而言，暴露的时间点在确定损害程度方面和暴露剂量同等重要。胎儿易受反应停伤害的窗口期十分明确，即最后一次月经期35～50天。这一时期代表器官发生最重要的阶段。反应停造成的各类出

生缺陷单凭日历便可预测。胚胎从上至下、由内向外发育。因此，在怀孕35～37天服药导致婴儿缺失耳朵；39～41天，上肢缺失；41～43天，子宫缺失；45～47天，腿骨缺失；47～49天，拇指畸形。

冷雨敲打着窗户，我又回到了床上。睡觉的好天气，我对自己说。对于睡觉，找任何借口都行。

屋外传来转动门锁的声音。杰夫从工作室回来了。我可以听见他在楼梯口脱去溅满染料的工作服。房门又“砰”地响了一下，他把狗放出去了；接着传来撕信封的声音，他光着身子坐在台阶上看信。现在他轻轻地走过一个个房间，看我在不在家。卫生间是他首先巡查的地方，可我有好多天都没吐过了。他猜的下一个目标是卧室。

“你在这儿。我早就应该知道。”

“你肯定冻坏了。到我这儿来吧，只是别晃动床垫。”

杰夫斜着身子缓缓倒在床上，那动作就像受伤的金刚从帝国大厦楼顶坠落一样，引得我大笑不止。我们一起钻进被窝。我还不习惯自己那软绵绵的肚子，因此感到不自然。如果说怀孕第二个月让我回到了童年，那么第三个月则是青春期的再现。

“我感觉怪怪的，而且……身体变粗了。”

“我觉得你怪怪的，而且……是个美人儿。”

哎，怀孕头三个月的妻子，该让丈夫多么地崇拜啊。

“跟我说说这里现在是什么情况。”杰夫把一只手放在我的耻骨上。

“和上个月相比，只是小动作。指甲开始长出来。耳朵在向上生长。 43
眼睛移到脸的中央。哦，还有生殖器也在形成。”

“宝贝现在有多大了？”

“第三个月末，人类的胎儿约2.5英寸长。”我引用产科学文献的论述。

杰夫在手背上测量着长度，我发现他的手臂和手腕长得特别可爱。那些肢体残缺症的景象在我脑海里挥之不去。

“你记不记得反应停？”我问杰夫。

“‘反应停’婴儿……四肢像鸭蹼的婴儿。我记得小时候看过他们的照片。”

“根据我看到的这份调查，四十五岁以下的人有三分之二不知道。”

“真的吗？我记得反应停。”

“那你记得水俣病吗？”

“不记得。”

“大约在同一时间发生的。你记不记得那张有名的照片，上面一位日本母亲给她瘫痪的女儿洗澡？”

“史密斯拍的？《生活》杂志的摄影人？”

“是的。”

“那是一张黑白照，光线很暗。构图类似米开朗基罗的《圣殇》，但同为一次洗礼。这是我所记得的。”

第二天，我去图书馆找1975年威廉·尤金·史密斯（W. Eugene Smith）与日本妻子共同发表的照片故事《水俣病：图与文》。令杰夫记忆犹新的那张图片横跨两页纸，图中的线条粗犷而经典。如同圣母玛利亚怀抱受刑的耶稣，一位母亲全身赤裸，怀抱她半成年的女儿，为其进行日式洗浴。母亲的一只手向上托着女孩的双腿，而女儿的一只手朝下弯着，拂过水面，使身体得到平衡。母亲怜爱地看着女儿，女儿的眼睛向上望着——好似在看上帝，却暗淡无光。猛然间，观众看到碰触水面的手指不
44 自然地屈曲着，骨瘦如柴的双腿亦是如此。女孩赤裸的胸部占据了图片的中心位置，在那儿有一个深深的洞，可它不是伤口，而是某种可怕的畸形。

女孩名叫智子，1956年出生，在其肖像照震惊世界两年后的1977年离世。

水俣是日本南部熊本县的一个小镇，毗邻不知火海，自封建时期以来一直以渔业为生。但如今，水俣主要因水俣病的发源地而出名。水俣病其实不是一种疾病，只不过是甲基汞中毒的代名词。

汞（Mercury）是一个古老的化学元素，被亚里士多德称为水银，以快速旋转的水星命名。为汞起名的六世纪炼金术士错误地认为汞具有将基本金属转变成黄金的力量。汞确实能加速某些化学反应。正是这种特性让水俣市的命运和汞元素联系起来。

二十世纪三四十年代，水俣市一家叫作池肃（Chisso）的工厂开始生产乙醛和氯乙烯这两种生产塑料的原料。为此，工厂采用金属汞作为催化剂，然后将污水排入水俣湾。1956年春天，一名五岁的女孩因言语不清、走路不稳被送入工厂医院。不久之后，她的妹妹也出现相同的症状。

接下来，她的四个邻居变得神志不清，走路跌跌撞撞。医院院长细川肇（Hajime Hosokawa）警觉起来。他向有关部门报告当地“爆发了一种不明中枢系统性疾病。”细川医生以为他面对的是一种传染性疾病——“水俣病”这一名称由此得来。调查很快又发现了五十个病例。

但有三条线索否认传染源的存在。病人家里养的猫神秘死亡；患病家庭几乎都和渔业有联系；另外五十名患者的住处相隔很远，都不在同一小区。将受害者联系在一起的是惊人相似的进行性病症：首先手足开始出现刺痛；然后用筷子吃力；说话变得“含混不清”；最终，听力出现下降，
视力出现盲区；有些患者躁动不安，大声喊叫；最后发展成全身瘫痪，双 45
手扭曲，吞咽困难，不久之后便死去。

调查开始后，先前报道过但随后被忽视的事件突然具有了新的意义。六年甚至更长时间以来，渔民常常抱怨海带枯萎，蛤蛎无肉。除此之外还有其他不祥的征兆：漂浮的死鱼、从天空坠落的海鸟、不能动弹的章鱼、狂转身子而后死去的猫、狗、猪。一起分析这些证据——医学上和环境上的证据——调研小组于1956年秋天发布报告，正确指出水俣病根本不是一种传染性疾病，而是由于食用海湾里的鱼类和贝类所造成的重金属中毒。某种重金属流入海湾，而证据指向池肃化工厂。

报告的发布解开了神秘疾病的原因，可怕的故事本应就此结束。然而，故事才刚刚开始。当地政府反对调研小组的主要应对意见——在水俣湾禁渔。与此同时，唯一嫌犯——池肃化工厂拒绝改变生产方式，而是聘请专家驳斥上述证据，坚称没有证据说明企业行为是问题的根源所在。此外，一个大学研究团队宣布会对问题展开进一步研究。

将近四年的研究结束后，研究团队发现以下问题。猫食用水俣湾的鱼后出现水俣病的症状；水俣湾被甲基汞严重污染；死于水俣病的患者肝脏和肾脏中含有大量甲基汞；水俣市幸存者的头发中含有大量甲基汞；英国一家工厂的工人接触甲基汞后出现了与水俣市患者十分相似的症状。

池肃化工厂回应说自己仅仅采用金属汞，并非甲基汞，因此从工厂排
出的废水不可能是问题的根源。但厂方没有透露他们的医院院长，即首先 46
注意到问题的细川医生，在1959年给猫喂食工厂的废料后，使其患上了水俣病。池肃化工厂的管理层隐瞒了上述信息。和格雷格医生、凯尔西医生不同，细川医生对自己的发现缄口不言。

在研究团队辛苦调查，工厂、医生默不作声的四年间，水俣市发生了以下事件：池肃化工厂将部分废水排入附近的一条河流中，扩大了污染范围；出生时看似患有脑瘫的婴儿数量开始上升；当地政府开始建议头发内甲基汞含量超过百万分之五的所有孕妇做引产。

那些出生看似患有脑瘫的婴儿其实都是先天水俣病的患者。尽管他们从未吃过水俣湾的鱼，可他们的母亲吃过。其中有些婴儿失明或失聪；有些头颅偏小，牙齿变形；有些出现震颤，经常抽动。尸检报告显示，和出生后患上水俣病的婴儿脑部相比，先天水俣病患者的大脑损伤面积更大。除上述先天性的病例之外，1955年至1959年在污染最严重地区出生的婴儿，29%表现出智力缺陷。

1962年，有人在实验室架子上发现了一个被遗忘的装有池肃化工厂污泥的瓶子，随即研究人员发现了他们费心求证过程中缺失的关键环节。瓶子里的物质经检测含有甲基汞。该发现无疑证实了很多人一直怀疑的事，即化工厂的废料处理工艺将毒性较弱的单质汞转化成了甲基汞这样一种可怕的有机汞。可如果研究团队认为公布确凿的证据会引发积极的行动，那就错了。接下来的六年间，池肃化工厂继续肆无忌惮地排放甲基汞，直到1968年其制塑方法被新技术取代后才停止。

最终唤醒公众对甲基汞生态特点的意识，不是靠慢慢累积起来的科学
47 知识，而是靠公民行动和摄影。1969年，二十九户家庭代表已故、病危和严重患病的受害者起诉池肃化工厂，其他家庭提请政府采取行动，也有民众开始同化工厂直接谈判，在其东京办事处门外静坐示威。那里的抗议者遭到逮捕和殴打，其中包括手持相机记录活动的史密斯。不过，他的照片还是传了出去。其中一张照片上，身着深色正装的池肃管理人员坐在会议桌前，面对着智子，同时起诉人纷纷要求他们看看智子，摸摸她的身体。她的脸上流露出和那次洗澡一样呆板的神情。

1973年3月，熊本区法院判受害者家人胜诉。判决书提出，池肃化工厂不仅没有“通过调查研究”履行确保安全的义务，而且“若发生疑似安全疏漏情况”，亦未履行防控义务。在最后的案情分析阶段，法院裁定：“任何工厂不得践踏本地居民的生命和健康，亦不得以牺牲本地居民的生命和健康为代价运营。”

1998年，我在图书馆找到了一份英译文献，其中包含了水俣市一些

抗议者的采访资料。距法院判决及企业履行相应赔偿已过去多年，可他们依然希望看到力度更大的解决办法。一位接受采访的人说：“我们十分渴望重新拥有污染发生前的海洋和山峦。金钱是一个讨厌的东西，对家庭和村子来说都是祸害……此时此刻应该把我们曾经生活的另一番天地归还回来。我们想要重新拥有干净的海洋，这个希望很渺茫……然而我们还有一个更加渺茫的希望，那就是重获过去健康的生活。”

根据最新的预测，水俣湾的汞浓度有望在2011年下降到本底水平——继细川医生首先提出“水俣病”而后陷入沉默过去了半个多世纪。1997年，相关部门宣布水俣湾的鱼类和贝类可安全食用。

如何才能致智子的生命以最崇高的敬意？这个问题很难回答。生物学研究工具没有保护好智子。然而，在多年否认和拖延过程中却汲取了很多知识。这些知识至今仍显得重要，也许可以被用来保护后代。如果是这样，那么从水俣灾难中便可总结出以下几点认识：

大自然是一位炼金术士。 48

在工业化生产的过程中，池肃化工厂用作催化剂的金属汞意外发生副反应，生成可对胎儿产生不利影响的毒素——甲基汞。正是这种毒性更强的毒素流进了海湾。现在我们知道世界上现存最古老的物种——甲基化细菌——也进行这种转化。自从生命诞生之日起，这些微生物一直生活在池塘、河流和海洋底部的厌氧环境中，悄悄地把硫酸盐转化成硫化物。当遇到汞分子时，它们便发挥自己非凡的才能，将汞这种游离金属与碳结合，使其变成甲基汞。因此，金属汞一旦进入水生态系统，其毒性就会通过不受我们控制（我们也无法控制）的化学反应得以增强。

无意中产生的结果并非总是不可预测的结果。

虽然汞等元素在环境中的变化有其各自的途径，但仍可遵循某些生态法则。其核心是生物富集作用，即难以消融的毒素在食物链上具有累积效应。位于食物链顶端的生物体内含有的毒素最多。水中的有毒物质可累积到非常高的水平，因为食物链比陆地的长。（与受地球引力影响的陆地生物相比，水生生物因水的浮力而消耗较低的热量。体能消耗低，使得生物链各环节之间的能量转换更加有效。生物链环节间损失的能量较少，便可加入更多的环节。）在水俣案例中，被拖到捕鱼船甲板上的鱼，其肉中汞含量比相关水域里的汞含量高一百多万倍。换句话说，甲基汞通过池肃化工厂一点点流入海湾，可再次回到陆地上后，其浓度增高了一百万倍。根据一般的规律，只要持久性污染物被排放到自然环境中，大量食用鱼类或其他水生动物的人就会接受最高的污染物暴露剂量。

胎儿最易受到有毒物质的伤害。

49 我们在上文了解到，胎盘可将体内有毒化学物质浓度提高到更高的水平。除此之外，发育中的器官比成人器官更加脆弱。最易受到甲基汞伤害的窗口期在怀孕四至六个月——比风疹和反应停的窗口期晚得多。这是脑细胞迁移的阶段。胎儿的脑细胞就像一只用蛛丝把自己倒挂在天花板上的蜘蛛，以自身轴突纤维的长度从大脑的中心移动到大脑表层。最终，大脑布满了像这样的蛛状细胞及其织就的神经网。甲基汞影响这种由内向外的移动。脑细胞迁移的关键阶段一旦结束，就不会再度发生。

有毒化学物质的阈值对胎儿来说也许并不适用。

毒素的阈值和胎盘屏障一样深深印刻在大众的心里，同样难以根除，也同样具有安抚人心的作用。人们认为只要某种毒素的暴露剂量低于计算得来的阈值，其风险就可忽略不计。这是一种诱人的推论，而且历史久远，广为流传。阈值的概念直接源于剂量决定毒性这一中世纪的假说。

水俣事件的新研究结果让人质疑汞对胎儿是否存在阈值。在最初调查水俣市先天中毒者的过程中，没有一个人想到要提出以下问题：“汞会造成伤害的最低剂量是多少？”遗憾的是，最近一次统计显示，存活下来的先天中毒者仅剩四十七人，此时已很难查明其出生前和出生后的汞暴露剂量。不过，水俣市许多家庭都奉行这样一个传统：孩子出生后，他（她）的一段脐带将被小心地用纱布抱起来，保存在小木箱里。经过同意，研究人员通过分析脐带测量孩子出生前的实际汞暴露剂量，包括那些已故的孩子。相关论文于1998年发表，指出同健康孩子相比，先天水俣病患者脐带组织中含有显著高水平的甲基汞。此外，未被确诊患水俣病的智障儿童，
50 其脐带中的甲基汞水平介于两者之间。换句话说，规避我们称为疾病的一系列症状需要建立汞最低阈值，即使远远低于这一阈值，仍旧发生了脑损伤。

月满那天是3月13日，星期五，正值我怀孕头三个月临近尾声之时。妊娠期以三个月为单位划分其实和胎儿发育没有关系。不过，产科医生认为将妊娠期划分成三等分方便省事，怀孕指南图书亦是如此。胎儿体重

增加、可能出现的问题、各种检查项目——这些都是按三个月介绍并划分的。无论有多么牵强，人们依旧把孕期分成三个时间段。怀孕指南蛊惑人心地写道，女人往往在头三个月结束时宣布自己怀孕的消息。

根据杰夫的提醒，同时到来的是三月十五日（Ides of March）。在罗马历法中，每个月都有十五（Ides）这一天，代表月份的中间点，并恰逢满月。为了方便起见，罗马人把每个月一分为二。各界集会——包括恺撒同布鲁图和卡修斯的决定性会面——往往在十五这天召开。*Ides*是拉丁语，意为“分隔”。我又看了看《尤利乌斯·恺撒》这部剧，其中有很多讲演和辩论的场景。我向杰夫汇报，在莎士比亚的故事里，十五是昭告天下的日子。

然而，我和杰夫已经保守我们的小秘密太久了，让怀孕的消息变得就像我肚里的宝宝一样深藏不露。我已经完全适应了在外当教授、在家做准妈妈的双重角色，因此不太想扰乱这份宁静，就好像这么做也会扰乱宝宝的宁静一样。至今还没有人想到问我是不是已经怀孕了，所以我也不必要撒谎。

接下来，电影制作人朱迪丝·赫尔方（Judith Helfand）从纽约来到这里，住在我们这栋招待所里，在校园放映她的最新影片《一名健康的女婴》。赫尔方属于史密斯式的人物，负责宣传己烯雌酚的危害。己烯雌酚（DES）是一种激素类药物，曾用以保胎，而现在被认为是导致癌症和下一代女性不孕症的物质。[①] 和史密斯一样，她也用镜头记录了化学物质穿过胎盘对胎儿造成的伤害，业界的否认，随后发起的公民行动以及受害家庭所不断经受、可使夫妻关系破裂的愧疚感。和史密斯不同的地方在于朱迪丝的视角，她本人是己烯雌酚的受害者，因其患上了不孕症。在播放影片之前，她会登上讲台，向学生讲述该药让她失去的东西。这包括她的子 51
宫、宫颈和上面三分之一的阴道，她失去的东西还包括怀上宝宝的渴望。

十二月初，在即将搬回伊利诺伊州之前也就是我怀孕前一个月，我曾去朱迪丝在曼哈顿滨河路的公寓住了一晚。

“这房子是我用子宫换来的，”我们乘电梯时，她嘲讽地说，实际是指她赢制药公司的那场官司。

放下摄像机，朱迪丝积极撰写自传，同时鼓励他人写自传，积极发挥个人宣传的力量。她也是我见过最专注的听众之一。这也许就是为什么深

---

① 化学式$C_{18}H_{20}O_2$，是人工合成的非甾体雌激素物质。可补充体内雌激素分泌不足，但有致癌风险。——编者注

夜两点钟我俩还坐在她家的厨房吃着鸡蛋和水果。同时，我不由得开始讲起自己想要孩子的渴望，并且依据几个月以来的性生活和月经，也谈到了感觉自己怀不上孩子的恐惧。

“等等，”她一边说，一边起身。“等一等。”

我误解了她的意思，以为她只是让我耐心等待。但接着她开始在隔壁房间书柜旁的一摞纸箱里翻找东西。

“我觉得你没问题。可你等等我。等一分钟。”

她回到了餐桌前，手里拿着一本希伯来语的祷告本和一件小小的手绘艺品。她把后者举到灯光下。

“这是一个门柱圣卷”（mezuzah），她解释说，是犹太教的一种辟邪之物。

朱迪丝叫我把它贴在我家门厅的墙上或任何一个分割公私和内外空间的地方。mezuzah在希伯来语中指“门柱”。她继续介绍说这个门柱圣卷非同寻常，甚至具有颠覆性，因为它的形状像女性的躯体。门柱圣卷通常不含雕刻的画面，不论外形如何，都带有一卷手写的经文。这些文字摘自《申命记》（《申命记》是被卫理公会圣经学校称为《旧约》中的一卷经书，而犹太人把《旧约》称作《托拉》），是摩西谈论神圣职责的内容。其中摩西提到四季，提到耕种与收获，提到雨露、青草、牛羊和玉米。

52 “进出房子的时候，让它提醒你日常生活的神圣性就行了。”朱迪丝说着，便把门柱圣卷用布包好，推到了我的手中。

我又把它包在了一双袜子里，放进箱子。搬到伊利诺伊州后才把它取出来。杰夫把它挂在卧室的门框上。很快，我怀孕了。

因此今天发生的事也许就不足为奇了。当我和朱迪丝走出员工食堂，迎着三月的狂风走向她将要播放影片的大学报告厅时，她突然停下脚步，把一只手放在我的胳臂上。

“桑德拉，你怀孕了吗？”她用炽热的目光盯着我。

“是的，”我最终笑着说出了秘密。“三个月了。搬到这里不久就怀上了。”

然后我俩都笑了起来。她那头黑黑的秀发在我们中间飘动；潮湿的树叶在我们身边飞舞。在自己和另一位女性之间，我从未像现在这样既感到无比亲密，又感觉相隔甚远。

在接下来的几天里，我陪朱迪丝完成她在历史课、护理课、生物课的演讲计划，至少还要看三遍《一名健康的女婴》。但即使是头一次看这部影片，也不感到陌生。

影片的某些部分让我感觉自己在重温“反应停”的悲剧——只不过这次没有弗朗西斯·凯尔西。己烯雌酚在二十世纪三十年代研制而成，尽管该药的化学结构看上去和雌激素的化学结构大相径庭，可它仍被证实具有出奇的相仿性，还可给牲畜和家禽增肥。1941年，己烯雌酚作为饲料添加剂和治疗痛经、阴道炎和淋病的药物上市销售。对于选择用奶粉喂养孩子的母亲，该药也被用来抑制奶水的产生。几年之后，FDA批准己烯雌酚作为孕妇处方药使用。当时的观念认为，体内激素失衡导致流产这一问题通过在整个妊娠期间服用更大剂量的人工合成雌激素即可解决。五十多年后，美国科学院的调查称这种思路为“难以重建的理论”。

也就是说上述理论不符合逻辑，甚至连动物研究报告都没有指出己烯雌酚能够预防流产。事实上，那些报告暗示该药具有其他不良影响。二十 53
世纪三十年代的一项研究发现己烯雌酚使小鼠患上了乳腺癌。而另一项研究显示接受己烯雌酚实验的小鼠，其下一代的生殖器官出现畸形。到了五十年代，两项精心设计的人类研究发现己烯雌酚其实增加了流产的风险。然而，产科医生继续把该药看成无所不能的神药，又使用了十二年。1947年至1971年间，仅在美国共计就有二百多家制药企业生产己烯雌酚，凭处方销售给了四百万名妇女。如今我们知道该药没有预防过一次流产。

己烯雌酚的故事接下来效仿了风疹事件。六十年代末，位于波士顿的马萨诸塞州综合医院出现一系列罕见的癌症病例，难倒了该院的医生。三年间共有七位年轻女子被查出患上了阴道透明细胞癌。该病在七十岁以下女性中几乎闻所未闻。最终，一名医生通过倾听患者母亲的讲述发现了病因。一名母亲提到自己怀孕时医生给她开过己烯雌酚。随后这名妇科大夫询问了下一名患者的母亲，她也在孕期服用过己烯雌酚。其他五名母亲也有同样的经历。1971年，亚瑟·赫布斯特（Arthur Herbst）医生及其同事发表论文，说明胎儿接触己烯雌酚与子宫颈阴道透明细胞腺癌的关系。该消息的公布使孕妇凭处方购买己烯雌酚成为历史，而同时掀起一阵数据记录的风潮。

一旦医学界被擦亮了眼睛，各种问题便显现出来。研究人员发现，在怀孕阶段服用己烯雌酚的母亲罹患乳腺癌的概率上升。调查结果显示，她们的子女患免疫系统疾病的概率非常高。许多子女也出现生殖系统畸形。男孩子的病症包括隐睾症和尿道下裂（即尿道的开口位于阴茎下方，而不是在顶部）。女孩子的病症包括子宫畸形（不孕率因此增加）、输卵管妊娠和早产。总之，医学界以胎儿接触己烯雌酚所产生的后果为题，至今已撰写了一千五百多篇论文。

研究再次证明暴露时间和剂量同等重要。现在我们了解到胎儿在发育
54 关键阶段己烯雌酚暴露会抑制*Wnt7a*基因的活动。不论这个基因的名称有多么的不起眼，它承担着引导迁移的细胞变成生殖组织的重任。因该基因工作不正常而造成的一些畸形同风疹或反应停引发的问题一样严重，但损害是无法在体外观察到的。产室里出现一个缺少双臂的婴儿立刻会引起注意，而女婴体内的双角子宫在很多年里可能都不会被发现。

影片放映结束，灯光亮起。朱迪丝开始讲述在自己儿时的卧室里从子宫切除术恢复的经历。二十五年前，襁褓中的她被母亲抱到了那间卧室，小小房间里那台刺眼的照相机提醒着她，己烯雌酚等化学物质造成的个人问题也是公共问题。

“有毒化学物的暴露影响我们最私密的生活，迫使我们公开谈论我们也许不愿提及的东西——身体器官、性生活和我们想当然的未来。”

朱迪丝启程去纽约的那天，她让我带她去“一个神圣之地”。我们驱车来到芬克森林。这次我穿过那片枫树林，进入更为干燥、生长着高大挺拔的橡树和山胡桃树的丘陵地带。在那片林地里有一块空地，俨然是一个户外教堂，倒地的树干作长凳，一个大树桩作讲坛。我们穿过这片树林，向森林更深处走去。朱迪丝远远地走在我前面。我看她时而抚摸山胡桃树粗糙的树干，时而抬头仰望树枝间跳动的光影。

她的来访让我清楚地认识到一个问题。我如何把生物学者的身份与准妈妈的身份结合起来？做母亲的总想知道怎样做才能保护好自己的宝宝。我当然也想。生物学家总在呼吁加强研究，我也在呼吁。生物学界要求加强调研的呼声，尽管出于业内的考虑，却是在率真地承认我们对生命系统知之甚少。这就是为什么近期一本讨论人类胎盘的专著以谦逊的态度开篇：“唯有一件事是清晰明了的：我们所了解的只占我们需要了解的极小

一部分。”

然而，胎盘的历史也说明了我们没有注意已经掌握的知识——对其置 55
若罔闻；忽视其相关性；把呼吁更多的研究与终止危害的行动等同起来。即使被当今社会奉为公共卫生英雄的诺曼·麦卡利斯特·格雷格医生在发现风疹的危害后，最初也遭遇到数据不足的窘境。在1944年发表的一篇论文中，研究人员核查了他提出的风疹经胎盘传染证据，得出结论：“虽然存在这种可能性，但尚不能认为他证实了自己的观点。”有了这种怀疑的态度，科学家不必收回之前所做出的论断，但在像甲基汞和己烯雌酚这样的情况下，克制也许阻碍了防控。对于因1964年爆发风疹疫情而失明和失聪的人来说，疫苗来得太迟了。

回顾昔日损害妊娠健康的事件，在知识和行动的尺度上，我希望自己选择哪一点？我肩负哪些神圣的责任？

我坐在一棵朴树下，让自己的整个后背倚靠在凸凹不平的树干上。朱迪丝在细细查看一棵巨大的白橡树。她把一只耳朵紧紧贴在树干上。在这片受到保护的森林中，我曾经踏进了生物学的世界，而如今我再次意识到连接外界和子宫的出入口是一道神奇的门槛，每当有毒物质穿越而过时，理应进入我们的意识中。

粉红月
（四月）

四月初，银白槭树枝上冒出芽苞，而我也退出了睡眠模式。首先把我吵醒的是知更鸟，它们冲着灰色的天空一遍又一遍地唱着三连音符。然后传来红衣凤头鸟那悦耳清澈的叫声。早在青春叛逆期的时候，我就听出它们在发表明智的观点：**你呀，你呀，你呀，乐什么？乐什么？你呀，乐什么？**最后是哀鸽。它们发出轻柔的长叹：**好痛苦！苦！苦！苦！**此时，晨光已洒满窗户。

在上述三类鸟中，我认为鸽子是真正的报春鸟。它们的种群有时在三月初飞来。知更鸟也一样，可有些知更鸟也在当地过冬。一月偶逢暖和的日子，便可以看到某些种类的知更鸟在屋前草坪上踱步。啄食玉米的红衣凤头鸟是真正的四季留鸟，但从生物学角度上讲，它们的栖息范围在一百多年前才扩大到伊利诺伊州——正好赶上

官方将其定为州鸟。冬天在伊利诺伊州栖息的还有几种鸟类，再过几周，
它们还会向更远的北方迁徙。其中有种勤劳的小鸟，叫作美洲旋木雀，它
们以捕食昆虫为生，全身呈树皮色，虽不常鸣叫，但很容易根据其捕食特
点加以辨认。它们以螺旋上升的方式对树干进行系统性排查，啄食缝隙里
的蜘蛛卵。到达顶端后，它们飞到另一棵树的底部，再次绕着树干向上检
查。一整天重复相同的动作——飞下、跃上，飞下、跃上。有一只美洲旋 57
木雀整整一冬天都在路边的树林里寻找食物。五子雀也会啄出树皮里的昆
虫，但捕食方式大为不同，一边倒着身子相互追逐，一边发出奇怪的笑
声。不久，这种鸟也会启程飞往北方。

一天清晨，正当知更鸟欢快地迎接黎明时，我听见卧室窗外扇动翅膀的声音。打开百叶窗，我本以为会看到美洲旋木雀或五子雀，没料到竟是三只橄榄绿色的小鸟与我对视。其中一只跳过来，眨眨眼睛，低下头，露出头顶的一缕亮粉色羽毛。

"你是谁？"

仿佛作为回答，这只大胆的鸟又低下了头，向我展示它那鲜艳的羽冠。接着它们在槭树枝头抖动翅膀，来回跳跃了一阵，然后便飞走了。我知道自己不把它们认出来就无法入眠，于是便掀开被子，走进书房。堆在墙边的那摞纸箱里放着鸟类识别图册。拉开箱子找这本书时，我注意到自己的肚子——不仅厚度增加，而且变得更硬、更圆了。房子这边的窗户还比较暗，可以当镜子用。衬着背后的灯光，透过一层薄薄的白色纯棉睡袍，我看见自己的身体已明显是怀孕的样子。

"你是谁？"在日出之前，我再次问道。

我猜中了，一下就在两沓课本中间找到了那本破旧的野外手册。我开始翻阅鸣鸟的章节。没用太长时间，因为书里只有一种鸟长着粉色的羽冠和橄榄色的羽毛，以在枝头嬉戏而闻名，它们是金冠戴菊。

次日清晨又添新曲——小提琴般清脆的高音唱道："老山姆·皮博迪，皮博迪……"尾音悠长而感伤，仿佛再多的寻觅都是徒劳的。声音的主人是白喉带鹀——我对这种鸟十分熟悉。我朝窗外瞅去，不知能否找见一只，结果发现槭树枝干上站满了金冠戴菊，有几十只，都在舒展羽冠，在挂满芽苞的树枝上跳来跳去。

又传来白喉带鹀的歌声，离得更近了。接着又是一阵高歌："老山

姆·皮博迪，皮博迪……”可还是找不到声音的主人。在一缕缕青绿色和粉色之间，我寻找着不起眼的棕黑色羽毛、灰色的前胸、白色的喉咙的小鸟，但不见踪影。

58 “你们把皮博迪先生怎么了？”我质问那群金冠戴菊，但它们即便知道内情，也不会告诉我的。

第二天，我凌晨三点就醒了，深信自己听到了一只棕夜鸫的歌声。浓浓的夜色尚未受到知更鸟的惊扰，我躺在黑暗中，希望再次听到棕夜鸫的鸣叫。一片寂静。最后，我起身走到书房，翻阅那本鸟类图册。棕夜鸫和知更鸟一样，同属画眉科，其鸣叫的特点被认为恰似“降调的笛声”，但这样的形容无法捕捉那种超凡脱俗的感觉。第一次在明尼苏达州的一片森林中听到这种鸟鸣，我惊呆了。棕夜鸫的歌声由一系列自然豪放、具有电子质感的降调音符构成，说它是“外星人登陆地球时播放的歌曲”比较贴切。根据图册所述，我刚才听到的不可能是棕夜鸫的叫声。该鸟到达伊利诺伊州中部地区已知最早日期是4月20日——还差两周的时间。此外，棕夜鸫喜欢栖息在密林中，而不是后院里，还有就是这种鸟不在半夜鸣叫。我一定是在做梦。

我回到床上，但无法入眠。怀孕第十四周，我进入了一个新的阶段。困倦被高度精神的状态所取代，我变得更警觉，听力也似乎变得更加敏锐了。利用新的感知力，我努力捕捉鸣鸟迁徙的声音，这并没有听上去的那么神奇。专业的鸟类研究者常常在春天潮湿的夜里出发，侧耳聆听在千英尺高空飞翔的鸟儿相互鸣叫时发出的“叽叽喳喳”声。观鸟大师仅凭这些遥远声音的高低和音色就能辨别鸟的种类。我比他们差远了，可我依旧努力想象着各种飞鸟——莺、鹟、画眉、蜂鸟——沿着密西西比河飞迁路径一路北上的情景。今晚，有些鸟正穿越墨西哥湾；有些飞过阿肯色州；有些掠过我家的房顶；还有的仍停留在加勒比的红树林湿地和萨尔瓦多的山林中，等待着顺风向，观察着云层。

鸣鸟迁徙仍存在很多谜团：一是因为它们昼伏夜出；二是因为多数鸣鸟的身体过小，无法佩戴无线电发射器。因此，我们主要靠雷达获取有关它们春秋旅行的信息，但雷达只能监测群体，无法追踪个体。在雷达被应用于观鸟活动之前，研究人员通过观看月亮预估迁徙的鸣鸟数量。这是一
59 种奇怪但高超的技术，要求观测者对飞过满月表面的鸟只计数。前提条件

是晴朗的天空、一架望远镜以及根据鸟只入月的角度、飞行高度、月亮占夜空的面积比例进行的复杂计算。通过观测月亮，研究人员公布了不可思议的统计结果：每小时两百只鸟的黑影掠过月亮表面，意味着同期有300万只鸟在迁徙。也就是说在每年特定的夜晚，迁徙的候鸟达几十亿只之多。人们对此深表怀疑，直到后来雷达操作员证实了上述推断。

我肯定又睡着了一会，因为我突然听到知更鸟欢快的歌唱，接着传来“山姆·皮博迪，老山姆……”。我悄悄爬到窗边，让双眼适应昏暗的天色。树枝空空，不见金冠戴菊的踪迹，白喉带鹀也没出现。要么是因为我的观鸟技术太不合格，要么就是那棵树自己在鸣叫。

杰夫在床上动了动身子。

“桑德拉，你怎么起来了？是因为担心什么事吗？”

“等一下。”

一片寂静。随后知更鸟多了起来。

“桑德拉，亲爱的，怎么了？”

“嘘。和我一起听。”

老山姆·皮博迪……

“你听见了吗？我觉得咱们要有儿子啦。”

在月满的那晚，我已怀孕十五周，而且刚飞到波士顿，准备在这里做羊膜穿刺术。这是一个重大的决定——要不要做羊水化验？如果答案是肯定的，在哪做？事实上，第二个问题更容易解决。我那所谓的医保机构拒绝报销在马萨诸塞州以外地区发生的非紧急医疗费，而我的居住地在五个州之外，五个月的居住期对常规孕检来说太久，但对医保来说又太短。结果就是买机票去波士顿找一位医保机构认可的妇科医生做羊膜穿刺术都比在布卢明顿看丹医生便宜。我喜欢自己在波士顿联系的那位妇科医生——她与我同岁，而且也不喜欢在检查时开玩笑，因此这件事处理起来比较轻松。可这不是说我要独自一人做检查，除了每月付给丹医生的检查费用外，给杰夫买机票的钱也不在我们家的预算之内。

至于到底要不要做羊膜穿刺术这个问题，则更加复杂。 60

羊水是一种像海水一样的物质，未出生的宝宝漂浮在其中。羊水给胎儿提供浮力、防护和氧气。和精液一样，羊水由两种基本的成分构成：活细胞和承载它们的液体，细胞代表胎儿脱落的皮肤组织。羊膜穿刺术是指刺破孕妇的子宫，抽取约30毫升——满满一小酒杯的羊水，然后送到遗传学实验室进行检测。羊水中含有的细胞通过组织培养增殖，然后再接受染色体缺陷检测。该过程需要十天左右。

在此期间，这一小瓶液体要接受一系列严格的检测，能够发现胎儿存在的其他异常情况。例如，甲胎蛋白是胎儿肝脏产生的一种物质，出生后不久，肝脏停止产生该物质。没有人知道它的功能是什么。羊水中的甲胎蛋白含量通常较低，可要是形成大脑和椎管的组织没有正确闭合，这种蛋白就会从非正常的开口处大量溢出。因此，羊水中高含量的甲胎蛋白可预示胎儿患有神经管缺陷，如脊柱裂，即一部分椎管突出，穿透皮肤。

通过检查羊水中的液体和细胞，羊膜穿刺术可发现几百种先天性问题。然而，从孕妇腹部抽取羊水并非安全可靠。发放给准妈妈的宣传册上说手术风险“很小，但真实存在”。具体来说，每两百名孕妇中就有一人因羊膜穿刺术而流产。只不过宣传册一般不用这样的方式提供数据罢了，而是说羊膜穿刺术使流产的概率上升0.5%。这一数字代表平均值，根据全国诊所和医院记录的妊娠结局数据统计而得。想必对执业医师来说，手术风险的比例有高有低。我向丹医生询问过他实施羊膜穿刺术所导致的死胎率。他用一个故事回答了我：一位准妈妈来做羊膜穿刺术，结果在手术台上改变了主意。第二天她流产了。假如她做了手术，那她就会认为是手术
61 让她失去了孩子，对不对？这听上去很像是准妈妈版的《耶稣教导》。可我依旧不放心。

大多数孕妇被迫接受羊膜穿刺术“很小但真实存在”的风险，是因为她们害怕自己的孩子患有唐氏综合征。这种恐惧由来已久，闻名色变。约翰·唐是英格兰厄尔斯伍德智障者收容所的一位医务主管。十九世纪中期，他把长相不像欧洲人——貌似其他种族的智障病人划分开来，据他称，有些长得像埃塞俄比亚人，而其他的则像蒙古人。一个世纪之后，1958年，法国的一位遗传学家证实被唐称作蒙古人的病人体内有四十七条染色体——比普通人多出一条。如今我们知道，这些病人患有唐氏综合征，属于最为常见的染色体异常，在孕期就能检测出来。

由于唐氏综合征的发生率和孕妇年龄成正比，遗传学顾问给孕妇提供了一个简单的利弊分析建议：三十五岁之后，唐氏综合征的发生率等于或

超过羊膜穿刺术致流产率（0.5%），因此羊膜穿刺术是审慎且合理的选择。三十五岁之前，两者的风险概率是相反的，因此不建议做该项检查。当然，这只是相对而言，平均数。

上述道理真真切切，明明白白，无可辩驳。实际年龄超过上述界限整整三岁的我试着走上这条逻辑路线，却总是陷入迷茫。在平坦道路的背后藏着几个驱之不散的矛盾思想。矛盾一：我在寻找自己不愿发现的东西（遗传性疾病）。矛盾二：内心对是否做羊膜穿刺术这一决定的挣扎，既拉近又疏远了我和宝贝之间的情感距离。也就是说，我现在特别关心此次怀孕的情况，但在得到检查结果之前，又不想那么关心。矛盾三最为明显：我想要一个健康的宝宝，却把自己肚子里的孩子置于危险之中。

“父母必须在检查结果可能产生的价值和正常胎儿受到伤害的低风险率之间做出权衡。”一本医学百科全书如此归纳羊膜穿刺术这个两难抉择。我安静地想象自己在天平的一端码放自己了解到的检查结果，在另一端增加杀死婴儿的可能性，然后退到原位，看天平倒向哪一边。这是一个 62
惹人注目的景象，而且正如几位批评羊膜穿刺术的有识之士所指出的，检查结果并不总能产生显而易见的好处——即使对于认为引产有问题的胎儿合乎道德准绳的人来说，亦是如此。举例来说，羊膜穿刺术可以告诉你孩子出现罕见的染色体异常，可医学界对其知之甚少或一无所知。然后该怎么办呢？社会学家芭芭拉·卡兹·罗斯曼（Barbara Katz Rothman）把这种信息称为“失能性知识”。她还探寻人们是否有勇气放下一些问题。

然而，我已下定决心，一探究竟。毕竟知道总比不知道好。从这个方面讲，林子里的童子军比伊甸园里的夏娃更令我感到亲切。有备无患——这似乎也是一条有效的纲领。

医疗人类学家雷娜·拉普（Rayna Rapp）研究和我一样接受羊膜穿刺术的准妈妈，也研究拒绝这项检查的孕妇。她发现情有可原的状况和个人观念对孕妇相关决定的影响和统计图表的影响一样大。有些妇女不愿做羊膜穿刺术，是因为她们不想让自己的孩子成为遗传质量控制的对象，或是因为她们多年不孕不育，不想再采取计生手段了。有些妇女接受羊水检查，是因为她们害怕照顾残疾孩子的负担会最终落在其他子女身上，或是因为这种检查能为她们的未来提供一些保障。我在很多方面都是羊膜穿刺术接受者的典型代表——身为白人、上过大学、缺少强烈的宗教意识和血族关系。

在我的生命中还存在两个与之相关的重要因素。第一，我是癌症幸存者。第二，我是被收养的孩子。

从上述角度来看，我二十岁被检查出患有膀胱癌意味着两件事。其一，就像被抛弃在圣坛上的新娘一样，我惨遭背叛——背叛者不仅仅是自己那失控的细胞，而且还有医生安抚人心的建议："别担心，出问题的概率可以忽略不计。"二十岁的女孩不应该患膀胱癌，我患上了；其他女人也许不相信自己的孩子可能患上罕见但严重的疾病，我相信。其二，就像
63 等待陪审团裁决的被告一样，我已经习惯等待医院的结论。很多接受羊膜穿刺术的孕妇纷纷表示自己一天天焦急地等待遗传实验室的电话。我曾多次在圣诞节假期、期末考试期间和暑假等着医院出具的活检报告，因此对上述情况不会感到惊奇。

收养的因素更加扑朔迷离，在我能记事、会说话、有思想之前就已存在。和罹患癌症的经历不同，被人收养所产生的心理影响难以衡量——只不过现在怀上了自己的孩子，这方面想得更多了。思索自己被收养的经历就像仰望远方的星辰一样。我感觉自己很渺小，同时感到些许伤感。以被收养者的身份怀孕也产生一些实实在在的大问题。首先，我无法了解家族医疗记录。在美国大部地区（包括伊利诺伊州在内），收养记录被依法封存。这一事实令很多父母大为吃惊，因为相关法律显得太陈旧了。（第一批记录在二十世纪三四十年代被封存，目的是保护被收养儿童不受非法身份带来的歧视，同时避免人们认为他们的出生是不光彩的。）可事实是，我至今无法获得自己的原始出生证明。对于被收养者成年后被剥夺公民权利的情况，接收我的收养中介机构表现出极大的同情，但仅凭同情不能解答遗传学顾问对我提出的问题：我的家族有没有人患唐氏综合征、囊性纤维化、泰-萨克斯病、地中海贫血症、脊柱裂、智力迟缓等遗传性疾病？没有遗传学导航的指引，我感到迷茫。与此同时，羊膜穿刺术的支持者一方面会让我们相信DNA的重要性，而另一方面总体对美国多数被收养者所遭遇的境况沉默不语。在所有的孕检指导书中，我只发现这样一句话提到了收养问题："被收养的多数病人构成遗传学界的医学历史问题。"好像一切麻烦的根源都来自被收养者，而不是我们被迫面对的国家法律盲区。

我同意把宝宝的染色体交由专业人员分析，部分原因是我丝毫不了解

自身的染色体情况。首次了解我那未出生孩子的医学信息，就等于是拿到 64
了自己所缺少的医学资料。这种认识的价值有多少？我完全不知道。

我和杰夫在伊利诺伊州居住期间把自己的公寓转租了出去。我的朋友艾伦·克罗利（Ellen Crowley）是一位癌症活动家。她住在波士顿后湾区最繁华的街道上最小的公寓里。我在她家沙发上度过了羊水检查开始前的一晚。那是一个温暖、晴朗的夜晚。即使在午夜，比肯大街依旧车水马龙。我约好第二天八点做检查。大约在那个时间，艾伦要做乳房X射线检查——同一家医院，不同的楼层。我们都希望听到好消息。在就寝之前，艾伦给我了一片安定。我笑着拒绝了。她又拿出缎子床单、一床鹅绒被和一个超大型羽毛枕招待我。

我想着鸣鸟入睡了。它们的大脑装备了三种不同的导航系统：一种依靠太阳；一种依靠星星；一种依靠地球的磁场。不过有时它们仍会迷路。大约在凌晨三点，我醒了，以为自己听到画眉鸟的歌声……结果发现其实是远处汽车的喇叭声。想一想自己做羊水检查的理由，其实一个都说不通。

几个小时之后，在贝斯以色列医院超声波检查科一个昏暗的小房间里，我约见了另一位朋友——佳纳克伊·布鲁姆（Janaki Blum）。她也是一位生物学者，最近也当了妈妈，一年前也接受过羊膜穿刺术。她将取代杰夫的位置，在针头刺入我身体的那一刻，握住我的手，陪我一起观看并铭记整个过程。突然，小小的房间被女人占满了。我的妇科大夫——现在变成了产科医生——走进来，亲切地和我打招呼。技术员和超声检验师准备就位，开始启动设备，打开各个组件的包装。气氛轻松愉快。

检查很快开始了。超声波探头看起来像一把日式汤勺，落在我的腹部最高点上。探头发现了胎儿安全范围之外的一处液体。针头从我的肚脐眼下方大约两英寸处刺入，穿透子宫。我立刻感到月经来潮般强烈的阵痛，

“正常现象，”产科医生轻松地说。

肌肉被针刺时就会发生挛缩。

此刻，其他所有人都在看着超声检测仪的屏幕。我没有看，而是非常 65
努力、非常刻意地在想蜂鸟。

蜂鸟的窝用蛛网和蒲公英的绒毛建造，用地衣和苔藓铺垫。窝里通常有两枚蛋。

我快速地朝下看了一眼。注射器已经抽一半了。

蜂鸟蛋和豌豆一样大小。据说小鸟出壳时很像湿漉漉的大黄蜂。“正常现象”是个非常不错的词儿。

第一支注射器抽满了，换上了第二支。

蜂鸟一晚上能从尤卡坦半岛飞到墨西哥湾，共计500英里。有些蜂鸟在昨晚也许飞越了墨西哥湾——只要新英格兰的高压系统延伸到那里。

抽满第二支注射器所需的时间好像更长。

事实上，我不喜欢蜂鸟。它们太小了，无法靠近看，而且也太喜欢像昆虫那样嗡嗡作声。不过，它们一次能飞越整个海湾，确实很惊人。

针头被拔出来，检查完成了。气氛依然轻松愉快。产科医生把两管羊水递给技师。后者像对待好酒那样把它们举到灯下。

“颜色很好！”她说。“你想不想拿一拿？”

她把像血一样热乎乎的试剂管交到我的手里。里面的液体呈浅金色，好像在发光。

“多像液态的琥珀！”我脱口而出。“像琥珀首饰！”我意识到羊水也许要数我迄今为止见过最可爱的物质了。

医生拍拍我的胳臂。“那是宝宝的尿液，”她微笑着说。“我们希望它是金黄色。这代表了良好的肾脏功能。”

我又看了看试剂管。

哦，好吧。

羊水是一种混合液体，妈妈和宝宝对其中的物质都有贡献。羊水的一部分由羊膜自身分泌；一部分是母体的血清，可自由穿过羊膜；还有一部分是胎儿的尿液。我们知道这一点是因为无肾儿（仅能存活到出生前）周
66 围羊水很少。但产生的东西必定要回收。胎儿尿液本身通过羊水净化，而羊水不断地被胎儿呷取，咽下，羊水也会渗透到胎儿的皮肤里，这是因为其皮肤的防水层直到二十周才会形成。胎儿练习呼吸时也会吸入羊水。从这些方面讲，羊水浸泡着胎儿的里里外外。

羊水是一个生物学之谜。它具有抑菌性，也就是说细菌无法在羊水里繁殖。由此可见，羊水有助于使子宫保持无菌状态。但羊水通过口腔、肺部和皮肤进入胎儿体内后发挥什么功能，尚不清楚。有些研究者推测它在建立胎儿的免疫系统方面发挥着不可或缺的作用。流过胎儿身体时，羊水

使呼吸道和胃肠道接触到不同的免疫因子。这种接触也许能增强相关黏膜今后的免疫力。

不论内部活动是什么，羊水最终以尿液的形式重返子宫，然后经母体吸收，被新鲜的液体替代，不停地重复着清空再注满的过程，速度随妊娠的进行不断加快。到怀孕后期，羊水每三个小时更换一次；到分娩时，每小时更换一次。但在第十五周，我和宝宝要用二十四小时才能更换一遍刚刚被抽取的两小管羊水。

医生进行着收尾工作。她嘱咐我今天大量喝水。

大量喝水。在变成宝宝的尿液之前，羊水就是水。我喝下的水变成血浆，然后被羊膜吸收，弥散在宝宝的周围——最后也被宝宝喝进去。

但在此之前呢？在变成饮用水之前，羊水是汇入水库的小溪与河流，是井里的地下水。在成为小溪、河流和地下水之前，羊水是雨水。当我把盛着自己羊水的试剂管握在手中时，我拿的是满满的一管雨水。羊水还是我早晨喝的橙汁，是我浇在燕麦片上的牛奶，是我倒进茶水中的蜂蜜。它在菠菜的绿色细胞中，在新鲜的苹果里。它也是蛋黄。我看到羊水，也就看见落在橘园里的雨，看见西瓜地、湿土中的马铃薯、草场上的冰霜。这根试管中含有牛和鸡的血，含有蜜蜂和蜂鸟采的花蜜。蜂鸟蛋里含有的一 67
切，都在我的子宫里；世间水中所包含的一切，都在我的手中。

我想得太入迷了，几乎忘记观看超声显示屏了。屏幕上好像在播放无声电影，宝宝游动着，不见针头。技师解释说她有两个目的，一是看胎儿对检查的反应；二是获得一些计量数据。

超声图像是回声构成的图像。更具体地说，产科超声波检测仪发射高频率声波到活体胎儿的身体上，然后将返回的能量转换成电子信号，通过电脑屏幕显示出来。对于像我这样的门外汉来说，超声图像看上去更像是都灵裹尸布上的标记，而不是医学影像。我只能看见微弱的光影，而技师却在上面指出胎儿身体的各个结构——膀胱、主动脉、股骨、面部。作为回应，我愉快地点着头，但我更喜欢看技师的面部——有没有流露出轻松、担心、无聊、不确定的神情？我知道超声图像让很多孕妇惊喜万分——她们回家后对那跳动着的心脏、挥动着的四肢大为惊叹，可我对超声波检查床有着截然不同的联想。我曾经在这个昏暗的房间里做过检查，当时是为了寻找肿瘤的迹象。在那些日子里，唯一心脏搏动的声音来自于我自己的胸腔。在那些日子里，我希望什么也不要看到。今天，我必须提醒自己，这次看到肚子里长的不是坏东西。

产科使用的超声波检测法源自于探测敌军潜艇的军事技术。就像从飞机侦测发展到候鸟监测的雷达，声呐也被改造，用于对胎儿的探测和诊断。超声波能有效地发现不是因为染色体异常导致的产前问题——例如某些心脏缺陷。除此之外，通过测量胎头的大小和长骨的长度，超声技师能计算出胎龄，误差不超过七十二小时。在准妈妈月经不规律的情况下，利
68 用超声图像可以重新核准预产期，消除了早产或过期产的疑虑。

但超声波也可产生误导。英格兰一项持续六年的研究发现，近三分之一的出生缺陷躲过了超声波检查。或许更令人担忧的是，在研究跟踪的3.3万例妊娠中，有174例被超声波错误地检查出异常。也就是说，174个胎儿经超声波检查患有某种先天缺陷，但出生后却完全健康和正常。这只能意味着174名母亲花无数时间咨询专家，渴望获得指导，想象着自己的生活会发生多大的变化，为自己的行为所造成的问题而痛心疾首——这一切都是徒劳的。羊膜穿刺术给出准确度很高的信息，但有时缺少生物学背景，或不能很好地预测产后结果，而超声波根据胎儿现实状况给出有意义、预测性强的信息——但偶尔会出错。

佳纳克伊感觉到我有点走神。她用力握了握我的手。

“看啊，桑德拉，那是宝宝的脊柱。看到了吗？”

在颗粒质感的黑色背景上浮现出一串珍珠。周围出现一个完整的人形。我看到一个后背，一只耳朵，一个脑袋。接着脊椎体突然反转，就像一只海洋动物在水族箱里翻了个身似的。接着两只手臂同时向上举起，放下来，然后又举了上去。一只小鸟在大海上飞翔。我的身体是一轮黑色的月亮，上面依偎着一个白色的身影。

这周已经是第三次了，我透过一扇窗户凝视着，问：“你是谁？”

两天后，我回到了伊利诺伊州。超声技师在我穿衣准备离开时交给我了一个信封，现在我把它递给杰夫。

“这是什么？”

“超声波静态图片，但——”他正打开信封，我把一只手放在了他的手上。“——别失望，杰夫。它们看起来像小报上刊登的大脚怪的照片。”

他抽出两张印在油光纸上的小小照片。一张是胎体的侧面照；另一张是头部的正面照。它们比在屏幕上看到的更模糊。不知怎的，我觉得有必要向他致歉。

“要是你想的话，我可以告诉你超声技师给我指出的身体构造。” 69

可没有必要这样做。杰夫迅速地把它们指了出来。他尤其注意到胎儿前额的曲线。这时，我想起早期的解剖学家都是艺术家出身。

“其他检查结果什么时候出来？”他问道。

“十到十二天。”

“那咱们什么时候动身去伦敦？”

“十二天后。”

对此，我们俩想了一会。

“我觉得不会有问题，”杰夫一边说，一边又看了看组成他孩子面部的回声图像。

继他发表上述预测之后，等待的日子便开始了。按照计划，在看到自己的羊水十二天之后，我就要飞越大西洋，参加在英格兰和爱尔兰举办的为期两周的巡回售书活动。这次旅行，杰夫陪同前往。医生告诉我，羊膜穿刺术的结果会在我们启程前出来。

与此同时，黄腰白喉林莺来到了伊利诺伊州，在这里停留几周的时间。它们在树枝间扇动黄色的尾翼，叫着“在吗，在吗，在吗”，好像在测试耳机似的。它们忙碌的身影激发了信心。这是一种健壮的小鸟，受得住早春的雨雪天气，也能捕食秋天常春藤结出的有毒果实。不幸的是，它们经常与广播塔相撞身亡。1985年10月的一个晚上，在伊利诺伊州斯普林菲尔德市的一座电视塔下发现三百多只黄腰白喉林莺的尸体。我想大草原上建造的信号塔越来越多，以满足无线通信的需要，可黄腰白喉林莺该怎么办呢？我开始留意夜间的天气预报，希望天空晴朗。云迫使迁徙的鸟群在低空飞翔，而它们有时却飞向高塔上的警示灯。出于某种原因，黄腰白喉林莺对这些吸引物尤为敏感，或许是因为它们错把高塔当成星星的缘故吧。

电视和无线通信设备并不是唯一的威胁。做完羊水检查几天后，我与当地的一位生物学者吉文·哈珀尔（Given Harper）一起吃午饭。他一直在研究伊利诺伊州鸟类受农药污染的情况，以分析其组织是否存在有机氯农药为主要方向。这是一类氯原子与有机碳分子结合而成的化合物——这 70

种联姻方式在自然界非同寻常，但在实验室中却可轻松实现。双对氯苯基三氯乙烷（DDT，滴滴涕）也许是最有名的代表了。此类产品采用化学电击法杀灭害虫，即破坏昆虫的神经系统。但很多含氯农药一旦进入环境，就会具有两种新特性：一是像汞那样具有生物富集作用；二是和已烯雌酚一样能够改变受激素控制的生物过程。

1996年，哈珀尔及其同事搜集了在春季迁徙途中死去的鸣鸟（许多都是撞塔身亡的），并分析其组织是否含有上述农药。受污染的情况十分普遍。在研究的七十二只死鸟中，超过90%的体内至少含有一种农药——往往含有三种以上的农药。检测到最多的农药是狄氏剂、七氯和滴滴涕（或者更为确切地说是此类化学品代谢的产物）。依照生物富集原则，位于食物链顶端的鸟类——以昆虫为食的黄腰白喉林莺和鹟，其体内农药含量高于蜡嘴雀和靛彩鹀等食草鸟类——尽管后者也受到了污染。

含氯农药在美国和加拿大基本被禁用，而且已有几十年之久。因此不难想象迁徙的鸟类在热带越冬地区积攒起这些有毒物质，然后像不受欢迎的礼物那样把它们带到北方的避暑山庄。但这种假设有悖于哈珀尔发现的其他一些情况。伊利诺伊蝙蝠和不迁徙的留鸟（包括北美红雀）也受到滴滴涕的污染。也就是说，至少某些生活在我们中间的鸟类和哺乳动物在本地遭到毒害。这个发现说明以下三种情况之一：含氯农药要么随风飘散，要么在水土和沉淀物中存留多年，要么在伊利诺伊州中部地区被非法使用。

迁徙鸣鸟的数量神秘减少是否和当地使用农药有关？哈珀尔是一位细心的科学家。他认为，自己所发现的污染程度是否影响到鸣鸟的成功孵化，尚不确定。而相关科学文献也几乎无据可查。有关农药和鸟类繁殖的
71 大多数研究一直关注食物链顶端的物种，如鹰科的捕食鸟类、隼、雕和鸬鹚。有关鸣鸟大多数的研究以栖息地丧失为主要目标。

走出餐厅，哈珀尔听出了从灌木丛传出的几种鸟叫。我温习功课的机会到了。

“对了，那种说‘神奇神奇神奇滴’的林莺是什么鸟？它喜欢在——”

“黄喉林莺。”

“嗯，没错。我以前知道……你知道吗，每天清晨都有一只唱‘山姆·皮博迪’的白喉带鹀，就在我的卧室窗户外，可我始终瞅不见它。”

“啊，现在它们到处都有。”

和他道别后，我继续朝南走向富兰克林公园。在那里，树木刚刚发芽；那两株老木兰早已被花朵坠弯了腰。春风和煦，阳光普照，弄得我浑身痒痒的。自从发现遮盖圆肚子最好的办法是穿男人的呢子大衣，我便喜欢起了女扮男装。效果非常好，我甚至开始怀疑这就是此类服装最初被发明出来的原因。我的体重已经增加了20磅，但多亏了杰夫的旧骆驼毛掐腰西服，我相信没有人看得出来。我还穿着自己的裤子，敞着拉链，用一根橡皮筋穿过扣眼，系紧裤腰。这样坚持不了多久——单凭天气转暖的原因。

我在公园野餐桌旁的长凳上坐好。一心想找到“山姆·皮博迪”，我扫视着冒出绿芽的枝条，寻找着一小块动弹的“树皮”，努力地聆听着。漫长的几分钟过去了，我忽然意识到附近野炊的人在向我招手，对我打招呼。他们一定是我的学生。被人看到自己对着绿植望眼欲穿的样子，我感到不好意思，局促不安地朝那边看去。

“哈喽！哈喽！”野炊者笑盈盈地说。

他们不是我的学生，而是一群由两名老师陪护的唐氏综合征患儿。慢慢地，我抬起一只手，朝他们挥去。

接受羊膜穿刺术一周后的星期五，我的肚脐下方那个伤疤——四周有
一点瘀青的针眼完全消失了。我决定给产科医生办公室打电话，只是想问 72
问，落实一下。

没有，结果还没出来，我们拿到结果就给你打电话，接诊员说。

周末，我去“宪法步道”散步。这是一条由铁道改建的南北道路，两旁是延绵数英里的院落、装卸码头、运动场、城市花园，甚至还有一片大草原。当地居民以它为荣，沿路栽培各种花卉。水仙花盛开了，与黄色的连翘花争艳。在连翘枝头歌唱的凤头主红雀身上的羽毛无比鲜艳，与红色郁金香交相辉映。圆鼓鼓的知更鸟在嫩绿的草地上巡视，不愿为轮滑者脚下的“呼呼”声顿收歌喉。身穿夹克衫的我引来推婴儿车的母亲会意的微笑。春天肆无忌惮地狂欢。我肆无忌惮地怀孕。

宝宝的细胞不仅在我体内生长，而且还来到了波士顿的一家实验室，被浸泡在牛胚制成的试剂中。

羊膜穿刺术提取的细胞存活率仅为10%左右，但如果实验人员把存活

下来的细胞放入保温箱（温度设定为人体温度），细心培养，即可诱使其生长和分裂。一段时间之后（通常五至九天），这些活细胞就能被用于遗传分析了。用显微镜观察是远远不够的。染色体通常以DNA丝状形式存在于细胞内，无法观察到。只有在细胞准备分裂时（还记得有丝分裂吗？），其染色体才会转变成科学杂志和生物课本上画着的那种圆柱状。只有在这种压缩的状态下，才能对染色体进行观察。因此，用于遗传检验的胎儿细胞，须选取生长周期中即将分裂之时，提前和过后都不行。染色体还要被染色，以显现出各条染色体的带型。一位从事遗传学工作的朋友说，染色充分、待细胞分裂时捕获的染色体应该像一个身穿条纹囚服、没有脑袋的人。

正常人有四十六条染色体，一半遗传母亲；另一半遗传父亲。也就是
73 说，卵子细胞和精子各有二十三条染色体。卵子和精子结合后，胚胎就获得了全套四十六条染色体。在受精期间，它们组合配对。例如，携带眼睛颜色基因编码的精子染色体与卵子的相应染色体结合，而后者同样携带眼睛颜色的基因——尽管一个可能负责棕色眼睛，另一个负责蓝眼睛。换句话说，每一条染色体都有一个化身，一个孪生兄妹，一个对象——或者用生物学语言来说，一个同源副本。

将它们配对是产前遗传检测的第一项任务，分几个步骤进行：首先，选择一个胚胎细胞进行分析。然后，其染色体被染色，像许多双鞋子一样杂乱无章地分布在玻璃片上。此时对它们进行拍照。然后切割照片，识别其中成对的染色体，把它们组合在一起，对其进行横向排列。（如今这些工作全部通过在计算机上移动图像来实现。）根据习惯，成对的染色体由大到小排列。因此，最上面的1号染色体是最长的，而最下面的22号染色体是最短的。性染色体被习惯地放到最底部，被标为23号染色体。XX代表女孩，XY代表男孩。最后，所有的部分被重新黏合在一起，形成一幅新图，叫作染色体核型。最终的结果看起来有点像一张全家照，让双胞胎全部按从大到小的顺序排好队。

全部检查工作完成后，人们希望看到二十三对染色体完全匹配的核型图。任何其他的形式在发育上通常会产生严重的后果。例如，多出一条染色体被称作三体。三条21号小染色体的就是一个经典的例子，可导致唐氏综合征，但不乏其他异常情况。18三体，即爱德华氏综合征，是指胎儿有

三条18号染色体，而不是平常的两条，后果往往是致命性的。三体性也可发生在第八对染色体、第九对染色体、第十三对染色体以及性染色体上。所有这一切都是由于细胞分裂出现错误而造成的。这种错误被称作不分离，即染色体在形成精子和卵子时没有按正常情况分开，意味着父母一方向胚胎贡献了二十四条染色体，而不是胚胎所需的二十三条，导致发育中 74
的胎儿具有四十七条染色体。大多数不分离的情况源自于卵子，但一小部分的唐氏综合征发病原因实际上可追溯至精子。我们知道唐氏综合征的患病风险随母亲的年龄增长大幅上升。是否也和父亲的年龄有关，尚不清楚。

遗传学家也通过染色体核型寻找其他问题。偶尔在精子和卵子形成的过程中，一条染色体会出现部分脱落，重新与另一条染色体聚合。这种现象被称作易位。有时，染色体的一部分不见了，这种异常被称作缺失。上述问题可通过观察相关染色体上下两端的横条（被称作“带”）的形状被发现。标准的核型有四百条可见带，每一条都包含几百个基因。即使采用基因重组技术、荧光染色及计算机辅助软件，染色体核型分析也是一项费力的工作，需要依靠人的感知和判断。

我在想自己宝宝的细胞正处于哪个阶段。仍在安安静静地培养？或者已经被收集、染色、拍照，它们的染色体被放大一千倍，散布在电脑屏幕上？此时，伊利诺伊州的阳光斜着穿过硬木林，鸽子在老铁路高架桥的窄板下咕咕地叫着。或许就在此刻，波士顿的某个人正端着一杯热咖啡坐下来，准备排序和计数工作；或许实验室里播放着广播节目；或许那位遗传学检验员已经注意到有个地方不太对劲，叫同事过来看看；或许两人判断那不是问题；或许检测报告已经编好了；或许一切正常。

我对羊膜穿刺术开始感到不安，不是因为（十分）焦急地等待，也不是因为此项检查的冷酷无情，而是因为其狭窄的关注面。整个过程表明孩子的未来可通过计算其染色体的数量、检查其染色体的结构确定。但患水俣病的孩子们有着完全正常的染色体。据推断，因风疹致盲、因反应停致残的孩子们也同样有正常的染色体。其实，大多数的出生缺陷不是由于先天遗传问题所致。然而，我们投入大量的人力去寻找遗传问题，将羊膜穿 75
刺术变成孕妇的必经仪式，好像生命本身的主要推动力来自于一段一段的DNA；好像妊娠发生在一个密封的环境中，与水循环和食物链相隔开来。

要是羊膜穿刺术在揭秘基因问题的同时探究环境问题呢？相关领域仅

仅完成了一项羊水受环境污染的研究，发现在三十个经检测的羊水样本中，三分之一的样本含有机氯农药，其含量达可检测的水平。据研究人员称，发现滴滴涕成分，其浓度约等于胎儿自身性激素的含量，令人尤为担忧。已知滴滴涕影响性激素作用的生物化学途径，因此就产生了此类污染是否会影响胎儿性器官的发育这一问题。研究人员还在部分样本中发现了微量的多氯联苯。这些化学品不仅和出生缺陷相关，而且还被认为会抑制免疫系统。正如前文所述，人们认为羊水本身在建立胎儿免疫系统方面发挥着作用。胎儿吸入、咽下含有多氯联苯的羊水，会不会从一开始就会破坏建立免疫的过程？没有人知道，但答案也许关系到所有未出生的婴儿，而不是染色体数量出错的极少数个体。

在人类羊水中发现的某些化学物质当然也是我的同事吉文·哈珀尔从候鸟和留鸟的组织中所发现的物质。我回想起自己对羊膜穿刺术的顿悟：**鸟蛋里含有的一切，都在我的子宫里；水中所包含的一切，都在我的手中。**

星期一，第十天，很有可能出结果。可我下午从学校回到家，没有收到电话留言，所以我又给医院打去电话。

没有，抱歉，今天没有收到结果，可是不要担心，接诊员辛迪同情地说。

星期二，第十一天。我又打去电话。

哦，嗨，桑德拉，没有，还是没有消息。我知道你明天就要走了。去机场前再给我们打电话。

76 星期三早上，第十二天：没有，我们还没收到报告。我不知道怎么了。我现在就给实验室打电话。你几点的飞机？

星期三下午，第十二天，在奥黑尔机场：非常抱歉。实验室没有回电话。我不知道哪里有问题。我得到任何消息就会给你的语音电话上留言。

星期四，第十三天，在伦敦的酒店客房：没有人留言。

星期五，第十四天，在海德公园附近的电话亭：没有人留言。

星期五晚，第十四天，在肯特市一处公墓旁的电话亭：桑德拉，我是辛迪。OK，我们拿到了结果。没有问题。染色体正常……你怀的是女宝宝。

在这片中世纪的墓地里，伴着一只乌鸦的歌声，我和杰夫跳起舞来。

花卉月

（五月）

我比夜鹰提前几天回到了伊利诺伊州。等我完全摆脱倒时差的疲劳感后，它们已经在夜空中叫着“匹特！匹特！”一晚又一晚，风暴前沿横扫大草原，在地平线上聚起排山倒海的雷暴云。乌云的前方是夜鹰，透过闪电可瞥见它们的身影，在瓢泼大雨下飞旋，好似李尔王一般流离失所，遭人遗忘。它们的蛋产在光秃秃的屋顶上，连鸟巢都没有，同样经受着风雨的考验。奇怪的是，夜鹰名不副实，和三声夜莺（whip-poor-will）是表亲，而且也长着带有连鬓的宽喙，用来捕捉夜空中的飞蛾。它们五月飞来，而毛毛虫恰好在此时蜕变成会飞的成虫。因此，夜鹰的迁徙时间比捕食飞蛾卵的林莺晚几周。猎手和猎物都腾空而起，飞翔的时节到来了。

与此同时，我也在经历着属于自己的蜕变过

程，其中很大一部分要归结于服装的变化。上个月在波士顿，一位最勇敢
无畏和光鲜照人的朋友——身为女高音专业歌手的卡罗尔·班纳特（Karol
Bennett）给我几大包孕妇服。卡罗尔怀孕前期参加蒙古国音乐会演出，怀
孕中期在欧洲排练，怀孕后期主演歌剧《蝙蝠》。不出所料，她的孕妇服
全然不是中规中矩、皱皱巴巴的套头衫。那几大包衣服包括紫红绸缎和黑
色天鹅绒服装、泡泡纱裙装、中东款大领宽摆长袖束腰连衣裙，还有一件
配有宝石纽扣的宝蓝色夹克。每一件衣服都彰显而不是掩盖体型。穿上它
78 们更像飞蛾，而不像毛毛虫。五月，大学集中授课的新学期开始了，接下
来要忙四个星期。上课第一天，我穿着卡罗尔的一件丝滑亮丽的短上衣，
走过系秘书的办公桌，引得她不再敲键盘，而是惊讶地盯着我的腹部，
问："我们怎么没有发现啊？"

"我怀孕了，"当其他同事也来看我身体的中部时，我如实宣布。这话是多余的，可即使有人在此之前猜出所以然，谁也没有透露。

受到夜鹰或新装的鼓舞，我开始在天黑后走很远的路散步，有时暴风雨来袭也不怕。雷声响彻枝头，蚯蚓在人行道上扭来扭去，排水口溢满花瓣和雨水。摆脱了上个月的心神不安，感觉真好。我现在意识到那时自己的防护心特别强，也变得十分诡秘，只是我当时不愿承认罢了。产前检查是孕妇在妊娠中期遇到的一个火坑。现在我成功地跳过去了，所以才对羊膜穿刺术能产生区区几项确凿的结果感到欣慰——尽管我也更加明白了孕妇不愿做这项检查的原因所在。

在我看来，孕检最令人感到不安的因素还是对罕见遗传缺陷的关注过多，而常常忽略了环境对胎儿的威胁。对于年龄超过三十五岁的准妈妈来说，寻找染色体中的三体已成为产前保健的常态。可你要是问相关专业人员你的羊水中是否含有农药，这种污染会如何影响宝宝的发育，你就很有可能遭遇茫然的眼神。基因和环境密切协作，共同完成造物的艺术。既然我已被告知染色体分析结果"无异常"（相关人员从未说过更好听的词），所以我决定对第二位"合作者"展开一番研究。

一次晚间散步时，我注意到小区草坪和大学操场上插着白色的小旗子。我俯下身看上面印的字：刚喷洒过农药，请勿靠近。雨水顺着旗子滴落到草地上，然后流向人行道，浸湿了我的鞋子。

我决定从出生缺陷开始调查。

我们对出生缺陷的了解几乎是古今一辙——虽然这样说有不忠之嫌。
根据约翰·霍普金斯大学近期的一项报告，仅有20%的出生缺陷可追根溯 79
源，其他大多数的根源都不为人知。从这点上讲，我们现在的情况和公元前3000年的巴比伦人所处的境况差不多。他们也不知道是什么造成了出生缺陷，但他们认为缺陷儿是天国的信使。其实，英文“怪物”一词（monster）就有“展示”或“警告”之意。生下所谓的“怪物”并不总是一件坏事。有的“怪物”甚至还被神话了呢。例如，迦勒底人认为男婴出生时没有阴茎预示着“一家之主将穰穰满户。”不过，畸形儿即使不引起人们的恐慌，也一般会引发敬畏和恐惧。胚胎学的历史学家指出，许多传说中的怪兽——包括美人鱼和独眼怪——是以观察其某些特定的先天畸形为基础。如此看来，产前检查是通过解释人体畸形而洞悉未来的最新方法。

随着现代遗传学的诞生，胚胎学家开始用遗传理论去解释先天性缺陷。在深入观察和实验后，这些解释多半站不住脚。然而，认为遗传因素可以导致多种出生缺陷这种观点持续至今——虽然相关证据并不充分。据近期的一篇相关研究评述：“当（致病因素）不为人所知时，遗传学的作用往往被……高估。”事实上，发育异常为人所知的大部分事实都指向环境因素。例如，即使是适度饮酒，也可造成智力低下和被称为“胎儿酒精综合征”的面部细微改变；孕妇接触香烟——即使是被动接触二手烟，可降低婴儿出生体重；铅亦是如此。约翰·霍普金斯大学近期以人类出生缺陷为主题出版的专著总结道：“得到的教训是胎儿容易受到母亲周遭环境的影响。”

这不是在含沙射影地说基因与发育过程无关，而是说最初貌似遗传因素的结果可能是环境作祟。举例来讲，如果有毒物质破坏了精子和卵子的DNA，那么由此产生的基因变异有可能具备遗传性。环境的不利影响也
可与容易诱发而并非直接导致胚胎产生缺陷的遗传因子相互作用。不幸的 80
是，我们无法每次都能从缺陷的性质判断出其根源是环境诱因还是遗传因素。以一个出现多种异常的婴儿为例。导致这些异常的原因，也许是组织首先受到环境的破坏，然后该组织发展成为几种不同的器官；或者是这些器官发育需要某种蛋白，而控制蛋白产生的一个基因发生遗传变异；还或是两者兼有。对于胚胎而言，环境和遗传是非常亲密的合作伙伴。

分析出生缺陷登记数据是衡量出生缺陷受环境影响的办法之一。这些数据包含编码报告，以特定人口中或固定时期内一家医院确诊的出生缺

陷人数为基础。出生缺陷率的变化可揭示有可能造成出生缺陷的原因。例如，出生缺陷率随时间上升，也许意味着环境中导致出生缺陷的某种物质增加。正如时间趋势对于地理格局的重要性，某地出生缺陷率的上升也许意味着当地出现了一种引发出生缺陷的物质。此类物质被称作“致畸物质”（teratogens），而这个词源于希腊的*teras*，即怪物，因而承载了各个时代人们心中的惴惴不安感。按时间或空间记录出生缺陷病例的增加或减少并非致畸因子暴露的证据，但这种方法定能给我们继续探究的理由。每天分析此类证据的波士顿大学流行病学家理查德·克拉普（Richard Clapp）认为，登记表里的变化“就像一面面红旗在说：‘在此挖掘。’”

在自己开始动手挖掘相关登记数据之前，我花一些时间阅览了几本出生缺陷图册。我不能把这样的活动推荐给其他孕妇。但对于我个人来说，翻看这些书是一种静思，为之后的调查研究做好思想准备。

我从最令人敬佩、定义最明确的一本专著开始看起——《史密斯可识别的人类畸形模式》（第五版）。在这本857页的黑白图册中，已故作者大卫·史密斯（David Smith）的个人照是书中仅有的正常人的照片。章节标题包括“面部畸形”“贮积症”（storage disorders）和“早衰容貌”。奇怪的是，翻看书中的分类图片，我反而感到舒心。图中是活生生的人，
81 有一两个面孔似曾相识，好像我在公交车上或保龄球馆见过一面似的。我的第一个反应是寻找母爱的迹象——譬如头发上的蝴蝶结遮住了不成比例的脑袋。我最喜欢看一个人从小到大的系列照。有的婴儿看上去毫无希望，但随着时间的推移，畸形的程度减轻了。有时，最终的成年照看起来基本正常。

《胎儿异常超声诊断图文册》则骇人得多。书中收录的婴儿，有些看起来内外颠倒，有些像是被冰块困住了，有些长得像滴水兽、外星人或超现实主义画家达利绘制的钟表。书中包括活婴和死婴的照片，而两者往往很难分清，我通过观察是否有腕带和监护器辨别。有些婴儿的样子像是在受酷刑；有些看似羞愧；有些像在反抗；而有些则看上去面无表情，原因是他们缺少和人类表情相关的器官，如口部。

最后一本书是布鲁斯·卡尔森（Bruce Carlson）编著的《人类胚胎学与发育生物学》。从这本专著中，我开始注意到正常的身体构造相对于畸

形是多么的神奇。就像一幅遭飓风袭击的房子的照片，令人叹为观止的不是被掀翻的屋顶，而是咖啡桌上那只完好无损的花瓶。在书中题为“口咽部巨型畸胎瘤”的照片上，婴儿的面部肿胀得像一堆红气球，这并没让我受太大的影响，而更令我感到震惊的是两侧像小贝壳一样漂亮的耳朵。

作为生命和健康的标志，胎动通常是妈妈在怀孕第十六至第二十周——即妊娠中期——最先察觉到的。第一胎的胎动感往往来得较晚，或许是因为新妈妈缺乏相关体验的缘故。当然，宝宝也一直没闲着——转身、踢腿、伸臂、挥手、点头，但在怀孕四到五个月之前，宝宝的动作很轻，不足以牵动妈妈的神经末梢。

到了第十九周，我还不确定自己是否感觉到了宝宝在动。 82

在我急切的征询下，几位母亲用一系列浪漫的比喻描述了胎动的感觉。一位母亲说像香槟冒泡；另一位母亲说像蝴蝶振翅；第三位母亲说像是一根手指从里面轻轻胳肢你；第四位母亲叹口气，眼里含着泪水：“宝宝动一动，你就知道了。”

母亲节那天，我和母亲、表姊妹、舅舅、姨以一家之长——九十三岁外婆的名义搞了一次家庭聚餐。我几乎是她二十一个外孙中最后一个生育后代的——当然也是年龄最大的。家里从来都没有人悄悄提醒我膝下无子女这样一个长期存在的事实，外婆更没有对我提过。她在三十岁之前花七年的时间生了六个孩子。在她看来，生育的问题意味着孩子太多，生得过早，生得太快。她是我见过对怀孕最不屑一顾的母亲。

在一个安静的时刻，我和她坐在沙发上。她把给我未出生的女儿编织的毯子送给了我。这条毯子……在1977年就织好了。

“唔，外婆，您等了很久啊，”我笑着说。“现在孩子应该上大学了。”

“等待不是问题，”她一边拍着我的手，一边回答。

接着我问她胎动是什么感觉。

“你还没有感觉到吗？”

“没有。”

她沉默了很久，不禁让我怀疑她另有所思。突然，她用胳膊肘重重地戳了一下我的肋骨。

“感觉就像这样，”她说道。

不料，美国出生缺陷登记信息非常不完整。对于某些疾病，现有的不完整数据几乎毫无意义。这个发现令人感到不可思议。在美国，出生缺陷是新生儿的头号杀手。虽然新生儿和孕妇健康状况得到改善，产前检查的覆盖面不断扩大，得知负面检查结果后选择引产的人也不在少数，可出生
83 缺陷患病率却始终居高不下。以下是粗略统计：3%～4%的美国新生儿被检查出患有严重的出生缺陷；每年患有主要畸形的婴儿高达十二万；每天有二十一名婴儿死于这些缺陷。

现在的主要问题是全国缺乏追踪出生缺陷、制定趋势报告的体系。但以前情况并非总是如此。在发生反应停灾难之后，有几项倡议得以实施，因为人们相信还有其他的致畸物质可能会威胁到胎儿，相信除了给编辑写信说明观察到的实情之外，产科医生也需要其他诉诸渠道。以开发父母熟知的新生儿健康评分制度而闻名的医学泰斗弗吉尼亚·阿普伽（Virginia Apgar）于1973年帮助建立了国家首个出生缺陷登记机制——出生缺陷监控项目，由各地疾控中心负责运行，其目标是成为美国相关领域的首要登记机构。几年之后，另一家联邦政府管理的登记体系——亚特兰大城市先天性缺陷管理项目也开始收集相关数据。

这两家登记机构都没有实现首批倡议者的理想。出生缺陷监控项目缺乏全面性，最后于1994年以失败告终。即使在最好的阶段，该项目也仅仅跟踪记录美国约35%的新生儿，而这一数字并不是抽样统计结果。再者，该项目也没有积极开展出生证明或新生儿出院记录以外的信息调查。这是一个严重的失误，因为有些畸形在出生时并不明显。例如，许多心脏缺陷的病例只有在患者能够运动时才能被发现。即使是在产房发现的出生缺陷，也不总会反映在重要的统计记录中。据1996年开展的一项调查估计，仅有14%的出生缺陷被正确记录在出生证明上。亚特兰大的出生缺陷登记项目倒是积极收集十二个月以下婴儿的出生缺陷确诊记录，但该项目跟踪的人口数量较少，不足以概括全美的情况。

由于国家缺少运行良好的登记体系，一些州级卫生部门开创先河，建立了自己的登记系统。约翰·霍普金斯大学的研究项目评估发现它们的作
84 用十分有限。十七个州没有建立登记系统；建立登记系统的州也主要依靠

医生和医院的被动报告。据悉，这种数据收集方法会导致统计不足。仅有为数不多的几个州积极收集出生缺陷信息，派登记人员走访医院，审查记录，开展出院病人随访。

加州是其中之一。加州出生缺陷监控项目于1982年建立，被认为是其他各个登记体系的金标准，旨在寻找导致出生缺陷的根源。美国每七名新生儿中就有一名在加州出生，因此即使该登记系统没有覆盖全州，其采集的信息也能构成重要的数据。相关人员定期走访报告地区内的医院，认真梳理医疗记录。他们的工作极大地提高了正确统计病例数的概率。当然，登记系统评估环境污染物对于出生缺陷原因方面的影响，还是会受到医院记录的局限，而医院工作人员很少向新任父母询问其在工作、家庭和环境中接触化学物的情况。因此，登记系统产生的数据仅仅为日后调查提供大的方向，包括详细询问母亲情况、采集血液或尿液以备化验等。

目前受加州出生缺陷监控项目鼓舞而开展的后续研究引人注目——尽管联邦政府对出生缺陷研究的扶持资金捉襟见肘。例如，两千多名母亲接受访谈的结果显示，超过75%的孕妇至少有暴露于一种农药的途径。研究还发现，对于在庭院里使用农药的孕妇以及在农作物0.25英里范围内居住的孕妇，胎儿发生缺陷的风险上升。

另一个高质量的登记系统在得克萨斯州。和现已关闭的国家登记系统一样，得克萨斯州的登记工作始于一场神秘的出生缺陷风波。1989年至1991年间，布朗斯维尔出现罕见数量的无脑症病例，即新生儿的脑组织完全或部分缺失。这种缺陷一般非常少见，可仅在1991年得克萨斯州南部，一个常受到里奥格兰德河墨西哥沿岸工业所污染的地区，就出生了六名无脑儿，期间相隔不过六周，其中三名无脑儿出生时间不超过三十六个小时。这 85
一群体病例首先被一位产科护士发现。虽然她几经求证，希望找到问题的根源，却终究无果，部分原因是当时的登记数据要么不完善，要么不可靠。

和脊柱裂一样，无脑症是一种神经管缺陷，在胎儿刚刚发育时发生。如前文所述，在怀孕最初几周，胚胎后方长长的一条组织像地毯那样卷曲起来，形成神经管，为脑组织和脊髓提供发育的空间。如果神经管的中段没有正常卷起，脊髓神经就会裸露在外，往往变成节状。脊柱裂因此产生。如果神经管的顶部未闭合，就无法形成头颅和脑组织，因而导致无脑症。

怀疑环境因素引发上述出生缺陷是有原因的。95%的神经管缺陷发生在没有相关病史的家庭。该病与缺乏叶酸的膳食相关，因此医学界认为很多病例可以通过补充这种维生素B（以叶酸的形式提供）得到预防。我们知道，控制神经管闭合的基因受到破坏也可以导致无脑症。我们还知道，如果父亲在工作中经常接触某些有毒化学物，孩子出生时患无脑症的概率更高。这样的工作包括油漆工和农药喷洒工。然而，膳食维生素、基因以及有毒物的暴露三者之间究竟是如何相互作用，从而增加或减少神经管缺陷的发生，尚不清楚。

尽管目前得克萨斯州和加利福尼亚州的登记工作在监测神经管缺陷方面做得很出色，可其他很多州仍缺乏登记数据，依然难以在地理上进行更广泛的比对。其他多数出生缺陷的监控也受相同问题的困扰。对于那些至少建立有相似登记系统的州，约翰·霍普金斯大学的研究人员费了九牛二虎之力分析相关数据。但最终他们还是放弃了。虽然有证据显示某些出生缺陷的患病率在上升，可数据收集得很不充分，无法确定。例如，一种心脏畸形——房间隔缺损（俗称心脏里的洞）的患病率从1989年到1996年的八年内翻了一番多。但调查人员无法排除诊断标准发生变化而反映在数据
86 中的可能性。由此可见，相关报告制度是多么的杂乱无章。

林中的晚春时节被自然学家称作“绿植间歇期”。伊利诺伊州中部地区从五月的第三周左右开始进入该时期。林冠长满郁郁葱葱的树叶，遮住了天空。阳光几乎透不进来。林地上开着的各种野花——春美草、美洲赤莲、美洲血根草——开始凋零。林下层的开花乔木——樱桃、紫荆、梾木——也都长出了叶子。候鸟启程飞向北方。留鸟躲藏在这一片绿色中，忙着筑巢。它们开始关注食物，而不是求偶，所以鸣叫得少了。

我换了一处山林徒步——默温保护区。驱车十五分钟，途径几片细心耕种的玉米和大豆地，就来到这片峭壁嶙峋、峡谷纵横的山地。我刚被查出患癌症时经常来这里，多数时间是站到那座横跨麦基诺河、吱吱嘎嘎作响的吊桥上。这是一项挑战自我的例行活动。我十分恐高，脚下晃晃悠悠的木板更加重了我的心理负担。但在那些日子里，我怀揣着更大的恐惧，走到晃悠悠的吊桥中间有点像以毒攻毒的意味。

一个风和日丽的周日下午，我带杰夫来到这里，在高崖上吃午餐。下方的洪泛平原铺满郁郁葱葱、整整齐齐的绿色。仅仅在几周之前，这座小

山谷如朝阳般扎眼。光秃秃的树下飘着圆叶风铃草那一团团紫色的花朵，上面飞舞着一群群黄色的小蜜蜂。景色简直美得伤眼。现在早已进入“绿色植物间歇期”，自然之美变得柔和起来。

杰夫在草地上打盹——现在的季节还没有蚊虫叮咬，而我则倚靠在一个木桩上，看着光影在平展的橡树叶中跳动。即使闭着眼睛，也能看到阳光和树叶的舞蹈。这让我想到一个主意。我拉下弹力牛仔裤，把衬衣卷到上腹部，躺下身来，让腹部对着天空。在阳光下，腹部的皮肤有种紧绷绷、刺痒痒的感觉。我变成一个紧闭着的大眼睛。

就在这时，我终于感觉到了。像一只鸟在手中抖动羽毛，唯一的不同在于位置又深又低。胎动，助产士曾经把它叫作“胎动初觉”。

如果我们能从统计数据中看到一种清晰不变、在统计方面可信的趋 87
势，那就是尿道下裂症患病率明显的上升。和神经管缺陷一样，尿道下裂症是由于长条形的组织没有卷曲成一根闭合的管道而造成的。这条“管道”就是男性尿道。它深入阴茎中部，至此建立膀胱与外界的通道。如果尿道没有完全融合，外部开口就会出现在阴茎柱的某一点上，而不是在顶端——严重时出现在阴囊上。（令人高兴的是，很多患者可以通过手术得到康复。）亚特兰大登记数据以及出生缺陷监控项目的数据均显示在1968年至1992年间尿道下裂症的患病率翻了一番。除此之外，中、重度病例的患病率也有所上升。欧洲和日本出现类似的态势。这些趋势不太可能是由报告或诊断加强所致。（轻度病例也许没有完全被纳入报告，因此降低了这些数据的可靠性。）

尿道下裂症的致病因素及其患病率上升的原因尚不明确。主流的观点推测，环境中的污染物经胎盘进入子宫，阻碍了触发尿管形成的生化信号。（如上文所述，己烯雌酚加大了男婴患尿道下裂症的风险。）我们确切知晓的是男性尿道在怀孕第十一周至第十四周形成，需要依靠胎儿自身还在发育的睾丸分泌的睾酮。下文会提到，某些被大面积排放到环境中的人造化合物能够干扰这种激素的分泌。

比尿道下裂症更为严重的出生缺陷在登记数据中的代表性极其不足。这是因为美国许多监测体系——即使那些优良的体系——只能统计活婴出生缺陷，流产和死婴即便出现严重的畸形，也不计入数据。很多父母通过产前检查得知自己的孩子患有严重的先天性缺陷，因此选择终止妊娠，但数据也没有考虑引产的影响。终止妊娠最大的因素就是确定胎儿出现严重问题，出生后无法存活。再来回顾那种被称作无脑症的最可怕的先天性缺陷（脑组织和颅骨缺失）。根据美国登记数据，无脑症的患病率自二十世纪
88 六十年代起一直在稳步下降。与此同时，这种缺陷的产前检测范围不断扩大（很容易通过超声波发现），因此有缺陷者可获得安全、合法的流产。1998年针对夏威夷女性居民的一项研究发现，因产前诊断出胎儿患有无脑症而导致的引产比例超过了80%。是无脑儿的人数减少了？还是有越来越多的无脑儿被悄悄做掉了，不会出现在畸形儿的名单之列？在目前的体制下，我们无从知晓。

脊柱裂的数据也被同样的问题所困扰。从表面上看，脊柱裂的患病率在美国各地变化很大。1992年，疾控中心不得不承认由于产前诊断的相对影响不可知，因此无法分析地理上的差异。（某些脊柱裂引发的残疾程度极轻，但有时可致命；严重的脊柱裂可导致瘫痪和脑积水。在夏威夷，产前诊断之后终止妊娠的比例达50%。）不过，并不是所有的登记系统都忽视了流产、死产、引产这一现实情况；考虑到引产因素的登记数据清楚地体现了其巨大的影响。得克萨斯州、亚特兰大和夏威夷的登记系统和加利福尼亚州出生缺陷监测项目一样对产前诊断信息加以利用。夏威夷结合此类数据使某些出生缺陷的计算比例上升超过50%。加利福尼亚州将产前诊断的病例纳入统计范围后，无脑症的患病率翻了一番多。法国也出现类似的结果。

既然美国的出生缺陷登记数据如此不完善，我决定反过来提问题。关于环境中的致畸化学物，我们知道什么？它们的分布地区在哪里，接触对象是谁？答案分别是“少得可怜”和“无人知晓”。我来到另一个死胡同。

大多数化学品都没有经过致畸因素检测。目前，美国生产的合成化学品约8.5万种，其中约有三千种的年产量至少达100万磅，被划分为高产化学品。该类别中有四分之三的化学品没有经过胎儿和儿童发育影响检测。
89 另外，在消费品中发现的七百多种高产化学品，近一半缺乏发育毒性的基础信息。

农药是我们了解最多的一类化学品。它们容易在食物上残留，因此需要按规定接受更为审慎的评估，包括胎儿毒性检验。然而，在相关规定出

台之前，有些农药就已经上市销售，而无须接受检验。此外还有更多品种的农药在等待重新评估，而与此同时它们被准许自由销售和使用。这些“老前辈”包括农业中使用最多的农药。约翰·霍普金斯大学的报告的作者得出以下显而易见但令人担忧的结论：“目前使用的某些农药可能含有发育毒素。”

美国每年生产的几百种有毒化学品受知情权法律的管辖，意思是说需要保存它们被释放到环境中的公共记录。目前，相关法律要求这些农药的生产者和使用者对释放到空气、水体或土壤中的农药——偶然也好、常态也罢——进行报告。《毒性化学品排放目录》（TRI）是记录排放事件的主要登记体系，通过环保局对外公布，却极度缺乏全面性。有人认为，向联邦政府报告的有毒物排放量仅占总化学物排放量的5%左右。然而，《毒性化学品排放目录》是美国所拥有的最完整的记录。我查看了1997年的数据。那年的《目录》包括了四十七种已知或疑似胎儿毒性化学品，排放总量达9.897亿磅。化工制造业是最大的排放源，造纸、冶炼、橡胶、电力等产业紧随其后。

接着我查看了伊利诺伊州的数据。该州在全国有毒物排放方面位居第四，1997年胎儿毒性化学物排放量为3950万磅。除加利福尼亚州和纽约州之外，用于农业的有毒化学品不受知情权法律的管辖。因此，以上数字不包括农药。

林中的环境促使宝宝向妈妈宣布她的存在。在家里，我努力如法炮
制。我躺在床上，解松衣服，放松思想，想象流淌着的水。没有动静。 90
唔，或许偶尔……“扑”一下，但始终没有出现像飞鸟展翅那样的感觉。

根据怀孕指导书的建议，若想引发胎动，在躺下之前应该喝一杯冰水或吃点甜的东西。可我不是特别想用冷击或糖衣炮弹吓得宝宝动弹。我让杰夫到卧室里来。

“我们做什么？”

“呃，我觉得你能帮我让宝宝再动一动。”

“怎么做？”

“我不知道。也许唱歌给她听，或者把手放在她身上。”

杰夫怀疑地看着我。我提醒说他以前用一个吻治好了我的背痛。（这

是真事。我遇到杰夫时正经历背部的伤痛，已经做了5个月的理疗。他第一次吻过我后，背就不疼了，而且再也没有复发。）

“亲爱的，”他慢条斯理地说，努力摆出一副听话、体贴的模样。“我不认为自己具有让宝宝动弹的能力。再说了，我真的在忙着写展览的新闻发布稿。好吧？”

嗯，当然。好吧。

对于环境导致出生缺陷的因素，我们并不是完全摸不到头绪。相关人员围绕美国出生缺陷登记数据这一团乱麻，从其他有利点出发，开展了多次调查。这些研究成果有时相互矛盾，却还是发现了许多问题。此外，欧洲利用更可靠的登记信息开展的研究——包括死胎和流产胎儿的先天性缺陷——也揭示了值得认真考虑的趋势。所有的这些研究均指出，环境在胎儿身体发育方面扮演了至关重要的角色。

欧洲最令人瞩目的一项研究来自挪威。其中，研究人员试图将环境因素从遗传因素中区分开来。挪威建立了完善的登记体系，甚至能将记录延伸到出生后的婴儿及其父母。在1994年发布的一项研究中，研究人员重点关注反复发生的出生缺陷，即一对夫妇生育多个缺陷儿。很多人都知道，
91 一个孩子患先天性缺陷，增加了其他子女患相同缺陷的风险，但这种倾向应该归结于基因问题还是环境污染呢？为了寻找答案，调查人员重点关注第一胎产下缺陷儿、再次怀孕之前更换性伴侣或居住地的女性。如果出生缺陷复发的风险因更换伴侣而变化，那么就说明基因是致畸因素；如果风险随搬家而变化，那么环境就有可能是罪魁祸首。结果不言自明：相同的住处在出生缺陷复发方面比相同伴侣的预测作用更强。作为此项研究的回应，《新英格兰医学杂志》发表了以下观点：“这一发现说明普通的居家环境和自然环境在导致出生缺陷方面的作用强于之前的推断。”随附的编者按认为，或许“重要的环境致畸因素尚未发现。”

除此之外，还有其他研究关注环境致畸因素可能藏匿的渠道。有毒垃圾场也许是渠道之一。比利时、丹麦、法国、意大利和英国的研究显示，如果母亲的住处靠近危险废料填埋场，以心脏缺陷和神经管缺陷为主的几种严重缺陷发生的风险就会大幅上升。随着住处和掩埋场的距离不断增加，发生先天性缺陷的概率也稳步下降。这些发现依据的登记数据按母亲

年龄得到修正，同时也考虑了妊娠终止的情况。欧洲的数据凭借其充分的可靠性，帮助美国取得类似的实质性发现。其中一些结果完全基于州级登记数据，而有些则依据对各个社区开展的更加全面的研究成果。例如在加利福尼亚州，在距未经处理的有毒垃圾场0.25英里方圆居住的妇女，其孩子患神经管缺陷的风险高两倍，患心脏缺陷的风险高四倍。纽约州也发现相似的情况。近期一份欧美研究的综述冷静地总结道：尽管一些研究没有发现重大联系，可“有充足的证据证明在居住地靠近危险废料场和不利的生育结局之间存在联系。” 92

危险废料场有一类常见的化学物质与出生缺陷紧密相关，即有机溶剂。顾名思义，溶剂是用于溶解其他物质的液体。常见的产品有煤油、丙酮、苯、二甲苯和甲苯；干洗液（四氯乙烯）等一些产品的氯原子连在碳链和碳环上，我们把这些产品叫作含氯溶剂；三氯乙烯（TCE）和四氯化碳是另两个代表。所有溶剂都属于泛着微光的轻型物质，特点之一是可迅速地从液态变成气态。从本质上讲，溶剂是化学轮渡，用于将其他物质运送到指定地点，然后蒸发殆尽。许多涂料的液体组分包含溶剂，这点和胶水、黏合剂相同。涂料稀释剂、脱漆剂、某些家用清洁剂、去污剂以及农药中也有溶剂。超凡的特性使溶剂既有效，又危险。溶剂气化后并不是真的消失了，而只不过是进到空气中，可以被生物吸入体内。进入肺部后，它们没有丧失溶解和被溶解性，而是迅速被拽入肺泡的脂溶性的膜中，并在几分钟之内穿越胎盘纵横交错的毛细血管。

溶剂暴露与出生缺陷存在关系的证据既来源于实验室，又来自现实世界。在实验动物的体内，很多常见的溶剂是可信的致畸物质，导致骨骼畸形、小头症及先天性心脏病。相关证据坚实可靠。但在动物笼子之外，在人类的实际生活中，暴露于一种溶剂意味着同时暴露于其携带的活性成分，难以理清其单独的影响。不过，相关数据颇具说服力。例如，在伊利诺伊州图森市的一个地区，饮水水源受到脱脂剂三氯乙烯的污染。调查人员发现妊娠前三个月居住在那里的父母，其子女患心脏缺陷的风险增加了三倍。很明显，在受污染的水井被封之后搬到该地的家庭就没有遭遇这种高风险。同样在纽约州，先天性脑组织和脊髓缺陷的风险上升与在排放溶剂的工厂附近居住不无关系。 93

大量针对溶剂和出生缺陷的研究重点关注污染往往比家里严重的工作单位。溶剂的使用不只限于以男性为主的工业。女性从事的许多工作也要接触溶剂，如医护工作、办公室工作、保洁工作以及印刷、平面设计、纺织、美发、干洗等行业。在瑞士实验室工作的女性产下缺陷儿的人数高于预期。在英格兰和威尔士，怀孕时暴露于麻醉气体的女医生产下患有心脏和循环问题的婴儿比例高于其他岗位的女医生。除此之外，她们的死胎患病率也更高。在蒙特利尔，据报告产下畸形儿的妇女在工作中溶剂暴露剂量高于产下健康孩子的妇女。

上述研究受到另一项调查的佐证。其中，相关人员首先询问孕妇在工作中溶剂暴露的情况，而不是先了解她们的孩子是否患有先天性疾病。等孩子出生后再收集身体异常的信息。结果令人震惊。称自己在怀孕早期大量暴露于溶剂的妇女面临产下缺陷儿的风险是普通民众的13倍，包括心脏瓣膜缺陷和神经管疾患（如脊柱裂），但也有其他不常见的先天性问题——畸形足、肾脏缺陷、失聪和阴茎短小。这些妇女的流产率也更高。近期的一项批评性分析报告支持上述调查结果。该报告分析了1966年至1994年间用各语种发表、以有机溶剂和妊娠为课题的研究论文。调查人员最终认为，母亲一方暴露于溶剂，尤其是吸入，“与主要畸形发生风险的上升相关”。

躺在床上听着杰夫在另外的房间敲击电脑键盘的声音，我意识到自己渴望感受胎动的部分原因是我们俩都想通过一起觉察宝宝的运动再来体会为人父母的感受。在怀孕前三个月里，每一顿饭、每一种小吃都要经过多
94 次讨论研究；家庭生活的主题围绕寻找我能吃的东西展开。谢天谢地，那些日子总算过去，可现在我感觉孑然一身，半路成了孤家寡人。

这种孤立的感觉也延伸到了其他的关系中。没有子女的女性朋友貌似已经把我当妈妈看待了，可我对尿布、婴儿急性腹痛和婴儿汽车座椅规定还一无所知呢。那些做了母亲的朋友则喜欢把我看成是一个不谙世故的少女，好像怀孕是一个天真烂漫的快乐阶段，而我很快就要被残酷地驱逐出去了。“好好趁机享受吧，”当我形容自己体验到的各种感受时，她们一边笑，一边如实说。看似没有一个人能确切回忆起妊娠中期的感受。她们倒是迫不及待地讨论分娩和生产方式的选择。

怀孕就像走过一座索桥。在我身后的河岸是没有做母亲的女性群体。她们喝酒，熬夜，饮食不规律，随意换恋人，学习梵语，制订五年研究热带云雾林的宏大计划。在我面前的河对岸是做母亲的女性群体。她们开会迟到，聚会早退，头发乱蓬蓬，知道太多天竺鼠的喂养知识，而且随时都可能挂断你的电话。身后是一片熟悉的领土，面前是一个陌生的世界。但我却身处吊桥的中央，进退不得。

小宝宝啊，请发来你在我体内的信号吧。

父亲也无法逃脱出生缺陷的魔咒。有关父亲工作场所污染的多数研究没有发现不利于胎儿结局的联系，但有几项重要的研究得出了相反的结论。如上所述，油漆工的子女出现无脑症的概率较高，也较易发生心脏缺陷。农民的子女易患唇腭裂，消防工作者的子女亦是如此。后一情况的研究尤其可信，因为相关实验发现消防人员接触的化学物质能引发动物的出生缺陷。几十年来，随着建筑业和家装业越来越多地使用泡沫垫、刨花板黏合剂、PVC管材、聚乙烯壁板、百叶窗、地板砖等合成化工材料，消防员与化学物质的接触也不断增加。仅仅是塑料的燃烧就会产生二噁英等大 95
量有害化学物质（下文有详述）。

全球数据显示了另外几种趋势。荷兰一项研究发现父亲暴露于焊接烟尘、清洁剂或农药可增加子女患脊柱裂的风险。加拿大不列颠哥伦比亚省对锯木厂将近一万名暴露于木材含氯防护剂的工人开展的研究发现，其子女发生无脑症、脊柱裂、白内障和生殖器官异常的比例过高。

经调查发现，唐氏综合征与父方所从事的一系列工作相关，包括清洁工、农场工、钢铁工和机械工。使这些关联成为可能的原因是某些化学物质在细胞分裂阶段阻碍了染色体分离。如上文所述，所谓染色体不分离是导致唐氏综合征的直接原因。然而，该项研究仅获取了活婴的病例数据，因此需要审慎看待研究结果。其中也许存在混淆因素。例如，有可能是因为从事上述工作的父亲所住小区污染程度高于从事其他工作的男性所住地区。如果是这样，父母双方都有可能接触到破坏染色体的化学物质。或是因为父亲回家后通过衣物上有毒化学物的残留——或者对于溶剂而言，通过呼吸，传播给妻子。

精液毒物学是一个新兴研究领域，最终也许能更好地揭开父亲暴露于有毒物质与出生缺陷的联系。从我们已经掌握的情况来看，存在几种影响途径。有的化学物质破坏精细胞头部携带的DNA链；有的影响睾丸中精液的产生机制；有的溶解进精液中，随射精被冲入子宫环境；还有的结合在精子细胞的表面，在受精阶段像微型特洛伊木马那样潜入卵子中。这样的化学物质奇怪地被冠以令人放心的名字：精子伴侣。

五月下旬，傍晚很长，气温宜人。上完一天的课后，我和杰夫喜欢沿着麦基诺河散步。再过几周，短短的五月学期就结束了——上交成绩，收拾行囊，我们要回到波士顿的家了。

96 我已经开始留恋这里了。大约在我和杰夫离开时，鸢尾花就会把花园让给牡丹。我一直喜欢欣赏这种景色的变化。透着现代气息、色泽暗雅、形状不规则的鸢尾花被后院里的“歌舞女郎”所取代——那些雍容华贵、香气袭人、体态丰满的牡丹花。在我走后，野蔷薇花（meadow rose）会开放。接下来，桑葚会掉落在草坪上，玉米会抽穗。后面还会见到琴柱草、蜻蜓、菊苣、毛蕊花、黄花菜、萤火虫……看来我们离开得不合时机。

从山林往回返的路上，我们在哈德森小镇停下，想买点小吃。当杰夫搜索便利店货架，寻找有营养的甜食时，我走到大街的人行道上，寻找花园。顷刻间，我被两边白色的塑料旗所包围：刚喷洒过农药，请勿靠近。坐落在这片草坪上的房屋仿佛是镇上的殡仪馆。

二十世纪六十年代中期，越南记者开始报道被美军大量喷洒除草剂的农村出现大量缺陷儿的事件。美军这项秘密行动的初衷是清除道路两边的杂草，防止偷袭，主要采用被称作“橙剂”的化学落叶混合制剂。[①] 到1962年，除草行动范围已经扩大到农作物区的蓄意喷洒作业。接下来，美军又实施了被称作“区域封锁”的战略，即建立大范围的污染区，迫使平民迁移。最著名的手段是在疑似藏匿游击队的森林上空喷洒落叶剂。截至1971年，美军在越南南部14%的土地上喷洒了共计1900万加仑的落叶剂。大片田野上的作物和森林变成荒枝。一些批评者将美军在越南使用橙剂的战略与罗马人摧毁迦太基城后又在周围土地上撒盐这一卑劣行径做对比。

---

① 得名于其容器的橙色标志条纹。其成分为2，4，5-三氯苯酚和2，4-二氯苯氧乙酸。——编辑注

是什么让美军最终停止了上述行动，依然众说纷纭，但有两点至关重要。一是1969年公众披露橙剂在小鼠身上造成出生缺陷；二是继上述披露之后举行的国会听证。橙剂由两种除草成分配制而成，其中一种含二噁英，为生产过程中不可避免的产物。二噁英是一个无所不能的恶魔，能导致癌症，抑制免疫系统，影响激素，激活肝酶。它还是一种强力致畸物质 97
（本书第12章有详述）。

越南记者发现在战事最激烈的时期出生的婴儿患先天性缺陷，其根源究竟是二噁英，还是某种化学混合物，无从认定，但可以确定的是，二噁英的污染延续至今。例如，至少在越南南部边和这一座城市，调查发现不仅仅是当地老居民体内有极高含量的二噁英，刚搬过去的越南北方人、美方停止喷洒作业多年之后出生的儿童以及大量食用鱼类的居民也出现同样的问题。换句话说，三十年前除草剂残留的二噁英继续污染着今天的边和市。暴露途径最有可能起源于二噁英从土壤向河流沉积物的迁移。进入河流后，二噁英污染鱼类，而后进入食用鱼的人体内。同样，在越南其他被大量喷洒落叶剂的地区，土壤、鱼类、肉类、人类血液以及母乳中的二噁英含量一直居高不下。不幸的是，研究资金和综合登记体系的缺失阻碍了相关人员在喷洒作业区和非喷洒作业区之间建立明确的对比。不过，美军的跟踪研究显示在越南喷洒作业区服役的士兵，其子女患脊柱裂的风险比普通人高2.5倍。如今，退伍军人事务办针对此类出生缺陷提供赔偿金。

为了重温当时在越南发生的事件，我查阅了自己在1989年完成的博士论文。我在其中一篇附录里介绍了越南使用除草剂的历史。这不是因为我的研究与印度支那的战争有任何关系，而是因为发现在明尼苏达州北部荒野地区我做研究的地点曾经常喷洒相同的除草混合制剂，时间也和越南美军的喷洒作业相同。我震惊于自己的发现，而这源于一场意外的收获。那时，常驻公园的博物学家从他的办公室清理出许多旧文件，问我想不想要。在那些发霉的纸箱里放着备忘录、地图、会议纪要、报告及未公布的信件，详细说明了美国明尼苏达州的除草剂喷洒项目。该项目始于二十世纪五十年代，在1970年国会听证结束后戛然而止。和越南一样，喷洒的初衷是清除路边的灌木丛，然后扩大到没有灌木丛的地区，以树立更好的 98
旅游形象，后来又是为了清除同小松树竞争的灌木，让前者更好地生长。（落叶剂仅杀灭阔叶植物，而不是针叶植物。不过，小松树最后也没能长大。）当时，我在研究灌木和松树的生物学关系，而且我以为自己选定的研究目标是只受自然过程影响的原始林。因此，那些硬纸箱里的资料危及我个人的研究项目，也破坏了总体的科学求证过程。我的震惊变成了愤怒。

今天再次读到自己的文字，我有了新的担忧。喷洒结束后，土壤和落叶层会有多少二噁英残留其中？十二年后，当我来到那片林地准备开展研究，体内携带着如今给我带来女儿的卵子时，还有多少二噁英存留？又有多少流进了附近的湖泊？湖里有多少鱼上过我的餐桌？在旅游淡季飞到明尼苏达州生物研究站上空喷洒橙剂的直升机驾驶员怎么样了？他的子女都还好吗？

就此而言，在越南怀孕，一边看着树叶凋零飘落，一边觉察宝贝在体内蠢蠢欲动，又会是怎样一番感受？我想象着时节在默温保护区倒流的情景：绿油油的枝干开始发黄，变秃。春天新发的树叶落在林地上。林间的光影消失了。鸟巢突然裸露在外，但里面空空如也。一条河在赤裸的大地上奔流。

美国1995年发表的一篇有关农药与出生缺陷的文献综评得出如下结论：“总而言之，上述发表的研究论文在一定程度上说明了生育风险增加和农药暴露的关系，但总体上讲，相关流行病学证据不足以建立明确的推论。”

上述结论如今依然成立，我基本赞同，但要加上一句：建立推论所需的研究尚未开展。举例来讲，我找不到直接计量农药暴露的研究。换句话说，证据的缺失是无知的结果，而不是对研究的否定。

自该评述发表以来，相关领域发表了几项值得考虑的研究论文。在建有高质量登记体系的芬兰，怀孕前三个月在农业工作中接触农药的女性，
99 其产儿患唇腭裂的风险是其他产儿的两倍。在西班牙，从事类似工作的妇女产下的婴儿患唇腭裂的概率是其他婴儿的三倍。除此之外，这些孩子多种异常及神经系统缺陷的风险也大幅增加。同样在西班牙，在大量使用农药的地区，手术修复先天隐睾症的比例也更高。丹麦也反映了同样的情况——研究发现在温室、果园或苗圃工作的女性专业园艺师，其产下的男婴患隐睾症的风险大幅上升。挪威的研究人员证实，脊柱裂、脑积水婴儿与母亲在果园或温室大棚工作之间存在紧密联系。美国加利福尼亚州一项针对七百名妇女的研究显示，在喷洒某些农药的作物附近居住的母亲，其胎儿死于出生缺陷的风险较高。研究发现，在关键的妊娠初期接触农药的孕妇以及距农药使用地点0.25英里范围以内居住的孕妇是风险最高的群体。

美国迄今为止开展最全面的调查要数1996年明尼苏达州出生缺陷调查。该项研究由明尼苏达大学医学院文森特·加里（Vincent Garry）博士开展，由几个相互关联、互相支撑的部分构成。

加里首先调查了明尼苏达州西部主要农业区注册农药施用者（如农民）子女出生缺陷情况，发现这些子女患先天性疾病的水平高于总人口。该发现与之前的调查结果相一致。加里接下来的发现更令人感到意外。在仔细分析总人口的出生缺陷比例时，他发现了一个清晰的地理现象：西部非农业家庭生育缺陷儿的概率比东部非农业家庭高85%。换句话说，即使不在地头劳作，仅在种有玉米、豆类、小麦和甜菜的田间居住也能增加出生缺陷风险。

接下来，加里分析了出生缺陷的季节性因素。在明尼苏达州西部，春天是农药使用最多的季节，春天怀孕出生的孩子缺陷儿出生的概率比其他季节的高得多。这种规律对农药施用家庭和普通民众都适用。东部地区没有发现类似的季节性变化。

最后，加里选取患病率过高的缺陷类型——缺失或短小的手指、脚 100
趾、上肢或下肢（被称作“肢体残缺症”）以及泌尿生殖器官畸形，与其他研究报告所载的艾奥瓦州、内布拉斯加州和科罗拉多州使用相同农药的社区病例进行对比。结果有许多相同之处。譬如在艾奥瓦州，社区的饮用水源受到除草剂莠去津污染，上述出生缺陷和先天性心脏病的患病率相应上升。莠去津于1959年上市销售，已被欧洲很多国家禁用，却成为美国使用最广的农药。

我在离开伊利诺伊州之前的最后一项任务是取消送水业务。整个春天，5加仑的蓝色水桶在楼梯井排成了一排，悄无声息地证明我对当地自来水安全性的质疑。对此，我并不引以为荣。我一直坚决拥护自来水——倒不是因为我认为它是安全的，而是说购买从某处偏远的流域提取而来、再被运送到地球另一边的水，我想一想就觉得不安。饮用瓶装水让人不再担心周围的河流或地下水受到生态威胁。正是这种思维模式引发有些人得出自命不凡的结论：如果地球上的环境恶化到一定的程度，那我们干脆“嗖”的一下，飞到某个空间站上住吧。

再者，瓶装水营造的安全感只是虚梦一场。自来水中的挥发性污染物，如溶剂、农药以及水加氯消毒的副产物，主要是从鼻吸入，而不是由口进入。冲厕所或开水龙头——或是打开沐浴用水龙头、花洒、加湿器、洗衣机，这些污染物会随即离开水源，进入空气中。近期的一项研究显示，最快接触到化学污染物的方式是打开洗碗机。（你感到吃惊了吗？）喝一瓶法国生产的纯净水，然后再洗十分钟的淋浴，结果相当于喝下半加仑的自来水。我们与公共饮用水建立了最亲密的关系——不论是否如我们所愿。

尽管如此，在我住处的楼梯上依然积攒了这么多的瓶装水桶，而里面的水应该从南边一小时车程开外的深井储水层抽上来的。关于它们，我只
101 能说怀孕的时间很短，而现在正是农耕和农药喷洒的时节，因此这些水桶里的污染物肯定比研究人员在本地以北的水库中所发现的污染物少。

在我们居住的布卢明顿市，饮用水取自两处通过拦截溪流建造的人工湖。这些溪流蜿蜒穿过面积超过4.3万英亩的流域，其中85%为玉米地和黄豆地。几周之前，我开车来到这两处人工湖，眺望湖水，在岸边散步，头顶不时有燕子飞过。同时我思索着自己与湖水的共性，想到我的子宫是一片内陆洋，里面居住着一个生灵。我希望每个人都能体验这种探索活动，尤其是准妈妈们。

除此之外，我还查阅了当地饮用水的数据。1996年至1997年，在布卢明顿市的自来水中监测到两种农药——莠去津和甲草胺，但都未超过法定的最高污染水平，意味着水质没有违反法律规定。这样的事实并不能让我放心。合规性依据的是四项季度性检验结果的平均值，因此春季农药使用超标不会被认为是违法行为。但胚胎的发育却不会顾及平均值。母亲心中对胎儿制定的标准也不会遵照平均值。此外，布卢明顿市的硝酸盐水平在连续几年里的的确确超出了法定标准（1990年至1993年）。硝酸盐，大多来源于流失的化肥，它与血红蛋白结合，削弱了后者的载氧能力。针对该课题发表的一篇评述认为，饮用被硝酸盐污染的水所引发的健康风险“未得到充分的认识”。近期一项针对两栖动物繁殖的研究，发现自来水中的硝酸盐含量低于法定限值，仍造成蝌蚪出现发育异常和死亡。水里的化肥残留量能杀死青蛙宝宝，我还能放心饮用吗？不能。

于是，瓶装水便占据了楼道的一席之地。可我骗不了自己。当有人问我是否饮用当地的自来水时，我的回答是肯定的。那是每当我在学校员工

食堂喝汤；每当我与学生一起喝茶；每当我呼吸的时刻。

刚和瓶装水公司通完电话，就听到外面响起了防空警报。难道是飓风
警报？广播上说不是，只是一场大风暴。杰夫还在校园的另一边，忙着拆 102
卸他和学生在一栋大型室内运动场布置的展览。那是一组雕塑，就摆放在一面20英尺的大窗户的一侧。杰夫是土生土长的新英格兰人，特别害怕飓风。我决定去找他。

走出门外，迎面刮来满是尘土的热风，卡罗尔递给我的一件连衣裙在我的腿间打着旋儿。刚走到停车场，就开始下雨。等我来到运动场的门前，浑身已经湿透了。

杰夫正站在脚手架上，拆除一根硕大的纱网立柱。他一边微笑，一边挥手。

“我想你可能会担心警报，”我向上喊道。

一个塑料桶倒扣在地上，他示意放在上面的收音机。“我听着广播呢。风暴好像不会直接经过这儿。不过，你在这里待一会吧？我这就下来。”

杰夫订了披萨。我决定留下。

这场名为“奖杯”的群展是对体育精神的探索。所有部件都是超大型设计。除了按奥运会规格建造的立柱之外，展览包括多个巨大的竹制的球、一个祭坛和一个由电视堆成的塔，还有用旧举重器制作的雕塑作品。杰夫把一件举重器雕塑拖拽到运动场北边的那面巨大的窗户旁，好让我们坐在带有软垫的长椅上，看着暴风雨席卷运动区。我刚要指出停车场探照灯上空盘旋的夜鹰，话说到一半突然怔住了。

“怎么了？”杰夫问。

“这里，”我一边说，一边把他的手掌摁在湿湿的衣服上，“把你的手放在这里。”

漫长的等待。

“有了！”我说。“你感觉到了吗？”

杰夫看起来一头雾水，但接着他的脸上露出灿烂的表情。

“她踢你了！”他激动地说。“我感觉到了！嗨，她又踢你了！你有没有感觉到？这就是胎动，对吧？”

想必是吧，我说。毕竟我们是在运动场。

玫瑰月

（六月）

103 我们的车愈向东行驶，道路愈发曲折。刚出俄亥俄州，连接中西部巨大而规整的路网就开始瓦解。车行驶到纽约州北部遍布奶牛的丘陵地区，指南针上的四个指针完全起不到作用，而我再也看不出影子所指的方向。公路牌上的编码后面依然有东、西、南、北的字样，但它们好像是指道路的总体走向，而不是某个时刻行进的实际方向。感觉就像南北磁极在这里消失了似的，我跟杰夫抱怨说，而他只是笑了一下。没错，这就是我老公。他面对伊利诺伊州常见的四向红绿灯，总是不知所措（“其他车都不走，那我就先走啦！”）。穿过巴克夏山脉，笔直的四向交叉路被弯道完全取代，命运随之也就落在了自己的手中。一条条蜿蜒的道路斗折蛇行，司机只能凭感觉向前开。（杰夫说：“我至少知道怎么对付盘山路。单凭眼力就行。”）

多数时间由杰夫负责开车，不仅是他不介意混乱的方向，而且他还不受子宫圆韧带疼痛之苦。圆韧带是固定子宫的弹性韧带。我以前从没听说过这个词，直到几周之前，我突然感到一阵锐痛，好像有人扯断了我大腿
根上的筋。这种感觉就是典型的圆韧带疼痛，一般常见于怀孕第六个月子 104
宫前倾的阶段。从座位上站起、放下二郎腿、踩离合器和刹车等突然的动作可加重疼痛感。因此，我在乘客座位上舒展开身体，抓紧阅读手头的资料。

三个月前，信箱里就开始出现有关怀孕的杂志和手册。它们一直堆在床头。现在我倒想看看自己错过了哪些内容。我也没有按计划阅读准妈妈指导书。于是，我开始翻阅那些饮食秘籍、服饰建议、常见问题，凡此种种。

在描写子宫里的生命时，大众读物将胎儿发育的重要时间点娓娓道来，却完全不同于我更熟悉的学术文字。教科书的大部分内容都是介绍早期复杂的器官发生事件，如折纸般细细展开。这种文字直到最后才又变得生动起来，那是激素急剧变化，引发分娩的时刻。但关于妊娠中后期的介绍却非常简短，几乎带有轻视的意味——身体各个部位在生长，脂肪在积贮，体型在完善。其中一本书用两句话总结人类妊娠第六个月的情况，达到了平淡无奇却又让人惊讶的效果：“一般而言，面部和身体长成了婴儿出生时的样子。二十五周以后出生的胎儿通常可以存活。”

相比之下，大众媒体草草掠过危险重重的怀孕早期阶段——除了妊娠反应和流产征兆之外，却用很大篇幅介绍怀孕中后期的情况，用萌翻人的文字介绍宝宝的变化，如眉毛的生长（六个月就长得像模像样啦！）、皮脂的分泌（避免皮肤开裂）及胎毛的生长（具有稳定皮脂作用的细绒毛）。有哪位准妈妈能抵挡住这些可爱细节的诱惑，抵御这种酷似天主教使用的古老语言？（“皮脂”在拉丁语里意为“清漆”，而“胎毛”的意思是羊毛。）从大众读物中，我了解到六个月大的胎儿体长约13英寸，重
1磅多一点。我了解到自己的子宫顶部已超过肚脐，紧贴在子宫壁上的胎儿 105
能感受到子宫里的各种收缩。

宫缩确确实实在发生。子宫肌肉定期收缩，是为了让身体熟悉分娩的感觉，而不是真的要触发分娩。这些阵发性的动作也有一个特殊的名字，

叫作“布拉克斯通·希克斯收缩”，即假性宫缩。这种感觉很奇怪——起初是针扎感，接着是一种像雪凝结成冰的压缩感，整个腹部变成了一个向下压的硬皮球。然后冰又融化成了雪，压力随之消失。怀孕指导书安慰我说这是正常的。希克斯收缩是完全正常的现象。

大众读物很少谈及的是环境问题。即便是致力于预防出生缺陷的“畸形儿基金会”刊物《妈妈》，也不提溶剂、农药、有毒垃圾场、水俣病、越南除草剂事件。在科学知识与希望掌握产前知识的孕妇所获得的信息之间发生了某种脱节。起初我认为媒体就妊娠的环境威胁保持缄默，也许是因为相关证据出现较晚。或许公众教育读物的撰稿人选取那些有长期确凿证据支持的威胁进行宣传。譬如，我读过的所有图书和杂志都介绍了风疹，并劝告吸烟的孕妇戒烟。

但随着阅读的深入，我愈发意识到科学的确凿性并不是媒体选择向孕妈妈宣传生育风险的固定标准。比如，孕妇被劝诫不要饮酒。相关指导书和杂志对此没有异议。胎儿酒精综合征得到了充分认识，毋庸置疑，而且新证据显示，在怀孕早期仅仅一次纵情饮酒就可影响胎儿的神经发育。但没有人知道偶尔饮一杯酒是否也会造成伤害。不过，谨慎告诫我们在缺少反面证据时，不要想当然地建立任何安全标准。对于这个问题，我手上的一本怀孕书——《出生前的生命》甚至引用了伏尔泰的名言：“无知者，需慎行。”

然而，自来水中的硝酸盐没有遵守上述原则。在此，我们认为建立安
106 全标准——即百万分之十（10×10^{-6}）——是可行之举，虽然这种标准的制定从未包括胎儿，虽然人们对硝酸盐穿越胎盘或母体血液中受硝酸盐抑制的血红蛋白影响胎儿的氧气输送这样的事实几乎一无所知。更有甚者，我们允许让450万美国人饮用硝酸盐超过这一自定标准的水，其中肯定包括众多孕妇。我们还认为饮用水中的农药残留、溶剂、氯化产物的标准也可以制定，但证据表明没有一项标准起到了保护胎儿的作用。事实上，各地存在大量的相反证据。在环境危害方面，我们非但没有履行“无知者，需慎行”的原则，而且也没有向孕妇告知危害的存在。那本借用伏尔泰名言提倡戒酒、戒毒、戒烟的书对食品、空气或水中所含的有毒化学物避而不提。偶有图书或杂志反其道而行之，却运用安抚人心、蓄意淡化问题的笔调去论述。

随着阅读的深入，我发现相互矛盾的地方越来越多。近期一份科学报告总结食物中化学污染物对生育的影响，最后得出了以下颇有力度的结论："证据十分充分：某些存续期长的有毒物质损伤智力，改变行为……并且影响生育能力。风险最高的人群是儿童、孕妇、育龄期女性……尤其是发育中的胚胎和哺乳期的婴儿。"

相比之下，一本最畅销的怀孕指导书对上述坏消息发表怨言："说美国人饮食中每一项都含有危险化学物的报告比比皆是，吓得人没有了食欲……不要走极端。虽然把竭力避免理论上危机四伏的食物定为目标的做法值得称赞，但这样做给生活增添压力就不好了。"

当然了，这种"切勿担心，快乐就好"的方略没有被应用在吸烟和饮酒上。对于这些问题，相关作者的立场非常严肃和绝对。

我抬头看了看驾驶员，他一直在唱歌，声音越来越大。

"嗨，杰夫？"

"嗯？"

"我想弄清楚一件事。"

"什么事？"他把收音机的音量关小了。

"这些关于怀孕的杂志中没有一本鼓励妈妈们调查《毒性化学品排放 107
目录》和自己的社区有没有关系。"

"你做过调查，对吧？"

"是啊，我上网查的。"

"结果呢？"

"麦克林郡是伊利诺伊州向空气中排放生育毒性物质最多的郡之一。"

我跟他详细介绍了我的研究成果。胎儿毒性物质最大的排放源是从黄豆加工厂排出的已烷和从汽车厂排出的甲苯。我的污染源清单上还包括乙二醇醚和二甲苯。全部都属于溶剂类。

"老天爷"，杰夫说。

"我还发现大学在校园和操场上喷洒了六种不同的农药。因此我调查了它们的毒性。其中有两种农药已知会造成动物的出生缺陷。"

"我的工作室旁边的运动场上也喷洒了这些农药？那里一直插着小旗子。"

"我不知道。我在想产科医生为什么从来都不跟我们说这些问题，或者跟我们说布卢明顿饮用水的问题。我只记得他告诉我不要吃寿司。”

我俩都笑了。生鱼在伊利诺伊州的菜单上并不常见。

“那么你想弄明白什么事情呢？”

“两件事。第一，环境对胎儿构成的威胁为什么没有引发公众讨论？”

“那第二件事呢？”

我引用伏尔泰的话：“无知者，需慎行。”“为什么面对不确定时所采取的慎行原则仅仅停留在个人行为层面，而不是同样应用于整个工业或农业呢？”

“好的，让我想一想，”杰夫重新打开广播。一会儿又把它关上了。“我觉得这两个问题相互重叠。怀孕和做母亲是个人化的行为。我们还是没有把孕妇看成是公众环境的一分子。她们的身体看上去古里古怪，好像很容易受到伤害。你不应该去烦扰她们。让人害怕或平添压力的事，也不应该跟她们说。”

108 “可是经常有人告诉孕妇应该怎么做。不要喝咖啡，不要喝酒，不要吃寿司，不要碰猫的粪便。”

“那还是个人的层面。工业和农业具有政治性和公共性，在一个人的身体之外，一户家庭之外。在怀孕那几个月里，你采取不了任何直接措施，所以不好管理。”

“必须承担公共决策的后果是孕妇。养育受毒害的孩子是我们。如果我们因为这件事惹人心烦而避而不谈，那情况还怎么改善呢？”

杰夫瞥了我一眼。

“你是作家。你能不能寻找一种合适的语言去解决这个问题？打破忌讳？”

现在轮到我要想一想了。

“杰夫，要是你，你会怎么做呢？我是说通过雕塑。比如，去年伊利诺伊州各个产业总共排放了340万磅的生育毒性物质。你会如何让这一数字在民众中变得有意义？你会怎样展示它？”

车开上一个很长的山坡，速度慢了下来。沿路摇摇曳曳的草如马尾一般长，并且已经结籽。在不经意间，夏天悄然来临了。

“我会铸造许许多多的人形，每一个人形代表一定数量的有毒化学物——而且我会让它们站立在一片田野上。”

在我们的下方，牧场延绵而去，被雨水打湿的蔷薇花在农户的院子里盛开。我想象着那些雕像被放到那儿，一群默不作声的人，身躯的重量压向地面，一动不动地讲述我们不敢言传的事情。

回到我们在萨默维尔市居住的小区，一览邦克山和地势较低、较为富裕的剑桥，我把伊利诺伊州广阔的景色抛到了脑后。在这座北美人口最密集的城市（萨默维尔的报纸经常这么说），我们有一套位于三楼的小公寓。我和杰夫回家头几天是在相互碰撞、重新习惯汽车报警声和吃印度外卖中度过的。傍晚时分，我们坐在露台上，等着海风吹来。与我们共享露台的邻居种了牵牛花和西红柿，它们的藤蔓已经爬上了格栅。清晨，我去公园遛狗，人行道上经常见到撅着嘴的十来岁孩子和絮絮叨叨的老奶奶推着婴儿车。我以前从未留意小区有多少婴儿。整个街区，杜鹃花在小小的 109
水泥院子里竞相开放；紫藤缠绕着用鹅卵石建造的三层露台。成百上千条晾衣绳上的内衣随风摇摆。公园里的老槐树上悬挂着一穗穗香气袭人的小白花。现在是萨默维尔最好的时节。

公共图书馆只有两个街区远，我得以继续自己的研究。现在我感兴趣的是怀孕第六个月的关键点：胎儿的脑部发育。

二十年前，脊椎动物的脑胚胎解剖学几乎快把我整疯了。那是我学过的最难的生物学知识——也是最美丽的，就像用快镜头观看玫瑰的绽放，或像是在人迹罕至的洞穴探查。当时的胚胎学教授布鲁斯·克莱力（Bruce Criley）博士经常通过在一个大屏幕上播放胎儿脑部截面图来训练我们，而我们则坐在黑暗的实验室里，努力忍受着："好，现在我们看到的是什么？"他用教鞭指着一个陌生的结构问道。前脑（prosencephalon）、菱脑（rhombencephalon）、中脑（mesencephalon）——这些听上去古老的词汇分清了连续变化的脑中的各个脑室。

脑组织和脊髓一样分为三层。随后，神经细胞由内至外迁移，在脑部表层形成大脑皮层。令人十分迷惑的是迁移之时和之后。为了解释所发生的一切，描述人脑发育的文字借用了植物学、建筑学和地理学的各种词汇：有脑腔、脑岛、导水管和脑峡；有脑室、连合和脑半球；有脑盖和脑底、小脑椎体和作为脑垂体前叶前身的拉克氏囊；大脑半球表面布满深浅不等的沟裂和隆起，分别称作脑沟和脑回。脑组织结构会膨胀、波动、压缩、融合。它们相互交错、平整、蔓生、覆盖。它们变换方向，朝不同方向伸展。

有些结构的组织从两个截然不同的位置发育而来。例如，脑下垂体的前叶和后叶分别来源于胚胎期口腔顶部向上突起的拉克氏囊和间脑底部向下发展的中间突起。与此同时，十二对脑神经像圣徒那样向前挺进，连接
110 远端新近发育的眼、耳、舌、鼻等器官。这么复杂的系统足以把我们这些温文尔雅、成绩优秀的生物学专业学生吓得哆嗦。灯光重新亮起后，也让我们感到自己刚才进入了一方圣殿。此番景致是我们以前从未领略过的。

在微观的世界，情况变得简单了一点——尽管这也许是因为我们在分子层面知之甚少的缘故。胚胎各个结构的形成都源于细胞迁移。而脑细胞像蜘蛛，移动时蔓生出缕缕“丝线”一样的轨迹。

“丝线”分为两种——树突和轴突：树突又细又短，负责接收附近细胞发来的信息；轴突又粗又长，负责发送信息，而发送跨度往往很长。轴突首先发育，按特定通路和方向从脑细胞体中生发出来。在生长发育过程中，它们由被称作“细胞粘着分子”的蛋白引导。树突发育较晚。事实上，树突生长高峰期直到怀孕后期才开始，在婴儿出生后至少还要持续一年。

除了上述不同之处，轴突和树突还有很多共性。这两种神经纤维在伸展之后都会发出分支，以便与其他许多细胞建立连接。这些被称作“突触”的节点在生命开始最初两年内不断增加数量。轴突和树突都会以自身的长度发送电化学信号，以此传输信息。有时，这些信号也可在神经纤维之间传送。但在大多数的情况下，突触必须依靠弥散在其中的化学物质，才能持续地在神经细胞之间传递信息。这些化学物质是神经递质，它们的角色名称并不陌生：乙酰胆碱、多巴胺、血清素。

胎儿的脑部发育存在许多不解之谜。其中最主要的是神经胶质的作用。神经胶质是一种脑细胞，自身不传递信息，但明显会支配传递信息的细胞。它们的作用可比“胶水”大多了。有时，它们担当神经元的教练，将轴突紧紧包裹在层层脂肪中，加速电流通过。它们看似还会改变神经元的食谱——譬如调节葡萄糖的摄入量。除此之外，它们为细胞迁移提供信
111 号和通路。最后这一项本领需要与早期迁移的神经元协同完成。也就是说，第一批到达大脑皮层的脑细胞提供基本信号，与神经胶质发出的信号一起帮助后来的迁移者发现正确的道路。但这些通路是如何建立的，“地

图”是怎样形成的，“面包屑”是如何播撒的，无人知晓。

一旦了解人脑在胚胎阶段如何一个腔室、一个腔室地发育，了解人脑的电信号网络如何建立，便可轻易地看出神经毒素在子宫里为何会产生如此深远的影响。对成人大脑产生暂时性影响的有毒物质能够完全破坏胎儿大脑。这种后果的发生分为几种不同的途径。神经毒素可阻碍突触的形成，扰乱神经递质的分泌，也可破坏轴突的脂肪层。神经毒素还可减缓胎儿脑细胞向外迁移的速度。因为最先成熟的脑细胞树立起类似脚手架的物质，帮助后来者寻找迁移路线，所以在迁移最初发生时接触到一次有毒物质，即可永远改变脑部结构。同时，胎儿缺少出生后在肝、肾和肺部形成的有效排毒系统。此外，六个月以下的胎儿和婴儿尚未形成血脑屏障，无法防止血液携带的许多毒素进入脑灰质。

除此之外，胎儿体内缺少脂肪，使得脑部更易受到伤害。按净重计算，人脑的脂肪含量达50%。出生之后，身体会和大脑争夺脂溶性有毒化学物质。但在孕期的大多数时间内，胎儿体内没有脂肪积存，只在最后一个月左右才胖起来。在胎儿体内，没有其他脂肪库可以隔离脂溶性有毒化学物质（此类化学物质不在少数），因此它们对胎儿脑部的影响远远大过对成人脑部的影响。

1997年《毒性化学品排放目录》名列榜首的二十种化学品，超过半数为已知或疑似神经毒素。它们包括溶剂、重金属和农药。然而，对于破坏大脑的化学物质，我们的认识模糊不清，支离破碎。问题一部分在于动物实验的作用有限，无法使人发现某种神经毒素对人类婴儿会产生怎样的影响。人类
出生时，其脑部发育相较于其他哺乳动物，如猴子，仍处于较早的阶段。而 112
恒河猴出生时，脑组织的发育已接近成年猴的最终形态；小猴子在两个月大时就能直立行走了，而人类行走的平均年龄为十三个月。与之相反，啮齿类动物脑部某些结构发育得比我们晚。譬如，人类的海马体——记忆区在出生时就已发育完毕，而啮齿动物的海马体直至出生后很长时间才形成。上述物种之间的差别意味着我们难以根据动物学研究结果分析人类。动物和人类的易损期不同，而且很明显，用人类胚胎和胎儿做对照实验是被禁止的。

不幸的是，许许多多的人类胎儿已接触到损伤大脑的化学物质——不是对照实验，而是无意的暴露。通过研究不同的损伤，可以掌握很多信息。然而，此类研究在最近几十年才如火如荼地展开。根据老观念，化学

物质要么毒死胎儿，要么造成像无脑症那样明显的结构性畸形。直到二十世纪六七十年代，胎儿毒理学家才认识到某些少量的暴露可引发脑部功能性异常。也就是说，脑组织看起来完好无损——所有必要的结构都存在，但运转欠佳。一次，研究人员测试了低水平暴露于有毒物质的孩子，检查其认知和运动能力。不易察觉的问题浮现了出来。动物亦是如此。神经毒素的实验室测验范围从出生缺陷扩大到行为问题（学习、记忆、反应时间、迷宫认路）后，大量问题便显现无疑。在人类和动物中，研究人员开始发现有毒物质在远低于他们之前设想的水平即可影响脑功能。

然而，大脑研究的新成果来得太迟了。有毒化学品的环保规定早已实施，其中有许多规定建立的基础是二战前人们对神经发育的推论，而不是近期的研究结果。在胎儿神经毒素方面，我们没有遵守“无知者，需
113 慎行”的训诫，而是奉行“愚昧无知且有意忽视科学现象时，只管鲁莽前行”的原则。

怀孕第六个月是令人开心的阶段。圆鼓鼓的肚子引得邮局工作人员、遛狗的朋友和争相为我让座的地铁乘客向我致以微笑和祝福。

与此同时，上个月不规律的胎动变成了实实在在、让人放心的舞蹈剧目。日子一天天过去，我开始注意到胎动的新变化——对外界有了反应。当我泡热水澡时，宝宝开始扭来扭去，好像她也在泡澡。当我晚上搂住杰夫，腹部贴着他的后背时，宝宝开始踹我——用力很大，连杰夫都能感觉到。有时我在床上翻身，她也会翻身。如果街上突然响起警车或消防车警报，她就变得十分安静，好一会都不怎么动。此时，我拍拍肚子，试着安慰她。“没事的，宝贝，那只是警报声。”每当这些时刻，我意识到自己开始把她当成有感情的生命看待了——把她看成一个孩子，同时也越来越多地把自己当作了母亲。

然而，那些怀孕书我再也读不下去了，尤其无法容忍书里对分娩的描述。我不愿面对胎儿从完全扩张的宫颈口滑出的图像，好像用眼睛看看它们就能引发早产似的。怀孕的经历已经呈现出它活生生的一面。我喜欢把宝宝护在心窝下，喜欢用自己的血液滋养她。我的身体将她紧紧包裹，像一枚贝壳钳着一颗珍珠那样。我和她正慢慢地从一个生命体变成两个。我能感到她在那儿——想着，梦着，听着，舞着。

普遍的观念认为，天然物质对人体的毒性比合成物质少。和很多民间生物学理论一样，这种观念既正确，又具有误导性，完全取决于“天然”的定义。

譬如周期表第82号元素——铅。它确确实实存在于地壳中，但它对生物界没有任何作用。从这点来看，铅其实并不是自然界的一部分。它在地质中含量丰富，但不见其以天然的形式存在于生物界。人体（或其他任何动物）血液中正常的含铅量应该为零。即使在没有生命的岩石中，被我们 114
称为铅的这种密度高、质地软的银色物质其实也不能说是存在的。单质铅必须通过烘烤和熔炼从其他元素中提取出来。从这个意义上讲，铅质渔坠的合成性等同于聚乙烯、塑料袋或滴滴涕。

毋庸置疑，铅是一种了不起的材料。拉丁名*plumbum*（被化学家简称为Pb）折射出它的实用性——管道。[①] 铅不易被腐蚀，因此被长期用于水管的生产。也正出于这个原因，铅在屋顶铺设作业中享有一席之地。用铅盐可以制造出上等的染料，由此诞生含铅涂料。用四乙基铅可以防止引擎爆震，因此出现含铅汽油。铅还具有实用的电气特性，如今最广泛的用途是生产铅酸蓄电池，尤其是车载蓄电池。

与此同时，铅也是人脑的强大杀手。这一特性被认识了至少两千年之久。铅中毒可使脑毛细血管萎缩，导致脑出血和脑水肿。铅中毒的症状包括烦躁、腹部痉挛、头疼、意识不清、瘫痪及牙龈线发黑。铅经胎盘转运也不是新闻。1911年，纽卡斯尔市铅白工厂的女工发现怀孕能治愈铅中毒。她们的观察没有错。把铅传给胎儿，女工自身体内的铅含量降低，相应中毒症状因而减轻。当然，她们的宝宝大多都夭折了。如今我们知道铅一旦进入成年女性体内，就会沉积到骨骼和牙齿上。怀孕六个月，胎儿的骨骼变硬。此时，胎盘激素从母亲的骨骼中释放钙质，通过胎盘输送给胎儿。母亲骨骼中沉积的铅也会脱离，随钙进入胎儿体内。这样一来，发育中的胎儿吸收了母亲一生接触到的铅。

我们对铅毒的认识在二十世纪四十年代发生了根本变化。在此之前，人们认为重度铅中毒患者生还后就会完全康复。但不久，几位善于观察的医生开始注意到儿童幸存者往往出现难以治愈的神经性疾病，学习成绩也

---

① 管道的英文是plumbing，由拉丁语演变而来。——译者注

不及格。六十年代，实验发现动物在暴露于低剂量的铅后出现行为改变。
115 七十年代早期，有人发现在得克萨斯州埃尔帕索一家铅冶炼厂附近居住的儿童与住在远处的儿童相比，智力测验分数较低。到了八十年代，世界各地的研究证实接触过铅但身体上从未表现出任何重度中毒症状的孩子确有问题，包括注意力不集中、攻击性强、语言能力低下、好动以及违章乱纪。如今我们了解到引发身体症状的铅，其六分之一的摄入量即可降低精神敏度。现代观点认为，儿童或胎儿的铅暴露量不存在安全阈值。

胎儿神经学家也揭示了铅破坏脑发育的几种不同机制。远远低于造成脑水肿的铅暴露量即可改变突触中钙的流动，因此改变神经递质的活动。铅也能阻止树突长出分支，影响轴突的脂肪包裹。但还不止这些。铅影响引导轴突生长的粘着分子，由此改变整个电信号网络的结构。除此之外，铅还毒害位于神经元内部、负责产生能量的细胞器（线粒体），由此降低了脑部总体新陈代谢率。在实验鼠体内，铅抑制一种已知在学习和记忆方面发挥关键作用的受体。成年的大脑具有血脑屏障，并且能够将铅和蛋白结合，防止线粒体接触到铅，因此可以抵御上述一些问题。而胎儿大脑缺少这些防御机制。这就是为什么在生命早期铅暴露会引发改变一生的后果。

从表面上看，铅的历史是科学战胜无知的历史。1977年——我高中毕业那一年，美国禁止含铅涂料的使用。不久之后，含铅汽油也渐渐退出市场，终在1990年被禁止使用。上述决定不仅仅属于规范性措施，而是禁止使用含铅涂料和含铅汽油这两个最大的铅污染源，因此代表了公共卫生的一场辉煌胜利。在此之后，美国儿童平均血铅水平大幅降低——1976年至1991年降低了75%。

但铅还有一段历史，期间为了将铅从人类经济中彻底清除，历史学家
116 和毒理学家进行了艰苦漫长的战斗。这是科学受工业肆意压制的历史。这段历史有助于解释美国至今为何还有5%的儿童患铅中毒，在化妆品中从未遭禁的铅至今为何还会出现在口红和染发剂中，还解释了我们在萨默维尔居住的小区土壤含铅量过高，至今不宜种植蔬菜的原因。

以含铅涂料为例。美国在七十年代后期才停止了含铅涂料的生产，而早在1925年，国际上就已经达成公约，全球许多国家加入进来，禁止室

内使用含铅涂料。该协议承认铅是一种神经毒素，家里的含铅涂料产生铅尘，极易被蹒跚学步的幼儿通过吃手或啃咬玩具吸收到体内。但美国不是该协议的缔约国。事实上，阻止美国加入协议的工业贸易集团同样成功地阻挡了国家实施管道限用铅的规定。至少全资拥有一家涂料生产企业的制铅行业把低量铅中毒的新兴科学当成了公关问题对待，将客观研究成果贬低为“反铅宣传”。

正如两位公共卫生历史学家——杰拉尔德·马科维茨（Gerald Markowitz）和大卫·罗斯纳（David Rosner）的精心求证，含铅染料的生产商继1925年公约之后开始唱对台戏。他们安抚美国公众，称人们对铅的担忧毫无根据。他们甚至在学校和医院推广含铅涂料的使用。最邪恶的是，他们用儿童图片做宣传。其中最知名的是国家铅业公司创作的卡通形象——“荷兰小子”。小小的人儿一头精致的剪发，身穿连体衣，脚穿木头鞋子，兴高采烈地涂刷着一桶桶带“铅白”字样的涂料。该广告贯穿了整个二十世纪中叶。背后隐含着这样一个信息：儿童接触含铅涂料是安全的。荷兰小子甚至还被包装成了纪念娃娃，当作礼品出售。1949年的一本销售手册记载了以下文字：“公司从未错失在接受力强的少年心中建立商标形象的机会。”

制铅业还抵制警告消费者不要使用或购买含铅玩具、家具或房屋的商标规定。有很多婴儿房被盼望宝宝出生的妈妈刷上了含铅涂料。质疑其安全性的人们得到铅业协会的反复承诺，声称没有证据证明接触含铅涂料与智力低下相关。直至七十年代，这种说法都是有理有据的——主要原因是 117
有关铅影响健康的大学研究资金主要来自制铅业。持不同意见的研究人员和其他资金来源遭诋毁，被认为极其可笑，有时还面临被起诉的危险。只有当美国政府成为铅毒研究的主要供资方时，对铅不利的证据才开始浮现。

当事实最终变得不可否认时，制铅业改变了策略。与其否认铅对儿童大脑的破坏力，业界转而将矛头指向了城市贫困现状和利欲熏心的房东，责怪他们让出租屋的涂料起皮脱落。与此同时，无人照看的孩子无事可做，吃下了脱落的涂料。据一位身历铅业大战的著名毒理学家回忆，有位产业代表甚至表示问题不是吃下含铅涂料碎屑让儿童变傻，而是吃涂料的都是傻孩子。最终，在新兴科学证据的压力下，所有这些争论土崩瓦解了。但几十年的时间白白浪费在了业界否认实施、混淆是非、逃避责任、反驳事实、威吓科学家、平息公众担忧的过程中。结果就是在1978年之前建造的房屋很有可能采用了含铅涂料，而住在里面的儿童和孕妇继续要面对因此产生的风险。根据萨默维尔历史登记册的记载，我居住的房屋有百年的历史，因此我也就成了风险人群中的一员。对于这个问题，房东和房屋主人一样纠结，因为清除含铅涂料的成本很高，而且其本身也对健康构成威胁。这个问题早在1925年就应该被解决。

现在来谈谈含铅汽油的故事。1922年，通用汽车公司发现在汽油中加入铅有助于减少汽油爆震，即在高压的环境下发生爆燃。解决这一问题意味着汽车引擎的容积可扩大，汽车速度也可提高。可从玉米中蒸馏而成的乙醇也具有良好的防爆特性，但当时这项技术无法通过专利审核，因此无法对石油公司产生同等利益。1923年，含铅汽油面市，立刻引起公共卫
118 生官员的注意。他们对汽车向空气中排放含铅尾气所产生的影响提出紧急质疑。大约在同一时间，冶炼厂准备铅助剂的工人开始出现严重的健康问题。多人死亡，大批人出现幻觉。一处工厂的四乙基铅车间甚至被冠名为“蝴蝶屋”，因为在那儿工作的许多工人出现幻觉，认为自己的身体上有虫子在爬。

接下来，一件非同寻常的事发生了。1925年，美国卫生局局长针对铅尘问题召开会议。随后颁布禁令，以铅尘可能对公共卫生构成威胁为由，禁止含铅汽油的销售。这是“无知者，需慎行”原则的完美体现——现今流行的说法是“预防原则”。令我们所有人感到遗憾的是，禁令未能坚持执行。禁令生效后，制铅业投入了一项快速研究，结果显示铅的暴露不会引发问题。反对观点否认铅是一种慢性累积毒素，相关研究也不能证实铅对人类造成伤害这种研究人员所担心的问题，因此禁令被撤销。含铅汽油的生产重新开始。

生产持续了将近七十年。截至美国再次发出禁令之时——此次是永久禁令，超过154亿磅的铅尘被排放到了环境中。其中有很多沉积到表层土中。作为一种金属，铅并非可生物降解的，被认为绝对持久性的。换句话说，铅在短时期之内不会消失。它黏在鞋底上，被带到家里。它被植物的根茎吸收，进入植物体内。这就是我们在萨默维尔市居住的小区等车流密集的地区不能种植和食用胡萝卜的原因。

我们身处的园艺环境蕴含讽刺意味。1979年，一项划时代的研究显示小学一二年级学生的智力水平因他们在环境中铅暴露的不同而出现巨大差别。基于这项研究结果，含铅汽油最终退出了历史舞台。而接受调查的儿童恰恰居住在萨默维尔市。

你来到波士顿，也许想去北区老北教堂看看。在美国革命期间，著名的信号“若从陆路来，点一盏灯；若从海路来，点两盏灯”就是从这座教堂发出的。保罗·里维尔（Paul Revere）使其闻名遐迩。来到教堂，参观圣堂里那几面淡紫的墙壁吧。它们是杰夫粉刷的。好吧，准确地说是一队工人粉刷，杰夫负责监理。修缮工程和装饰性粉刷是他的专长；这些技术 119
带来的收入帮他完成了大量的艺术创作，也支付了很多租金。灯塔山上上下下以及剑桥市布拉托街上的典雅老宅都有他的手工作品，哈佛大学的建筑也不例外。涂料刷和砂光机杰夫用起来得心应手，我见过的所有人都比不过他。这是我爱上他的原因（之一）。

此时此刻伴着夏天的夜色，我们躺在床上，街上的雷鬼乐飘进窗户。我们在探讨杰夫是否应该继续这样的工作。他的血铅含量比美国男性的平均值高出一倍多。有位医生为此还祝贺他。考虑到他在工作中直接接触老式的含铅涂料，医生以为他的血铅含量会比实际高得多。杰夫平时十分小心。但他即使在工作地点换下衣服，把工作裤放在我们楼里的消防通道，回家后浑身还是沾满了尘土和涂料。他正在为三代人之前做出的鲁莽决定付出代价。

但我们不愿让我们的女儿也付出代价。父亲同铅的接触会给他们未出生的孩子带来怎样的影响，几乎不得而知。“较低的铅水平可能会对男性生殖系统或其配偶的妊娠产生哪些影响，一直以来没有经过充分研究。”

无知者，需慎行。但很快就要有宝宝了，我们在经济上能承担得起吗？最后，我们决定杰夫应该歇业。等到宝宝会爬时，我们就搬家。我们知道在这所房屋的墙上有许多层乳胶漆覆盖着含铅涂料——这已得到房东证实。但我们也知道在含铅涂料上粉刷不被认为是解决铅污染的安全办法，而街角邻居发现自家后院的土壤含铅量极高。然而，家用铅探测器却没有在室内墙面、橱柜及暖气后面布满灰尘的角落监测出铅。我们决定目前不用搬家。（后来我们开始质疑这个决定的正确性。血铅含量以每分升血液铅的微克数计算。对于儿童，10微克以下被认为是可以接受的。然而，儿科学研究者已证实血铅水平低于5微克也可导致计算能力、阅读能力及短期记忆力受损。经测，女儿在九个月大时，血铅水平就达到了6微克。）

120 “不要种根茎蔬菜。不要从事我喜欢的工作。为什么每次慎行的总是我们？”杰夫想知道答案。

而这也正是我心中的问题。

周期表上两格开外，在“金”的右边，盘踞着80号元素——汞。化学符号Hg是其古老拉丁名称*hydargyrum*的缩写，意为水银。事实上，汞是唯一在室温下呈液态的金属。除此之外，在温度上升时，它还能均匀地膨胀，而且不会黏在玻璃上。鉴于上述特性，汞被用于温度计已有几百年的历史。

在古代炼金术士看来，铅和汞是截然不同的两种物质。铅，深暗无光，反应缓慢，质量沉重；汞，闪闪发光，反应迅速，形状易变。但这两种性质相反的材料至少具有两点共性：第一，自然存在和人类加工的属性难以分辨；第二，对胎儿大脑极具破坏性。

和铅一样，汞也深藏于地下，多与其他元素密不可分，最常见的是朱砂，西班牙和意大利的储量较为丰富。和铅不同，汞的基本形态以“自然”的方式存在，无须人类开采和冶炼即可慢慢上升到生物环境中。柔软丝滑而永不安定的汞以雾态的形式从岩石和土壤、海水、火山和温泉中冒出。气态的汞可环绕地球长达一年之久，最终随雨雪重新回到地面。这就是汞的周期循环，已经持续了数百万年。地球上汞的总量保持不变——汞作为基础元素具有不可摧毁性，但其确切的栖身地一直在变化。上文提到，汞进入富含沉积物的水体中就会快速被水生细菌转变成甲基汞。然而，接下来发生的过程具有一定的不确定性。显然，一些甲基汞在细菌的作用下重新进入水体中，吸附在浮游生物和藻类细胞上，被滤食性动物吞食。此外，细菌也可将这种重金属螯合进自己的单细胞体内，随后被各种不同的水底觅食性生物吞食。通过上述任何一种途径，汞转变为毒性更强
121 的甲基汞后，被食物链吸收，很快进入鱼类的体内，其毒性随着食物链节节上升，不断聚集。

人类的各种活动大大加快了汞从地质环境迁移到生物环境的速度，而这是整个过程非自然的一面。正如沉积岩心所反映的，大气中汞蒸气浓度与前工业化时期相比增加了三倍多，而且空气中汞含量以每年1%的速度上升。潜鸟等以鱼类为食的鸟类体内的甲基汞水平也在上升，汞的毒性已经开始造成很多种鸟的繁殖能力受损。一部分原因是森林砍伐释放了土壤中的汞，使其进入河流和小溪；还有一部分原因是矿业公司对含汞矿石进行加热，以提取黄金。

但加速汞从土壤到大气转运的最大的恶劣先例的开创者是煤电厂。汞就像瓶子中的小精灵，被锁在地下的煤矿层中，安全地远离生物体，直至煤被人开采、燃烧后，才被释放出来。如今，美国电厂释放的汞每年达10万磅。据我了解，其中超过6200磅的汞来自我在伊利诺伊州的老家——全国煤汞排放排名第五。老家的电厂是伊利诺伊州第三大汞污染源——我小时候每天都看那些烟囱。家乡塔兹韦尔郡每年向空气中排放1146磅的汞。令我惊愕的是，伊利诺伊州竟然没有法律要求电厂控制汞排放。电厂是免责的。我记得自己知道这一点，但身怀六甲的经历把这个问题推入了内心更深处。（2000年12月14日，距我怀孕中期已经过去两年半了。美国环保局宣布将要求煤电厂减少汞排放。环保局计划在2003年前制定减排规定，但新规定要到2004年才有望实施，2007年有望实现守规。）

大量的消费品和工业活动也产生汞蒸气。纯化汞常常被放置在体温计和荧光灯泡等脆弱的物体内部，而这些东西不可避免地会破碎。一些汽车
前照灯含有汞，很多电器开关和温控器也含汞。几乎所有这些产品迟早会 122
被扔进垃圾填埋场、废品场或焚烧炉，其中所包含的无形金属气体会蒸发到大气中。汞在开关和照明方面所具备的电学性能同样在氯气生产中发挥着作用。盐水的电解反应产生氯气。由此产生的氯蒸气与利用电解电池产生的碱（烧碱）分离，而电解池往往含有液态汞。随后，剩余的废渣被倾倒、焚烧或掩埋，其中所含的汞都溜到了环境中。许多老氯碱厂依赖这些汞电池，因此氯碱业是美国最大的汞消费者。不过，合成膜的新技术使汞电解电池失去了用武之地。（日本已经禁止了汞氯碱厂的生产。）

甚至连现代的丧葬业都促使大气中汞含量上升。近期的一项研究分析，一家火葬场每年能排放两三磅的汞。这是牙科用银汞合金材料气化的结果。

关于汞对孕妇的影响，有几点得到了科学证实。这种毒素影响神经发育的机制便是其中之一。甲基汞直接与染色体结合，影响其自我复制的能力，阻止胎儿脑细胞分裂。除此之外，甲基汞还影响脑细胞迁移，尤其是体态、平衡和肌肉协调性的控制中心——小脑区域的细胞。研究人员还发现，胎儿吸收的汞高于成人，这是因为汞被主动输送到胎盘。多项研究一致发现新生儿血液中甲基汞水平高于母亲血液样本。此外，普遍观点认为食用鱼类和其他海鲜是迄今为止最大的汞暴露来源。所有的鱼体内都有一定含量的汞，随着环境中汞水平上升而增加。母亲吃鱼越多，脐带血中的甲基汞水平越高。没有人否认这种联系。

123 引发争议的是多少汞暴露量会给胎儿造成持续且明显的伤害。近期发表的两项详尽研究得出十分不同的结论，使争论愈发激烈。两项研究的对象都是在孕期内食用了一定数量海鲜的准妈妈。一项研究在位于寒冷的北大西洋的冰岛和挪威之间的偏远群岛展开；另一项研究的地点是非洲东部沿海的偏远群岛，位于温暖的印度洋。

第一项调查被称作法罗群岛研究，由丹麦研究人员菲利普·格朗让（Philippe Grandjean）及其同事开展。他们分析了1986年至1987年出生的1022名婴儿，这些婴儿的母亲在孕期食用过鱼肉和鲸鱼肉。法罗群岛的汞主要来自巨头鲸，其体内的汞含量接近或高于旗鱼。为了评估母亲甲基汞摄入量，研究人员抽取了脐带血样本和母亲头发样本。果然，海鲜食用得越多，母亲头发中的甲基汞水平就越高。等孩子长到七岁时，研究人员对其认知和运动能力进行评估。结果十分明显：研究人员发现受调查儿童的记忆力、学习能力及注意力低下的程度和脐带血及母亲头发中汞的含量成正比。因此，出生前汞暴露与智力发育迟缓的关系取决于毒素摄入量：出生前吸收的汞越多，孩子评估表现越差。当然，这些孩子并没有真得病，只是在猜谜语等智力测验中反应较慢，看上去发育落后。

上述问题难以消除。对于七岁的儿童而言，出生前汞暴露量每增加一倍，智力发育就会相应推迟一两个月。调查结果不受母亲年龄和教育水平的影响。另外，孩子头发中的汞含量在预测问题方面的作用大大低于脐带血或母亲头发的作用。这一结果说明出生前暴露对智力的破坏性大于出生后暴露。研究还显示非常低的暴露量——之前被认为无害的水平仍造成了
124 认知问题。正如研究人员自己注意到的，许多问题仍有待解答。智力发育

迟缓会不会持续下去？会不会随着年龄增长加重（如同水俣病）或减轻？这些发育问题有没有可能是汞和其他毒素共同作用的结果？

法罗群岛的研究也揭示了另一个意想不到的结果。除表现出和暴露量相关的智力损伤之外，出生前暴露量较高的儿童倾向于有较高的血压。这一发现说明甲基汞能微妙地破坏发育中负责掌管心脏的植物神经系统。幼儿血压升高可预示将来患上高血压的风险，因此这是一项重要的发现。童年汞暴露的影响再次表现得逊于出生前暴露，因为在该七岁受试组中，血压与头发中汞含量没有联系。

由美国研究人员菲利普·戴维森（Philip Davidson）在塞舌尔拉迪戈群岛开展的第二项研究得出了完全不同的结论。戴维森及其团队采用与格朗让在法罗群岛开展的调查类似——但不相同的方法，查明幼年智力发育和母亲头发中汞含量之间可能存在的关联。结果他们什么都没有发现。“在被研究的人口中，海鱼丰富的饮食对0～66个月（五岁半）的发育结果没有构成威胁的表现。”没有发现汞破坏力的证据让研究人员困惑，尤其是因为极高的汞含量一般都会引发智力受损的表现。二十世纪七十年代，伊拉克母亲在不知情的情况下食用了含汞小麦磨出的面粉，她们的孩子出现发育迟缓和瘫痪；而在塞舌尔拉迪戈群岛上，有些母亲头发中的汞含量与伊拉克母亲相当，但目前来看，孩子们的情况都很正常。神经损伤是不是会在日后出现？或者是由于某种热带食物降低了汞的破坏力？是不是戴维森选错了认知能力评估工具？还是格朗让在法罗群岛采用的调查方法不合适？这些问题尚无定论。

与此同时，格朗让带领研究员团队在摩洛哥沿海马德拉群岛上选取149名一年级小学生开展长期研究。他们的母亲在怀孕时食用过数量不等的深海鱼。这一次，调查人员开展了评测感官能力的神经测验，比认知能力评估更具客观性。母亲的头发依然被用于检测产前汞暴露量。目前，研究人 125
员已经证实母亲头发中汞含量较高，其子女相应出现听觉和视觉的延迟发育异常。这些结果反映掌控视听的脑部区域出现发育迟缓。马德拉群岛研究为法罗群岛研究成果提供了有效支持。后者采用相同的评定方法，得出了相似结果。然而，法罗群岛研究成果和塞舌尔拉迪戈群岛研究成果仍不相符，后者采用的方法略有不同。

那么，孕妇想吃金枪鱼该怎么办呢？造成胎儿脑损伤的最低汞暴露量是多少，尚不为人知。另一方面，多数研究人员一致认为，不论安全的汞暴露量具体是多少，经研究不断证实，非常接近总人口本底水平的汞含量即可造成伤害。自1991年以来，与美国科学院合作的民间非营利组织——医学研究所（IOM）对考虑怀孕的育龄期女性一直建议不要食用旗鱼，因为这种鱼受甲基汞污染的情况十分严重。华盛顿及其他七个州建议所有的育龄期女性——不论是否怀孕——不要食用冷鲜金枪鱼，并且要将金枪鱼罐头的食用量限制在每周6盎司以内（约一小罐）。同样的建议适用于六岁以下的儿童。环境工作小组和美国公共利益研究组织联合制定的一份报告提出了更加严格的要求：孕妇吃金枪鱼罐头每月不得超过一次。

2000年7月，美国科学院发布报告，称国内每年约有六万名新生儿因产前汞暴露而面临神经发育问题的风险。根据报告，在怀孕期间大量食用海鲜的女性所面对的风险，“有可能足以导致在学校学习吃力、甚至可能需
126 要上补习班或接受特殊教育的儿童人数上升。”一年后，疾控中心的一项研究加强了上述结论。通过直接测定美国七百名妇女和三百名儿童血液和头发中的汞含量，研究人员发现十分之一的育龄期女性体内所含的汞达到了引发新生儿患神经疾病的风险水平。这一调查开创性地在美国抽取具有全国代表性的人类血液和头发汞样本，其结果揭示汞暴露不仅仅局限于大批的鱼类食用者，说明对于全国至少六百万名育龄期女性及其孩子而言，几乎无处防范。

我深入了解汞的防控历史后不久，便感觉事态好像是铅历史的重演。产业集团故意淡化汞的危害；监管机构受到牵制；公共卫生项目受挫；科学家遭到忽视；要求立刻采取行动的呼声被要求加强研究的呼声淹没；公众不知所措。同样的情节，不同的演员，在五十年后上演。

联邦政府下设两个机构，共同负责保护公众，使其免受汞的伤害——环保局和FDA。环保局联手各州政府，负责监测国内江河流域中鱼类体内的汞水平。FDA负责对市场上销售的国产和进口鱼类进行监测。这两家机构都没有积极地对待低于之前推测的汞含量依然对胎儿脑神经造成更大损伤这一新发现的科学事实。上市销售的鱼类最高含汞限量是在1979年制定的，距今已有二十年。当时根本没有考虑到孕妇，而且鱼类的食用量也比当下低得多。这些标准甚至比三十年前的还低。1969年，为了应对来自渔业的压力，FDA把市场销售的鱼类汞允许含量增加了一倍。

纵然，这些过时的限制性标准多多少少能起到保护人类胎儿的作用，但FDA的监测项目如今已基本取消，在贯彻规定方面几乎无所作为。例如在1995年，该机构仅检测了十三听金枪鱼罐头；1996年、1997年和1998年没有开展过一次检测工作。除此之外，FDA还停止了鲨鱼和旗鱼的检测——虽然该机构有限数据显示自1992年开始检测起，上市销售的鲨鱼和 127
旗鱼有三分之一都超过了最高汞限量标准。

2001年初，监督杂志《消费者报告》公布了自己开展的鱼类检测结果，发现美国人在超市和专卖店购买的旗鱼，足足有一半的甲基汞含量超过了FDA自己制定的禁售级别。大约在同一时间，国会研究机构——美国审计总署结束了自己对FDA海产品监测和执行措施的调查。审计署向参议院提交的六十页报告的标题《联邦机构对海产品的监管不足以保护消费者》说明了一切。

迫于渔业利益和公用事业公司的双重压力，FDA也一直拒绝支持提高对胎儿保护性更强的鱼类汞限量标准。环保局一方的确表现出支持的态度（其淡水鱼汞限量比FDA的严格数倍），但一直没有出台降低环境中汞排放量的计划。缺少这样的计划，鱼类体内的汞含量将会继续上升；而削弱标准、蒙蔽执法的产业压力会进一步加大。只要没有人寻找问题，那么不出所料，问题就不会被发现，也不会有人征询解决问题的办法。

佛蒙特州的一家名为“汞政策规划机构”的公共监督组织对政府监管不力的情况备感失望，于是在近期自行制订了一份计划。对担心未来宝宝出现智力问题的每一位准妈妈来说，该计划听上去十分合理。首先，禁止焚烧或掩埋含汞废料。这意味着任何含汞产品必须贴出相应标识，并要求生产商在使用寿命结束时将其回收。最终，要逐渐停止此类产品的生产和使用。幸好，大多数的含汞产品（如温度计）都有替代技术（电子温度计）。接下来，计划大胆地要求限制煤电厂的汞排放，并且最终实现完全禁排。这个目标可通过一系列的污染控制和预防策略实现。上述两项改革措施会使汞污染降低85%左右。

由于没有对环境中的汞污染源采取防治措施，政策制定部门只好劝告 128
怀孕和哺乳期的妇女——以及所有考虑怀孕和哺乳的女性——限制食用鱼类和海鲜。例如，2001年1月12日，FDA颁布新的指导意见，建议孕妇和可能怀孕的育龄期女性不要食用鲨鱼、旗鱼、青花鱼和方头鱼。（令很多消费者权益倡导者失望的是，此次声明并没有包括食用金枪鱼的警告。）又一次，慎行的责任落在了我们的头上。1997年，美国四十个州就游钓问题发布了1675条独立警告，至今发挥着效力。其中大多数针对的是儿童和育龄期女性——不论怀孕与否，警告我们少吃或不吃捕自某些溪流、湖泊或沿海的某些鱼类。这实际上就是说育龄期的女性想要参加家庭炸鱼聚餐或享受自己垂钓的成果，首先需要联系州级的环保部门，弄清楚在特定地点捕获的特定鱼类食用多少盎司会超过建议的汞或其他有毒污染物的暴露量。在上述指导建议下，某些品种的鱼及可食品种中体型超大的鱼是女性完全不能食用的。（鱼越大，体内所含的毒素越多。）

警告并非标准化措施。有些州政府在选定可被接受的风险方面更加审慎，采用不同的数据开展风险分析。这就是为什么印第安纳州认为已达到危险水平的汞含量在伊利诺伊州政府看来就没有警告孕妇的必要。有时，相同水体的相同鱼类会得到不同的警告。例如在长岛海湾钓鱼，就会面对来自纽约州和康涅狄格州两套不同的食鱼建议。

显然，一方面要求准妈妈放弃某些食物而另一方面允许各行各业继续污染环境的公共卫生政策是荒诞无稽的。不过，关于汞的吸收，还是有一个好消息：和铅不同，甲基汞在人体组织内仅存续数月的时间，而不是数
129 年。在孕期内以及在怀孕之前的一年内禁食用鱼类对胎儿有保护作用。

可即使我们在计划生育方面有这么强的前瞻性，依靠母亲对营养的取舍来确保胎儿的健康也还是不靠谱。减少鱼肉摄入量和禁烟、禁酒不同。鱼肉是健康食品，饱和脂肪的含量低，而富含蛋白质、维生素E和硒。鱼肉还是欧米伽-3-脂肪酸主要来源之一。这是一种降低血压和胆固醇的食物。鱼类的脂肪还能防止血栓的形成，因而降低患中风的风险。对于很多女性朋友而言，怀孕和哺乳在她们的成人阶段是很重要的一段时间。首先保护宝贝的大脑还是保护自己的心脑血管健康，这种选择不应该由她们决定。而对于有些人群来说，禁食鱼类甚至谈不上是一种选择。在许多北极和美国原住民社区，鱼肉是唯一的蛋白质来源。商业食品即便有售，价格也十分昂贵，种类不足，营养价值不高。研究显示当当地妇女听从食鱼警告时，其健康往往受到不利影响。

此外，按要求在饮食上做出牺牲，影响的不仅是我们的身体，有助于降低胆固醇的营养物在怀孕后期胎儿大脑快速发育阶段也发挥着至关重要

的作用。期间，欧米伽-3-脂肪酸被调动起来，有利于胎儿血管组织增生及神经回路。然后我们就遇到了问题最核心的讽刺：鱼肉富含各种物质和大脑发育必不可少的脂肪酸，能够促进胎儿大脑的健康发育，可我们却让全球的鱼类受到神经毒性的化学品污染，结果使那些含有对脑生长非常重要的脂肪酸的鲜美多汁的鱼片也含有破坏大脑的“毒药”。

1996年秋天，我和杰夫开始了二人世界。当时，我们才认识几个月。四十二岁的他和三十七岁的我相信自己的直觉。杰夫搬进来时，随身携带的一些物品让我感到意外，主要包括一双胶鞋、一个钓具箱以及八根鱼竿，其中有两根用作飞蝇钓，其余的用于投饵钓或拖钓。

这些渔具蕴含着许许多多的故事，其中绝大多数和杰夫的父亲有关。130
其父生前是一位飞蝇钓鱼专家。他的技艺不仅仅在于系飞蝇的方式——巧妙地用羽毛、清漆、鱼钩和鱼线仿造出昆虫模样，而且还在于他能让人造飞蝇在小溪上轻盈地跳动着，摇摆着，引诱鳟鱼来吃最后一顿晚餐。他把好用的诱饵（有些是用孔雀毛做的，而有些则像叮人的小黑虫那样不显眼）放在他那顶钓鱼帽檐上，如今，代表父亲形象的钓鱼帽早已不在。一起消失的还有那个用苔藓包裹的鱼篓，父亲用它来装捕到的鱼、然后在屋后门廊清洗里面的战利品，准备晚餐。不过，他的钓具箱还依然盛着鸭毛，这显然是被他用来做飞蝇的材料。这个本来会成为我公公的男人曾驾驶过飞机，当过海军陆战队士兵，从事过广告经理，主修过音乐，最后因一场滑雪事故导致身体多处受伤，离开了人世。当时，杰夫刚刚升入大学。

二十世纪六十年代早期，杰夫、他的兄弟和父亲三人的垂钓足迹遍及新英格兰各地的河流、池塘和小溪，尤其是他们在康涅狄格州诺沃克的家附近的钓鱼地点。有时，他们凌晨四点起床，到了上午饿得不行，就把刚钓上来的鱼清洗干净，当早餐吃。父亲教两个儿子如何将鲜树枝刺过鱼鳃，把鱼架在篝火上烘烤。这样的野餐——以及在黑暗时刻即将到来之前悄然期盼吃到鲜鱼的情景是杰夫最喜欢的儿时记忆。

我也有属于自己的垂钓故事，多数发生在威斯康星州各地湖泊的码头上。我父亲的钓具箱装满了浮子、渔坠、诱饵和旋式饵——色彩鲜艳的仿鱼蛙假饵，一摇一摆地划过水面。最让我胆寒的要数小鸭鱼饵：水上是无辜的黄色，而水下则是一圈要命的鱼钩。父亲还有一个美人鱼鱼饵。她全身赤裸，胸前顶着光凸凸的奶子，银色的鳞片下藏着带倒刺的勾。

我和妹妹主要瞄准太阳鱼，而爸爸则把杆投向远处更大的目标。一次，有条又大又重、长满利齿的白斑狗鱼咬住了我的钩。我惊恐地看着红白相间的浮子消失在一片幽深的绿色里。那条大鱼拽着线钻入湖水深处。
131 卷轴的旋转声越来越尖锐刺耳。拉力太大了。我要么松开鱼竿，要么跟着它一起掉进湖中央。

“爸爸！爸爸！”

他闻声赶来，跪在我身后，双臂绕开我身上那件橘红色的救生衣，双手抓住我的手背，收一收线，溜一溜鱼，接着又收线。

如今，食鱼警告覆盖了康涅狄格州各地的河流湖泊。它们无一幸免地被汞严重污染。往年我们和父亲在威斯康星州垂钓的湖泊，大多数也遭到汞的严重污染。我在想我们该怎样向女儿解释这一切。她将来还有没有机会穿上她父亲的胶鞋？用羽毛做飞蝇？学用她爷爷的鱼竿，让它在空中飞舞？在康涅狄格州捕鱼做早餐？

我还有其他几个疑问。在被汞污染的世界里，如何传承杰夫从父辈那里学来的清洗宰杀鲈鱼的知识？如何传承关于小狗鱼喜欢藏在什么样的水里的知识？如何传承把鳟鱼架在篝火上烤的知识？明尼苏达州的一个夏天，野外调查进行到一半时，我把钱花光了。消息传出去不久，匿名的捐献者就开始把新鲜捕获的大眼蓝鲈放在我的帐篷外。我用锡纸把它们包起来，在露营炉上烤熟。我的女儿将来还会不会享受到这样的馈赠？由美国和加拿大两国组建、负责管理边境水系的国际联合委员会（IJC）近期警告儿童和育龄期女性不要食用从五大湖钓来的鱼类，明确表示湖里的污染物对他们的健康构成威胁。该机构还建议加拿大和美国政府立刻向女性发布警告，直接说明“食用五大湖游钓的鱼可导致出生异常，并且使儿童和育龄期女性出现其他严重的健康问题。”

当政府警告妇女和儿童远离鱼类时，我们失去的不仅仅是欧米茄-3-脂肪酸。所有相关的知识传承都将消失殆尽。我想象着给女儿讲我小时候最喜欢的一本童话书——《小兔逃家记》。这本书最初在1942年出版，讲述一位聪明的兔妈妈总是领先一步，阻止她的小宝贝离家出走的故事。

“你要是追我”，在一个场景中，小兔子这样威逼道：“我就变成鳟鱼小溪里的一条鱼，游着离开你。”

“你要是变成鳟鱼小溪里的一条鱼，”明智的母亲回答，“我就会变 132
成一个渔夫，把你钓上来。”

在这页的插图上，鱼妈妈穿着胶鞋，把一条挂着胡萝卜诱饵的渔线投向她变成鳟鱼的宝贝。这是一条联系母子亲情的丝线。

如果我们的女儿问：“什么是鳟鱼小溪？”我该如何回答呢？我会不会解释说现在淡水鳟鱼是美国受污染最严重的鱼类之一，含毒太多，她不能吃？我会不会告诉她我们的政府宁愿警告她不要吃鳟鱼，而不想首先防止鳟鱼受到污染？

我还想象着一些公共事件的发生。譬如，我想象成千上万名孕妇在政府门前游行，要求政府实施保护胎儿脑部发育的政策，让我们毫无顾忌、自由自在地选择食物链上的美食，保护我们的文化，保留我们的家庭历史，保存我们想吃的东西。我想象我们唱着从弘扬公民权利的老歌改编而来的一句新歌词：“我们不应回避！”[①]

① 原歌名为《我们必将胜利》，最初是一首圣歌，1900年由美国卫理公会牧师查理·阿尔伯特·亭德力（Charles Albert Tindley）创作而成，后在20世纪50年代成为美国黑人民权运动的一首主要代表歌曲，详情见https: //en. wikipedia. org/wiki/We_Shall_Overcome——译者注

干草月

（七月）

我们来到了遥远的北极。晚上十一点三十分，吊在客房窗户外的那一篮蝴蝶花依然紫艳动人。凌晨三点，我起床小便，仍能看见它们光彩熠熠。傍晚直接过渡到清晨。我拉好窗帘，把光挡在外面。就在这时，我意识到自己从未经历过没有黑夜的日子。不论受不受欢迎，夜晚或早或迟总要来临，就像是一句话后面跟着的句号。但阿拉斯加的夏日却无休无止，没有黑夜来打断。太阳在地平线上徘徊，不愿沉落。垒球比赛和路建工程不分昼夜地进行着。我睡得很差，感觉就像是在就寝前打盹，可总也等不到就寝的时间一样。

阿拉斯加的蝴蝶花令人称奇之处在于它们硕大的体型。它们甚至能用来当盘子。这和它们在半夜时分依然娇艳开放不无关系。夏天极昼的情况促进植物生长，让最不起眼的植物——如卷心菜和花园里的小花——长得硕大无比。

当然，我只需一面镜子，就能提醒自己曾经熟悉的体型能被放大到多
么不可思议的程度。怀孕后期刚刚开始，我的体重就超过了老公。在我们
飞往安克雷奇一周前称体重时，我看着护士在调整下标杆上的那个大秤
砣。这只能意味着我的体重已经超过了150磅。我以前从来都没有注意到医
用磅秤的下标杆，它一直不适合我的体重。但这次我不由自主地盯着那个 134
又重又大的黑秤砣，看着它“咣当”一声被放入卡槽，而秤杆还是没有翘
起来。最后我只能眼睁睁地看着那枚小方秤砣从远远的支轴滑到大秤砣的
上面。

大约在同一时间，我注意到自己的腰围比母婴商店橱窗或知名怀孕杂志里的模特腰围还大。不知怎的，这也让我心头一惊。我已经在潜意识里认为分娩前就是媒体宣传的那个样子。现在看到自己超过了标准，我才意识到自己被忽悠了，错把妊娠中期的体型当成了最后的样子。一旦明白这一点，我便能坦然地面对自己的新三围了。我的身体不再被广告所代表，而是在一片更广阔的天地自由发展。

第二天清晨——或者说在我们拉上窗帘、在床上躺了几个小时之后，我又了解到怀孕后期体型的另一个特点。它能改变人们对任何事的看法，包括该不该毁了你。

我们驾驶着一辆租来的车，正在准备左转，进入安克雷奇南边的一条公路。一辆超大的SUV减速，司机示意让我们先走。就在此时，杰夫没有看到还有一辆深灰色的考维特疾驰而来，加速超过SUV。相向而行的司机们巧妙躲闪，竟没有撞车。这看起来真像是奇迹。那辆考维特不见了踪影。杰夫一边继续转弯，一边向给我们让路的司机招手。刚才差一点发生事故。我们既感激又感到后怕，静静地开了一会儿车，然后我们看到那辆考维特追了上来。忽地，它的前保险杠离我们的车只剩几英尺远。杰夫把车停在了路肩。考维特也转过来，还没停稳，车门就被推开了。我们听见有人在喊：“这是持证运载秘密枪械的车！”

出于某种原因，他的此番话让我打开车门，走了下来。我这么做完全靠直觉。我学着圣弗朗西斯的样子摊开双手，开始讲话。

“非常感谢你没有撞到我们。十分抱歉。我们刚到阿拉斯加，十分抱歉。非常感谢。十分抱歉。”

我一字一顿地说出这些话，仿佛在梦中。我只注意到朝我们冲过来的人一头乱发，脖子上暴露着青筋，脚下穿着一双军用靴，脸上有数量惊人的穿环。我没有想到要去找件什么武器防卫。他骂骂咧咧地冲上来。

135 “真的对不起。非常感谢你没有撞到我们。这不，我们把车停在了你的车前面。真的非常抱歉。”

他停住脚步，目不转睛地盯着我看。我继续试着用缓和、舒心的语气说着。渐渐地，我发现他一点都没有听我说话，而是怔怔地看着我那从肋骨突出到耻骨的大肚子。

我不再讲话。我依然听到的叫喊声是从考维特敞开的车门传出的死亡摇滚圣歌和声部分。而该车的司机继续打量着我的肚子。他的双眉各穿了一排金属环。

他慢慢摇了摇头，然后开始喊叫起来。

他转身走回到考维特。车门“砰”的一声关上。车一溜烟开走了。我也回到了我们那辆车里。

我很高兴杰夫选择按兵不动。我们静静地坐了一会。

终于，杰夫开口说：“你太棒了。”

“可笑的是，我什么也没做。”

“但你说的那些话太棒了。”

“他没有听见。他只需看着我就够了。”

杰夫把头抵在方向盘上。

“我应该保护你和孩子。”

“不会有用的。这次是她保护了我们。”

阿拉斯加是我受公民环境污染调查组织邀请开展巡讲的最后一站。在安克雷奇郊外举办的一次研讨会上，阿拉斯加社区有毒物质防控行动组织成员帕梅拉·米勒（Pamela K. Miller）向与会人员发放阿拉斯加毒物热点彩图。他们花了数年时间才把联邦政府和州政府依法公布的数据与曾经被军方认为保密的信息结合在一起。有毒垃圾场遍及阿拉斯加，包括九个化学武器倾卸场、十五个放射性废料场、六个超级基金垃圾处理场以及阿拉斯加环保局报告的1668个遭化学污染的区域。连接北美和亚洲一串美丽的群岛——阿留申群岛上的有毒垃圾场分布尤为密集。帕梅拉静静地引导我们穿越图上的叉叉点点和红色三角形，那些是说明垃圾场确切地点和来历的标志。当提到被公众否认、却又造成个人痛苦的问题时，她的语气变得 136
温柔平和，如同我听到过的神职人员。

帕梅拉及其同事尤为关心在这些垃圾场上反复出现的一类合成化学物，它们被称作持久性有机污染物（POP），正在受到大量关注。仅仅在几周之前，全球各国代表按联合国的要求开始就一项国际公约展开谈判，以应对十二种最危险的持久性有机污染物，并最终希望彻底地将它们从地球上消除。不论结局如何，会谈的存在代表各界承认这些化学物所构成的危害无法通过普通的环保措施遏制——过滤、刷洗、掩埋、焚烧、稀释、清淤、储藏、输出或气化，统统无效。持久性有机污染物无法被有效治理，是因为它们本来就属于不可被治理的物质。

持久性有机污染物的英文缩略词听上去轻盈悦耳——谁会害怕一种叫作“泡泡”的物质呢？然而，这一名称揭示了此类物质显然不会改邪归正的一些原因所在。中间字母“O”代表“有机”，意味着此类物质全部具有碳骨架，也就是说它们易溶于脂肪。自然界唯有生物体内积存脂肪。因此，少量的持久性有机污染物进入环境中后，就会被动植物吸收进自身富含脂肪的体内，迅速定居下来。这种现象也意味着食物链是我们接触持久性有机污染物的主要途径，即通过进食——别无选择的途径。某些持久性有机污染物的氯原子附在碳骨架上，更是加强了它的脂溶能力，使其更容易进入我们的身体。因此，联合国公约谈判者列出的十二种持久性有机污染物全部为含氯化学物并非偶然。

第一个字母P代表“持久”，意思是说持久性有机污染物的寿命很长。极少数生物体含有分解持久性有机污染物分子所需的酶，因此持久性有机污染物具有抗生物降解性。这种特性带来几种后果：一是持久性有机污染物吸收速度比排泄速度快。年龄越大，体内积累的持久性有机污染物越多。（排泄需要依靠酶催化分解成水溶成分。）另外，因为持久性有机污染物的生命周期往往超过一代人生育的时间——二三十年之久，所以它们 137
在孕期和哺乳期通过母体进入婴儿体内。母亲的年龄越大，孩子吸收的持久性有机污染物越多。“P”加上“O”——持久性和脂溶性——意味着持久性有机污染物对食物链具有生物富集作用。如上文所述，随着食物链节节上升，水体中毒素的聚合力从浮游生物到人体可增加百万倍。风险最大的是大型食肉动物和人类胎儿。他们都处于食物链的末端。

最后的字母“P”代表“污染物”，指持久性有机污染物具有毒性，即使在浓度较低的情况下，也会干扰许多正常的生物进程，可增加癌变率，抑制免疫系统，影响脑功能、生育能力和胎儿发育。近期动物实验发现，持久性有机污染物处于或接近大众的暴露水平，即可产生有害影响。对胚胎的影响尤为显著。由此引发的紧迫感推动了上述国际谈判——以及我们在阿拉斯加当地的研讨会。

地球上每一个人的体内脂肪都含有持久性有机污染物。这样的事实只能用另一个现象解释，即大多数持久性有机污染物都具有半挥发性的特点。从科学角度讲，这意味着它们的沸点超过了150摄氏度。（比100度沸水高50度。）从实际角度看，这意味着在温暖的气候下，持久性有机污染物蒸发速度缓慢；而气温降低时，持久性有机污染物迅速凝结。换句话说，持久性有机污染物踏上了环球之旅。它们变成看不见的气体，随风飘散。在热带和温带地区升入空中，然后在气温较低的地区落到地面。半挥发性与抗大气分解的能力相结合，就意味着北部地区成为持久性有机污染物主要集散地。北极是它们最终的落脚点。半挥发性隐秘的特点使持久性有机污染物成为值得联合国商榷的人权问题。没有哪一个国家的政府能独自保护其国民免受持久性有机污染物的伤害。持久性有机污染物这类毒物会从它们的产地飞入他国。然而，对于和平相处的国家，各个国家都有义务保护他国公民免受伤害。

持久性有机污染物究竟是哪些物质？最著名的有三种：农药滴滴涕、被称作“多氯联苯”的工业用油以及源自垃圾焚化和某些以氯为原料的生
138 产工艺，难寻踪迹且不受欢迎的产物——二噁英。国际谈判委员会指定的另外九种持久性有机污染物分别是艾氏剂、狄氏剂、异狄氏剂、氯丹、七氯、灭蚁灵、毒杀芬、六氯苯和呋喃。幸好，这些产品中有许多都已经或可以被其他物质有效替代。例如，人们发现菜籽油是特别棒的液压用油，意味着多氯联苯可以退出液压作业了。氯丹、七氯、艾氏剂和灭蚁灵——全部是农药——主要用于防止白蚁侵袭木制基础，但不锈钢也能达到防蚁的目的。公约涉及的多数化学品已经在工业化国家渐渐停止了使用，问题是贫穷落后的国家缺少采取类似措施所需的资源。已经被富国和穷国排入环境的持久性有机污染物分解缓慢，很容易散布开来。

从亚洲、俄罗斯、墨西哥以及除阿拉斯加和夏威夷之外的美国四十八个州不请自来的气悬持久性有机污染物是今天研讨会上众人熟知的问题。然而，帕梅拉的地图也标注有本地污染源。其中许多污染源是在阿拉斯加本土社区和狩猎捕鱼地点附近废弃很久的军用设施。其中一些军用基地如今被用作游客的狩猎捕鱼营地。阿拉斯加北部布鲁克斯山脉北边就有这样一处旧空军基地，那里的垃圾掩埋场仍然充斥着多氯联苯，下游鱼类的体内也含有高含量的滴滴涕。

北极圈的另一个持久性有机污染物污染源是冷战时期建立的远程预警雷达线。这条线建在六十六度纬线上，曾经由六十三个雷达站构成，东起阿拉斯加，西至格陵兰岛。军队人员驻扎在这片被冰雪覆盖的地方，负责监视北方苏联军队的袭击。美军关停相关设施后，持久性有机污染物便从破漏的大桶和废弃的设备潜入周边的生态系统。

阿拉斯加内陆还有一个持久性有机污染物污染源。它太明显了，直到最近才被人发觉——迁徙的鲑鱼。在开阔的海洋中，鲑鱼积攒脂肪——同时在积累持久性有机污染物，以备穿越淡水溪流，溯流洄游到产卵的湖泊。旅途开始后，脂肪被燃烧，转化为能量，但坚不可摧的持久性有机污染物 139
却留在了鱼的体内。一旦交尾完成，鲑鱼便死去。随后尸体腐化，其他鱼类前来啄食，继而承接了其体内积存的持久性有机污染物。通过这种生物转运过程，鲑鱼可将持久性有机污染物从废弃的军事基地或其他垃圾场带到数百英里之外的原始地区。

一项针对阿拉斯加库珀河迁徙红鲑的研究证实了上述判断。研究人员分析了一种不属于迁徙鱼类但喜欢捕食鲑鱼卵的食肉湖鱼——茴鱼以及其他捕食死鲑的鱼类体内持久性有机污染物含量。生活在鲑鱼产卵湖泊中的茴鱼，体内多氯联苯和滴滴涕的含量是附近无鲑湖中茴鱼的两倍多。在这项研究中，生物转运对持久性有机污染物水平的影响远远大于异地空气悬浮输入——即使鲑鱼自身所含的污染物远远低于触发渔业警告的水平。

阿拉斯加人有充分理由担心持久性有机污染物污染问题：斯堪的纳维亚等其他北部地区的野生动物开始表现出的问题与我们所知持久性有机污染物造成的健康影响相一致。其中一个问题是扰乱性激素，可导致生殖器官出现畸形，引发不正常的求偶行为，使雌性无法保持受孕状态。另一个问题是干扰免疫力，使动物因失去抵抗寄生虫或传染病的能力而死亡。这两个问题被认为是导致其他北部栖息地海洋哺乳动物种群减少的因素。例如，英格兰和威尔士的研究人员发现海豚体内的多氯联苯与传染病致死率有关。死于传染性疾病的海豚体内多氯联苯的含量远远高于缠在捕鱼网中溺水而死的海豚。波罗的海受严重污染的海豹频繁出现子宫畸形。瑞典北极地区的研究人员发布报告，称雌雄同体的北极熊数量增多。具体来讲，就是母熊身上长着功能正常的阴茎。捕食海豹的北极熊，被认为是地球上受持久性有机污染物污染最严重的物种。

上述问题是否也影响阿拉斯加的野生动物，尚不完全清楚，但重要的线索正在显现。途径基奈半岛海域的虎鲸种群数量在减少。研究人员用活
140 检飞镖对鲸脂进行抽样检查，之后发现其中滴滴涕和多氯联苯的含量堪比在受严重污染的圣劳伦斯河生活的白鲸——该白鲸种群已有数十年没有繁育后代。阿拉斯加虎鲸体内的持久性有机污染物源自哪一个地区，尚不为人所知。其中有些持久性有机污染物可能来自亚洲，有些可能是因为当地军事场所中的污染物泄漏到沿海水域所致。

体内携带高浓度持久性有机污染物的不仅仅是虎鲸这一个物种。阿留申群岛上的海獭体内也积存了大量的多氯联苯，它们的数量正在锐减。研究人员怀疑问题至少有一部分是当地污染源造成的。阿留申的两座岛屿是北美受多氯联苯污染最严重的地区之一，属于历史遗留问题——半个多世纪之前被用作攻打日本的军事基地。阿留申三座岛上的蓝贝同样受到污染，而它们是海獭的主要食物。

每一位阿拉斯加人都想知道受污染的北极熊、海獭、海豹和鲸鱼对于他们意味着什么，但最为担忧的还是以鱼类和野生动物为食的原住民。传统的北极饮食严重依赖海豹肉和鲸鱼肉。它们极富营养，能提供健康所需的各种维生素和矿物质。然而，具有讽刺意义的是，这种饮食让当地人成为全球受化学污染最为严重的人群之一。有三个相互关联的因素：一是持久性有机污染物缓慢且不可阻挡地向寒冷地区转移，它们无法再次从这里蒸发飘散；二是北极动物体内含有大量脂肪，而脂肪将凝结、沉降的持久性有机污染物从每年融化的积雪中提取出来，进入食物链；三是海洋生态系统的食物链很长。众多的环节使生物富集力不受限制地增强。（陆地上的食物链有三个环节，最多不过四个，而水系则可支持六个以上环节的食物链。）

研讨会开了一整天，散会时仍艳阳高照，而我却累得精疲力竭了。我向帕梅拉询问了几个污染标志图的情况，然后就收拾东西，准备离开。我正朝外走，有个女人凑了上来。刚才她专心注视了我一阵。现在我装作没看见已经来不及了，我只好对自己暗暗发誓只和她简短地聊聊。她指着我 141
带的一升重的水壶，里面还剩一半的水。

“你喝水太少，”她郑重地说。

还没等我开口回答，她就介绍说自己是助产士，在附近的一家乡村小诊所工作。她名叫尤兰达·梅塞（Yolanda Meza）。她接诊的产妇有许多是原住民。关心她们的健康是她参加有毒化学物污染讲座的原因。

“你感觉怎样？”尤兰达问，语气就像我刚刚走进她的诊室一样。

我想都没想，便开始向她倾诉自己近期的担忧——胎动次数变少了。她没有安慰我说很有可能没事，而是认真听我讲宝宝踢自己的时间和方式，然后邀请我去她附近的诊室——虽然已经很晚了，而且还是周末。

就这样，我和杰夫跟着一辆破旧的车一路行驶。道路越来越窄，而两旁的树木越来越大。我很快意识到，阿拉斯加人对“附近”的概念和我们的理解颇为不同。最后，我在心里安慰自己，想我们至少不用摸黑回去。终于，我们的车驶入一条砂石岔道，前方有一栋毫无特色的低矮建筑。尤兰达用钥匙打开门，我们三人走了进去。

这里不是波士顿贝斯以色列医院。没有闪闪发亮的东西。打开储物柜的门，不会发出“啪嗒”的清脆响声。桌上没有电脑显示器。就连电话也是旧的。我和杰夫被招呼进来的屋子洒满阳光，看起来像某人的卧室。角落里没有摆放大型设备。慢慢地，我开始意识到去除现代医疗技术标志的孕检，感觉竟是如此不同。每当坐在一头固定有脚蹬的诊疗台上，不论检查项目是什么，我的内心就被焦虑的负面情绪所占据了。面对塑料管和隔帘，我丧失了自己的身份，变成另一个人——成为一位听话接受检查，但之后会提不出明智问题的病人。但在这间屋子里，我还是我自己。

“咱们看看胎位，”尤兰达建议。她刚测量完我的耻骨到子宫上缘的距离——并且宣布这个距离恰好与怀孕的时间吻合。

每个胎儿都有独特的“胎位”，即怀孕后期胎儿在子宫里的体位。胎 142
位通过利奥波德氏手法确定，主要采用既定连续的方式触摸子宫进行检查。每次去看我那位产科医生，她首先例行一遍利氏手法，同时和我聊天，有时我怀疑她只是走走过程而已。然而，尤兰达用了更长的时间，而且默默不语。我意识到她的手真的是在感知我的身体——还有我体内的小小身体。看她工作，让我想起了揉搓面团的烘焙师。

第一个手法确定胎儿身体的哪一部位处于下端的宫底，主要触摸子宫顶部。这里的感觉就像一块硬邦邦的肌肉。这通常有两种可能：头部或屁股。头部摸起来感觉硬硬的，圆圆的，而屁股摸上去感觉更软，对称性也较差。我的情况是屁股。这很好。

第二个手法着重子宫左右两侧，以确定宝宝的脊背在哪一边。尤兰达的手指在我的腹部上上下下摸索着，一会按按这里，一会压压那里。宝宝的后背摸起来就像延绵不断的山脊。另一侧包含身体的小组件——手、脚、臂肘、膝盖，所以应该有凸凹不平的感觉。今天宝宝的脊背在右侧。这在情理之中，因为我偶尔感到她踢我和捅我的时候大多都是在左侧肋骨的下方。

第三个手法确定宝宝身体的哪一部位在耻骨联合处，即耻骨厚厚的横韧带上方的空间。尤兰达用手触摸这一区域。同样有两种结果——要么是头，要么是脚。不过，临近分娩时，宝宝开始下降到盆腔更深处，检查结果有时就变成了颈部或肩部。尤兰达的手指向上推的那一刻，我感觉宝宝的整个身体在我体内移动。

“嗯，她的确是头朝下”，她明确宣布。“来，我让你感觉一下。”

她把我的手指放在腹部下方长满体毛的硬硬的突出部位上，让我分别在两侧来回按压，就像在两只手之间传球似的。我果真感觉到了。那是宝宝的脑袋。正对着我的耻骨上方，是宝宝的脑袋！

还没等我从惊愕中回过神来，她就把一个超声波探头放在了我的腹部
143 右下区。顷刻，心脏跳动的声音充满了整个房间。我们三个人听了几分钟。尤兰达说，她很高兴听到宝宝的心率不时有加快的现象。如果我仍旧担心，或者如果胎动在未来几天继续减少，我应该在下一站霍默的诊所检查。她建议我做胎心无应激实验。她继续喝了很多水。然后我们几次付钱，她都笑着拒绝了，挥手把我俩送出门。

十二种持久性有机污染物的命运正在接受世界各国的认真抉择。其中有一类叫作多氯联苯（PCB）的物质，胚胎学家最为关注。这是因为此类

物质不仅仅破坏胎儿的免疫系统，而且还像铅和汞一样伤害胎儿脑部。

多氯联苯是化学界的骡马。它们无色黏稠，具有抗导电性和阻燃性，面对酸碱的变化也不会改变自身性能。二十世纪二十年代问世之后，它们迅速地在灭火和液体绝缘领域为自己找到了用武之地。多氯联苯就被灌入荧光灯的镇流器及其他具有防爆燃功能的设备中。它们的用途扩展到液压油和显微镜浸镜油（加强极微小标本的明亮度和清晰度；从儿时起我一直在大量接触）。多氯联苯还作为添加剂参与墨水、涂料和无碳复写纸的生产。

进入人体后，多氯联苯依然不易被代谢转化，将在脂肪中存留二十五至七十五年之久。这一点和甲基汞截然不同，后者最多存留几年。和所有持久性有机污染物一样，我们接触到超过90%的多氯联苯来自饮食，而淡水鱼是最大的污染源，奶制品和肉类也占一定的比例。在所有的哺乳动物中，人类排泄和清除多氯联苯的速度最慢，而且至今尚无有效办法加快这一速度。人们已经试过包括禁食和桑拿在内的各种办法，没有一种能减少体内积存量。如今认为工业化国家的所有居民在自身组织里都携带一定程度的多氯联苯。

倘若人体内的多氯联苯和变电器、电容元件里的多氯联苯一样具有惰性，我们还不会这么担忧。可是从生物学角度看，它们的反应性很强。 144
1968年日本发生多氯联苯污染食用油事件暴露了端倪。在孕期食用问题食用油的母亲，其子女表现出行为问题，智商也低于正常水平。十年之后，中国台湾发生了十分相似的事件，导致了几近同样的问题。产前多氯联苯暴露的儿童表现出严重的发育迟缓和心智障碍。此外，母亲暴露于多氯联苯几年后出生的孩子也出现了同样的问题。继上述发现之后，美国在1976年停止了多氯联苯生产。如今，市场上再也买不到用多氯联苯生产的消费品。可老旧的电气设备，尤其是工业用设备，仍含有这种油料。垃圾填埋场和老军事基地上废弃的设备自然也是如此。尚在使用和已废弃在垃圾处理场的多氯联苯的数据超过了已进入环境中的多氯联苯的总量。由于缺乏召回和遏制计划，半挥发性的多氯联苯会在未来几十年里继续渗入食物链。

日本和中国台湾的儿童接触到大量的多氯联苯。目睹这两起悲剧，胎儿毒理学家开始思考多氯联苯在本底水平，即未直接受到工业事故伤害的普通民众中检测到的水平下会产生怎样的影响。自二十世纪七十年代后期以来，相关领域开展了一系列研究，探索这一问题。多次调查的结果总体上实现了相互印证。

其中一项研究在北卡罗来纳州开展。九百名孕妇参与调查。等她们分娩后，研究人员采集婴儿脐带血样本。然后在不同的发育阶段，对孩子们进行一系列的精神运动测验。结果显示在出生之前多氯联苯暴露和以粗大运动功能、记忆力和视觉分辨能力为主的欠佳表现之间明显存在关联。脐带血中多氯联苯的含量越高，孩子的测验分值越差。学步期过后，这些障碍便消失了。研究获得一项重要发现：母亲食用受污染鱼类对孩子早期发育表现欠佳的结果具有很强的预测性。

另一项研究来自密歇根西部地区。研究人员召集了两百名母亲。她们
145 在怀孕之前和怀孕期间都食用过从密歇根湖捕捞上来的鱼。研究项目将她们的孩子与没有食用过湖鱼的母亲所生子女进行对比。在校正社会经济因素、母亲年龄、饮酒、吸烟、母乳及其他孩子数后，调查人员发现孩子体内多氯联苯的含量随母亲食鱼量的增加而上升。此外，在胎儿阶段污染物接触量最高的孩子所表现出的发育迟缓和认知障碍，在学步期过后长期持续存在（和北卡罗来纳州研究结果相反）。甚至到了十一岁时，在产前多氯联苯暴露最多的孩子，其智商低于平均水平的可能性增加了三倍，而阅读理解力推迟两年的可能性增加了两倍。显然，正如研究得出的结论，“产前暴露于含量略高于本底水平的多氯联苯可对智力产生长期的影响。”

密歇根湖以东相隔两湖，坐落着安大略湖，南岸是纽约州奥斯威戈市。这里是最近一项多氯联苯研究的目标地。该研究至今仍在进行。采用与密歇根研究相仿的设计，研究人员正在取得类似的结果。母亲食用从安大略湖捕捞上来的鱼类，其体内多氯联苯的含量较高，并且与孩子较差的神经功能相关。更具体地讲，多氯联苯暴露最多的新生儿，其自主神经调节能力较差，反应力减弱，非正常的反射运动增多。研究仍在跟踪这一组儿童，以确定上述缺陷是会持续下去（如密歇根）还是会最终自行消除（如北卡罗来纳）。

与此同时，荷兰完成了几项精心设计、针对该国母婴开展的长期的研究。我对这些研究尤为感兴趣，因为我知道其中一位主要调查人员不仅仅是首屈一指的研究者，而且还初为人母。等读到她通过研究得出的结论后，我想不通持久性有机污染物问题为何没有被世上每一家妇产诊所关注：

“在十八个月大的幼儿中间，我们发现出生前多氯联苯暴露对神经发

育产生不利影响……经查，出生前多氯联苯暴露对总体认知发育和玩耍行为有不利影响……在四十二个月大时，体内多氯联苯积存量影响了学龄前 146
儿童的注意过程……因此，早期多氯联苯暴露对儿童发育的多数层面都有长期不利影响。”

基奈半岛像一只伸长的连指手套，垂在广袤而斑驳的阿拉斯加大陆下方。西侧是库克湾，以著名的詹姆斯·库克（James Cook）船长命名。1776年，为了寻找神秘的西北航道，库克船长航行穿越该海湾。可这里不是西北航道。其实，这是库克最后一次远航，很快他就在夏威夷的一处海滩上遇刺身亡了。半岛的东侧坐落着威廉王子湾。这里发生过一起更为不幸的航运事件。1989年，埃克森·瓦尔迪兹号超大型油轮在威廉王子湾泄漏了3800万升原油。至今在基奈半岛仍能感受到此次事故对其生态造成的影响。

此刻，我们行驶在库克湾一侧，前往霍默镇。希望我们的一日游比上述航行经历走运。我们首先注意到公路没有出口。这是当地唯一的道路。再者，我们注意到这条公路看上去很狭窄——不是因为车道极窄或是车道数量极少，而是因为道路两旁的地势朝中间压过来。在我们的左手边，野大白羊站立在嶙峋的崖壁上。另一侧，驼鹿在浓密的柳树和白桦林间穿梭，枝叶上方依稀可见它们的犄角。我们穿越而过的河流和小溪挤满了钓鱼人和欢腾的鲑鱼。篱笆上挂着浮标。柳兰花开满了每一寸空地。

这真是一方别样的天地！我的脑海中冒出这样的念头。此时，我正浏览着索尔多特纳的一家路边餐馆的菜单。这里是一个沿海小镇，曾经作为俄国皮草贸易关口。菜单上可选的项目主要归结为两大类，要么是新鲜美味的鲑鱼，要么是用罐装番茄酱拌的黏糊糊的意面。最后到达霍默，停下来购买必需品时，我们遭遇相似的选择。百货店里的进口农产品价格昂贵，也不新鲜。相比之下，停泊在海岬的包船正在卸下和车库门一样大的大比目鱼。我意识到自己面对本地和远方食材之间的强烈反差有多么的不习惯。

在我居住过的很多地方，本地产的食物受严重污染，不能食用——伊利诺伊河里的鲶鱼、波士顿湾的小比目鱼等，可总有数不清的其他选择。在萨默维尔不能自种胡萝卜，是那么容易让人释怀，因为当地各家超市出
售大量从外地运来的蔬菜，价格便宜，品相又好。伊利诺伊州的河水不宜 147

垂钓和饮用，可坐在岸边，大嚼着麦当劳麦香鱼，啜饮着瓶装水，倒也轻松自在。但在阿拉斯加的边远地区，“外地”是如此遥远，与当地人的生活无关。这里的食物还要供养我和我的宝宝一周的时间。这里的食物将变成宝宝身体的一部分。这里的食物无法被替换。

这真是一方别样的天地。

在霍默市，我们成为生物学家埃德·贝利（Ed Bailey）和数学家妮娜·佛斯特（Nina Faust）的客人。多年来，他们一直在阿留申群岛研究鸟类。他们的房子高高地座落在一处岬角上，俯瞰卡契马克湾这个海湾中的海湾。后屋窗户构成了一幅方方正正的海洋山林美景。妮娜指给我们看那夹在两座最高山峰间的冰川。诚然，冰川是伊利诺伊州形成开阔地形的直接原因，我在读小学时就学习过这相关知识。只要年降雪量超过年融雪量，冰川便开始形成。当雪堆积起来，变成冰时，内部压力开始推着冰雪朝山下的方向移动。我总是把冰川想象成冰雪推土机，一边行进，一边铲平前方的土地。但这座冰川看上去却更像是一条深深的、缓缓的河。

讲座前夜，我睡不着，于是便来到那扇观景窗前。在不知是暮光还是黎明的映衬下，冰川变成了一个半透明的碗，泛着淡淡的紫色。看到它，让我的内心充满平静。我索性裹了一条被子，坐在沙发背上，欣赏了一会。在我的体内，宝宝一直很安静。我记起尤兰达建议我记录胎动的次数。她说每隔二十分钟，宝宝至少应该动两次。我没有戴表，可我认为自己也许能估摸得八九不离十。二十分钟相当于半节课讲座。

对于大多数孕妇来说，二十九周至三十八周是胎动最为频繁的阶段。此时，宝宝的神经系统已发育充分，同时尚有足够的空间自由活动。就在我们离开波士顿之前，我注意到宝宝的生活规律正在和我的发生变化。她
148 睡得比我晚。我吃完早饭，她才醒来。她最大的动作——翻身、扭动身体和更换姿势——发生在下午。等我刚躺下准备睡觉时，她再度活跃起来。

研究分娩的人类学家把这种逐渐增强的二合一体意识称为“母亲自体性”，是指当一个人的体内寄居另一个有意识的生命，其心情、需要和习惯和自己的有所不同时，内心所产生的感觉。我在阿拉斯加经历的则是另一种身份转移。就把它叫作“母亲天地性”吧——是一种对合二为一的自我包含在天地之间的意识。同样的雪飘落在海湾那边的冰川上，融化后流

进埃德和妮娜家的井里，然后被我喝了下去。这样一来，宝宝也在喝这口井水。冰川水流入海湾，那里生活的鱼成为我和宝宝共同的食物。产前保健意味着保护水、鱼和冰川。这真是一方别样的天地。

有了！我感到宝贝动了一下！又动了一下！接着快速踢了我两下！我笑出声来。在海湾那边，冰川慢慢流入大海。

在多氯联苯对人类健康构成的危害中，最不易察觉的也许要数它们对甲状腺激素的干扰了。

甲状腺激素在胎儿脑部发育阶段发挥着至关重要的作用。我们知道这一点，是因为出生时甲状腺机能低下的婴儿面临患智力低下的风险。甲状腺激素低于正常水平的母亲生下的孩子亦是如此。证明脑组织与甲状腺存在联系的证据由来已久。早在1888年，伦敦临床协会的成员提醒英国医学界警惕甲状腺疾病与先天性弱智的关系。他们把这种现象称为“呆小症”。

乍一看，脑组织和甲状腺不可能是同谋。甲状腺位于喉头下方，负责分泌富含碘的甲状腺素，然后它们被特殊的载体蛋白运送到血液中。这些蛋白就像骑自行车的邮递员，把甲状腺素投递给全身的细胞。甲状腺素的任务之一是加快氧气消耗的速度。促进氧气的消耗使新陈代谢率提高，继而有助于维持较高的体温。在成年人体内，上述过程都不会直接影响脑电活动。然而，胎儿的情况大为不同。载体蛋白将甲状腺素直接快速地送入胎儿脑组织。对于正在发育的大脑，这种激素加快脑部各种活动的进行速 149
度——神经元的迁移、轴突和树突的网状生长、神经网络髓磷脂防护层的建立以及突触节点的形成。成年人甲状腺素分泌不足，会出现心率慢、畏冷、疲乏及脸颊浮肿，而胎儿则会丧失大脑的功能。成年人的症状可以逆转，而胎儿受到的损伤则不然。

胎儿甲状腺素的确切来源仍是一个谜。从表面上看，大脑在怀孕早期便开始需要这种物质，但胎儿自身的甲状腺要等到妊娠中期才发育完全，发挥作用。据推测，胎儿首先从母体获得甲状腺素，直到自己能够分泌这种物质为止。换句话说，在短短几个月之前，我自己脖子处的甲状腺产生的激素穿过胎盘，进入女儿的体内，帮助创建她的大脑。我那名不见经传的甲状腺从来都没有执行过如此神圣的任务。

多氯联苯阻碍甲状腺激素与载体蛋白的结合。没有结合载体蛋白的甲状腺素分子无法被运送。它们从身体里排出，永远不能达到胎儿脑部。这似乎就是出生前多氯联苯暴露破坏智力、语言能力和注意力的原因所在。

霍默医院门前挂了一块牌子，上面写道："进门前请摘掉冰爪。"尽管我感觉一切很可能相安无事，可我还是决定来这里做胎心无应激试验。宝宝的活动又减少了。另外，子宫深处还感到一种奇怪的跳动——就像眼皮跳一样。从昨天开始就时有时无，可感觉又不像是胎动。医院的护理人员非常热情地接待了我。她们这班不忙。今天霍默市没有人生孩子。

我被带进一间产房。尽管产科规模不大，可我毕竟回到了布置有各种管线和隔帘、角落里摆放着大型设备的世界。尽管护士们的态度都很好，可没有一个人像尤兰达那样抚摸我的身体。在寻找胎儿心跳的过程中，差
150 别立刻显现了出来。我遇到过许多医护人员，而尤兰达是唯一能立刻找到胎心的人。今天的医护人员用了很长时间前前后后、上上下下滑动黑色的传感器，每个人都把头扭向一边。在分分秒秒漫长的等待中，我又开始焦虑起来，直到最后听到从扩音器中传出快速且清晰的"怦怦"声。找了又找，测了又测，她们终于碰对了位置——腹部的右下方，而尤兰达则能做到心中有数，一下就找准了。

我感到的腹部阵发性跳动之谜立刻被解开了——胎儿打嗝。"十分正常"，她们安慰我说。

胎心无应激试验是一种二十分钟的超声波检查项目，目的不是建立胎儿的可视图像，而是监测胎心活动。在这里，"应力"是指分娩时子宫收缩产生的压力。因此，胎心无应激实验应在分娩开始前数周进行。其背后的原理认为胎儿心率的变化可间接用作检测胎儿活动的指标。因为胎儿的神经系统尚未发育完善，所以胎儿运动时的心跳更快。作为成年人，我们不希望自己的心脏对运动锻炼反应强烈。缓慢而稳定的心率代表良好的身体健康水平，而爬完楼梯后脉搏猛烈跳动，则说明身体不健康。但对于胎儿来说，快速且不稳定的心跳是好迹象。频繁出现突然的心跳加速意味着胎盘有充沛的氧气储备，同时也说明胎儿很活跃。胎儿的基准心率在每分钟一百二十到一百六十下，是成人的两倍。在这间小小的产室，我们希望看到宝宝加速的心跳最少超过基准心率十五下，并且至少持续十五秒。

护士把两根弹力带绑在我裸露的腹部上。第一条绑带位于腹部下方，将探头牢牢固定在之前她用了几分钟时间才找到的胎心位置。该探头发射超声波，并接收反射的回波。接下来，回波被转换成声音信号和机械信号。后者引导喷墨针头在一卷滚动的纸上滑行。由此产生的墨迹便是胎儿心动图。第二条绑带位于腹部上方，同样紧紧地固定着一个黑色的圆形物体，但这是一个被动接收器，记录子宫的活动（宫缩力度很弱，有规律地 151
波及表面，而我却感觉不到），同样在滚动的纸上产生一条波纹线。假若我在分娩，这两条相互平行的标记线能说明宫缩的程度以及宝宝对宫缩的耐受力。

图纸上其余的标记是我自己留下的。护士给我了一个带红色按钮的手柄，仿佛我是某个比赛节目的抢答者。要是感到宝宝在动，就压下按钮，随即会在心动图上产生一个标记。通过这种方式，我们可以测评宝宝心脏对运动的反应力。

护士安慰我说，“如果我们必须取出孩子的话”，还有充足的时间把我空运到安克雷奇。随后，她便离开了产室。独自一人留在原地，我立刻讨厌起了此次检查。在整个过程中，自己成为受试对象，同时还要担任记录员。我努力把注意力集中在胎动上，可从角落里被推出来、赫然立在屋子中央的巨大的机器中传出宝宝的心跳声总让我分神。就像宝宝在机器里似的。恢诡谲怪的错位。整个经历让我回到了癌症诊断的日子。那时，我躺在一模一样的检查床上，身体上连着各种线缆，心如火烧。

我干嘛要做这项检查呢?

无应激试验是一套很好的早期预警系统，我这样提醒自己。这让我感觉自己和肚里的宝宝没有关联，可不管怎样，医疗检查能加强人的感知力。胎动在怀孕第二个月就可以用超声波探测到，而人体到四五个月才有感觉。最初的胎动是心肌的搏动。在此之后，胎动从身体上部开始，渐渐向下发展。首先是脑袋晃动，其次是躯干扭动，最后是双腿踢蹬。因此，怀孕六周可以检测出心跳；七周检测出头部转动；十周检测出呼吸的起伏动作。胎儿出现问题时，胎动会按原来出现的顺序消失——首先是心率不再加快，其次不再有呼吸的动作；最后消失的是肢体运动。这就是胎心监测为何能够提前发现问题的原因。

终于，检查完毕。那一卷纸上记录了大量的胎儿活动和起起伏伏、歪

歪扭扭的心率标记线。宫缩那一栏则风平浪静，没有早产的迹象。据产科
152 人员解释，也许是宝宝翻了一个身，转到了内侧，踢我、捅我的感觉不如
外侧明显。或者是因为波士顿和阿拉斯加四小时的时差使我俩醒睡的时间
脱离了同一轨道。还有人推测，或许是这里的极昼不知怎的让她安静了下
来。不管怎样，所有人都一致认为，从数据上看，宝宝很好。

这就是我唯一需要听到的。几分钟之后，我来到外面，走在黑色的云杉树间。这里的万物在无尽的阳光下茁壮生长。

嫩玉米月
（八月）

八月的波士顿。空气变得浑浊又黏稠。知了在树上轰鸣。我们三楼的公寓房摆满了电扇和电源插座，同时充斥着大量的讨论——电扇和插座应该怎么放，放在哪，白天或晚上什么时间开关哪扇窗户才能把一阵凉爽的微风引到三个小小的房间。然而，一切精心的规划大多都是徒劳。真正解脱的时刻唯有西风转向之时。持续不变的海风吹进东边的窗户，扬起纱幔。在那些夜晚，我们坐在露台上，吃着整盒的冰淇淋，很晚才进屋睡觉。我的狗和杰夫养的两只老猫姊妹总会加入进来。它们一直等太阳落山后才会离开卫生间凉爽的瓷砖地面。

我三十九岁的生日快到了，而我身上的出生证据——肚脐眼却不见了。在肚脐曾经所在的位置上出现了一个一元银币大小、紫色半透明的圆盘。酷似用皮肤做的舷窗。它是那么的薄，我甚至觉得自己能透过它一窥究竟。杰夫开玩笑说它看起来就像是滚筒洗衣机前门圆圆的窗口。要是我在上面拍几下，宝宝就会踢我，但这样我会感到恶心。

我身体的其他部位也在变样。手指和脚踝肿得像香肠的形状，已经看
154 不出原来的样子。一觉醒来，放在枕头上的那只手仿佛是陌生人的。还有
拖着我到卫生间的两只脚也变了。我眼睁睁地看着自己变成他人的模样。

八月中旬，分娩教育班开始了，由贝斯以色列医院母婴病房的一位产科护士执教，上课地点就设在医院里。第一天上课，我太激动了。在街角的商店，我特意买了一个记事本和两支笔。我盼望见到预产期相近的其他孕妇，想象着自己和她们交换笔记，彼此鼓励，一起做让我们斗志昂扬的傻傻的运动。毕竟，波士顿是创建女性健康宣言《我们的身体，我们自己》的城市。我翻出上大学以来保存的老版本宣言，开始温习其中有关分娩的章节。

“你觉得教练会不会让我们学狮子大吼？”坐车去医院的路上，我问杰夫。“你觉得我应不应该现在就开始练习？”

我那令人难以忍受的激情使杰夫持怀疑、保留的态度：“我们还是一步步来吧。”

我的愿望很快落空了。备产班上的人很多——还有其他十二对夫妇。同时我们也是一个多种族的团体，有黑人、白人和拉丁美洲人，年龄在二十岁至四十岁之间。把整个班联合起来，同时把我和杰夫与他们分隔开来的是恐惧。在自我介绍的环节，几乎每一位孕妇都表达了自己有多么害怕生孩子。一位孕妇声明她唯一想要了解的是她什么时候能打麻药，这让全场发出一阵紧张的笑声。另一位孕妇说完“我真的很害怕”就泪奔了。其他人连连点头，以表同情。准爸爸们寡言少语，只是表示自己来这里是为了支持老婆。从他们身上投射出一种苍白的尴尬。我和杰夫相互使了一下眼色。是我们弄错了吗？当轮到我时，我尽力冷静地说自己希望自然分娩。在座一片哗然，没有人点头。接着坐在我旁边的妈妈清清嗓子，介绍了自己的名字，然后表示她对疼痛的耐受力真的很差。

现在该轮到老师讲话了。她名叫米歇尔，年纪不大，一头金发，皮肤黝黑。和受欢迎的体育老师或有氧运动教练一样，她彰显出一种自信、热

爱运动的气质。她统一称呼我们为爸爸妈妈。米歇尔说了几个体育笑话，
并且讲了几个爸爸全神贯注地看NBA决赛，甚至都没有注意到老婆临盆的 155
故事。这立刻让在座的男人们放松下来。不论怎样背运，他们比较确信自己不会那么熟视无睹。米歇尔迅速赢得了爸爸们的青睐。

对我们这些妈妈，米歇尔介绍了未来六周的主要课程。首先了解分娩和宝宝出生的基本步骤。然后了解经常与之相伴的医疗手段——硬膜外麻醉术、会阴切开术、胎儿体外监测、胎儿体内监测、应力试验、产钳助产、催产素静脉注射、羊膜切开术和剖腹产。上课时主要讨论这些内容。除此之外，我们还会参观分娩和接生区，掌握有助于集中注意力的呼吸方法，观看婴儿出生的视频。她也发出了两项警告：第一，我们所有人应该重点关注剖腹产的知识。虽然没有人自愿选择剖腹产，可仍有20%的产妇需要剖腹产却是不争的事实。这意味着在座至少有两位妈妈可能要以这种方式生下宝宝。第二，呼吸方法固然重要，可不会止痛。“分娩是痛苦的，”她最后直白地说。

当晚下课回到家后，我径直走到露台。杰夫是穿堂风的专家。他打开消防通道的门，调整气窗，打开风扇，然后拿着两大桶冰淇淋和两把勺子跟我来到外面。他递给我一桶冰淇淋和一把勺子，然后拿着自己的那一份坐在户外折叠椅上。微风习习。我转过身，让风吹在脖子后面。屋内，白色的窗帘飘向两边，好似魔术师在变戏法。卧室的飘窗上少了一帘纱幔。这是有意而为之的结果，目的是让我不要忘记我和杰夫相爱的那一夜。

当时正值盛夏。在爵士酒吧度过了悠长的约会之后，我们走回到我的住处。月光柔和，海风习习，还有一盒冰淇淋和红酒相随。伴着比莉·哈乐黛的歌声、烛光和玫瑰花香，我们慢慢脱去对方的衣服。风吹过打开的窗户。接着，正当我们第一次站着亲密相拥时，一扇窗帘拂过一支蜡烛。
“噗”的一声，像是拔瓶塞的声音。突然，窗户变成了一面火墙。接下来 156
漫长的几秒钟，我看着自己的新恋人跳到床对面，从窗帘杆上扯下燃烧着的布料。这是我对杰夫脱光衣服最早的记忆。他变成一个全身赤裸的杂耍者，手里滚着一个偌大的火球。熊熊燃烧的火球越变越小，火光越来越暗，直到最后完全不见了。火被扑灭了。杰夫没有受伤。好一阵，我俩站在床的两边，注视着对方，唯一的响动是我们一致的呼吸声。然后狗跳上

床，撒了一泡尿。这时，杰夫打开顶灯，吹灭剩余的蜡烛，把烧焦的窗帘扔进浴缸，换了床单。与此同时，他还不断安慰我和狗狗说没事儿。看着他，我暗暗地想："这是一个遇事不慌的男人。"

"哎，还记得我把窗帘烧着的那晚吗？"

杰夫已经把草莓芒果冰淇淋吃了一大半。他笑了起来。"你怎么想起那件事来了？"

"哦，我不知道。我在想我们上的课。然后就想到了咱们的第一晚。那时咱俩很勇敢，自己处理问题——至少你是这样。我们并没有害怕。"

"你现在害怕吗？"

"今晚才开始。"

杰夫抬头看着我。"咱们还和以前一样勇敢，桑德拉。我认为咱们今晚只是受到了课上集体焦虑情绪的影响。"

"我想我讨厌这个课。"

1971年春天，我上小学六年级时，母亲带我到当地基督教女青年会观看性教育幻灯影片，一同观看的还有一群即将进入青春期的女孩和她们的妈妈。看完影片后还要进行讨论，由从事过性教育的卫生课老师主持。在去的路上，我怨声连连："我们为什么要去那里？那些东西我全都已经知道了。"

我怨言的一部分实际上是对母亲的赞扬。对于身体各个器官的功能，她总是直言不讳，毫无顾忌。当我开始问小宝宝从何而来这个问题时（被自己的收养身份弄得复杂了），母亲详细解释了整个过程，还给我了一本
157 叫《人体》的又大又厚、镶着金边的书。书里的图画好看极了。我拿起蜡笔，力图再现人类胎儿从受精卵长成婴儿的发育全过程。就这样，至少从小学一年级开始，我就一直乐于帮助朋友们正确认识小孩的来历。然而，我的第一本解剖书没有讲精子如何与卵子相遇。最初，我猜想是精子趁夫妻二人在一起睡觉时自己游过床褥。我对小妹就是这么解释的。后来，母亲认识到我在人类生育知识方面所缺失的关键环节，于是便给我灌输了性交的知识。十一岁的我早已从醒悟的震惊中恢复过来，相信自己再也没有必要学习更多的知识了，更何况要去上游泳课的地方学习。

恰恰相反！我没有料到，在影片展示的一幅标志图上，男性阴茎突然

向上翘了起来！阴茎勃起的概念让我对性交的原理有了一个全新的认识。当灯光重新亮起时，我转头看了看坐在一旁的母亲。她怎么把这么重要的细节给漏掉了呢？

坐车回家的路上，妈妈不经意地问我是否学到了新的知识。“没有”，我深深叹了口气，说道。“我给你说过，我什么都知道。”

如今，差一年就到四十岁的我开始安心阅读米歇尔在第一节备产课上发给我们的一本厚厚的灰册子——题为《母亲的馈赠：您个人的备产之旅》。也许里面有我忽视了的生育知识。不管怎样，前一阵我对介绍分娩的文字和图片心生厌恶，而现在却感到好奇和神秘。

我了解到，女性生产主要分为三个阶段，而这三个阶段和创造一部优秀小说的步骤别无二致。第一产程是子宫收缩、宫口扩张的阶段。此时，子宫和阴道之间那条狭窄的通道——子宫颈口渐渐扩张成圆形大门，被称作“宫口”。这一阶段以愈发频繁和有力的子宫收缩为主要特点。从小说创作的角度讲，就是张力、悬念和矛盾的累积过程。第二产程，即胎儿娩出阶段，是故事的高潮，以用力推动胎儿为起点，以婴儿出世为终点。在作为尾声的第三阶段，即胎盘娩出阶段，一切都得以平息。分娩各个阶段的速度会逐渐加快。这是由于被称作“正反馈回路”的影响造成的，意思 158
是说每一个被某激素引发的反应都会触发分泌某激素器官的更大的反应，依次类推。随着动力不断聚积，各个阶段的时间逐渐缩短。

第一产程最长，所以又分成三个阶段，主要以宫口扩张幅度而定。如果产妇以前对度量体系不了解，那么她现在就该知道了。第一产程的第一个阶段又被称为“潜伏期”。期间，宫口扩大2～3厘米（约1英寸）。第二个阶段被称作“活跃期”，宫口扩大7厘米左右（两英寸多一点）。最后一个阶段叫作“过渡期”，宫口的直径足足扩大到10厘米（约4英寸）。这基本上是人类生育通道扩张的极限。

第一产程的每个阶段都要消耗产妇更多的精力。刚开始，宫缩感觉就像月经痛，每隔几分钟痛一次。处于潜伏期的产妇特别爱说话，非常喜欢与人交流，并且往往能进行日常活动。在持续时间较短的活跃期，宫缩频率加快，长度增加，力度增强。产妇不再说话，只是在心里想事。过渡期最短，但也最为强烈，是整个过程的关键。宫缩接连而至，中间几乎没有停歇。过渡期可能出现的身体状况包括打战、恶心、潮热、发冷、直肠受压和背部疼痛。认知推理能力减弱；感官包括听力、嗅觉、视觉和触觉等器官的感觉增强。接下来，婴儿头部滑过宫口远端进入阴道，随即宫缩就过渡到娩出阶段。

在第一产程中，宫颈有两种不同的变化：一是扩张，二是消失。想象一下带门厅的房子。大门在几小时或几天内慢慢打开。这便是扩张的过程。与此同时，门厅缩进房间里，这是消失的过程。通常，宫颈长约2.5～5厘米，宽约2.5厘米，和筋腱一样坚韧。但在孕期最后一个月里，宫颈开始变软。纤维束变得松弛，相互之间连接也不那么紧密了。这让宫颈
159 的扩张和消失成为可能。潜伏期的子宫通过收缩不断揉压胎儿，使其滑入盆腔。胎头对宫颈的压力也随之增加，开始迫使宫口扩张。与此同时，通过宫缩，软化的宫颈纤维被拉向子宫本体。宫颈越变越短，越变越薄，直到最后变成一圈轻薄透明的组织。

第二产程开始了。一旦宫颈让开路，婴儿就能被推入这个世界了。这好比驾车驶出雪堆。只发动一次引擎是不行的。必须用力，放松，再用力，再放松。婴儿前前后后反复滑动，头部刚刚露出阴道口，就又消失在母亲的子宫内。当婴儿头部不再随宫缩倒退回去时，就实现了“露顶”。这往往是产科医生被招来现场的时刻。

婴儿露顶的时刻也是会阴承受最大压力的时刻。会阴是位于阴道口和肛门之间像蹦床一样的软组织。在女人一生其他任何时候，会阴不到2.5厘米宽。但在怀孕最后那千钧一发的时刻，会阴的宽度增加很多倍，同时鼓得像风暴中的船帆。作为骨盆底最重要的部位之一，会阴由多层纵横交错的肌肉、神经和勃起组织组成，同时也是在第一产程结束后婴儿为何不会顺利滑出的主要原因。想办法在露顶阶段扩大会阴是接生的主要技术之一，至少根据传统接生技术来讲是这样。产科医生更有可能用手术剪切开会阴，加快接生速度（等婴儿出生后再将其缝合）。这种技术被称作“会阴切开术”，是美国最常见的女性手术。在波士顿贝斯以色列医院，高达90%的首胎产妇接受该手术。无论做不做手术，会阴撕裂在第二产程并不鲜见。对此，医学界已经建立了完善的裂伤程度等级划分体系。

学习《母亲的馈赠》一书介绍的分娩和接生时间点，我突然明白了一
160 个道理。婴儿出生和阴道并无关系。阴道之旅其实是最短暂的。对于生第一胎的妈妈，分娩从始至终平均长达十三个小时，大致相当于从波士顿开

车到克利夫兰的时间。整整一天，十分辛苦。在此之间，婴儿只会在极富神话和象征意义的阴道里待几分钟。分娩的关键在于阴道两端，涉及产妇在任何情况下都几乎想不到的两个隐秘部位——形如钥匙孔的宫口以及用皮肤和肌肉编成“弹力带”的会阴。打开第一关卡需要耗费巨大体力；让婴儿顺利通过第二关卡亦非易事。这是女人生孩子为何痛苦，为何需要帮助的两大原因。相比之下，婴儿通过6英寸长的阴道不是大问题。

我开始害怕每周去医院会议室上课。那里装修繁缛，铺着厚厚的地毯。米歇尔带领全班做呼吸练习时，墙上挂着的哈佛医学院泰斗的肖像一直和蔼地凝视着我们。米歇尔越努力介绍剖腹产和会阴切开术的知识，想让我们放松，我就越把双臂紧紧交叉，搁在大肚子上，克制住想要逃跑的冲动。第一晚，我像刚刚毕业的优等生那样满怀憧憬来上课。到了第三周，我变成坐在后排、态度不端正、郁郁寡欢的学生，记事本也被踢到了凳子底下。很多时间，我都在注视着那一排金色画框里满头银丝的哈佛教授。对于生孩子这种事，他们当中任何一人能知道多少？我环视四周。其他准妈妈把米歇尔当成了啦啦队长。另一方面，这里只有她才知道楼上产科的情况。我在想她有没有生过小孩。看起来不像。

集中注意力，我自责道。可与其认真听她热情洋溢地介绍如何使用催产素这种合成激素解决分娩拖延的问题，我反而盘算起了自己对分娩教育课程的种种不满。首先，自由讨论的时间不够。我幻想着加入孕妈妈之间彼此壮胆、互相鼓励的帮扶团体，但班上没有一个人说话，除了上课入座时咕哝几声“哈喽”。在做完呼吸练习和听完老师介绍各种不同的产科手术之后，就没有供我们自由发言的时间了。

其次，关注医疗介入手段过多。与最新的药物、科技和外科技术为 161
友，会使它们看起来具有无害化和常规化的特点，深受病人欢迎。硬膜外麻醉术就是最好的例证。这是一种向脊髓间隙注射麻醉剂的技术，目的是在活跃期麻痹下半身。在贝斯以色列医院，硬膜外麻醉术实施率已高达80%，比二十世纪八十年代翻了一番。我们这个培训班把止疼药和硬膜外麻醉术（“好东西”）当成耐力和产程发展的奖赏，意思是说：“只有当你的宫颈口打开到4厘米时，你才能用药。不能提前用。”而呼吸练习的目的似乎就是在注射麻药之前让产妇保持安静的方法。值得赞许的是，米歇尔的确承认打麻药并不是必要的手段（“如果你不想打麻药，那么就坚持到底吧”），但除了咬紧牙关挺过去之外，她没有介绍其他镇痛的办法。

最后，无休无止地关注各个阶段可能出现的问题——备产的墨菲定律似乎具有自我实现的潜在性。课上总是在讲胎盘老化、脐带脱垂、胎位不正、产程终止、羊膜早破和胎儿窘迫等问题，至少让人感觉像是在低估女人对自己身体和能力的信心。我想到在明星运动员即将上决赛之前，教练也许不会反复交代他们可能受伤的各种假设吧。这肯定也不是癌症幸存者面对未来的办法。用我母亲的话说，这足以让你吓破胆。

这时，我正好抬起头，听到米歇尔说我们应该认为自己的分娩会是一个超时、漫长且艰难的过程。如果不是这样，那算得上是惊喜了。

天气依然闷热。每天清晨，我们关上所有的窗户，拉下百叶窗，尽可能地留住夜晚那一丝凉意。上午十一点，凉意荡然无存。我拖着肿胀的双脚走到萨默维尔公共图书馆凉快的空调环境下。在楼上的成人非小说阅览区，有人体贴地将一把靠椅放在了分娩类图书大大的书架旁。每天早晨，我在这里安营扎寨，从前一天停下的地方按索书号的顺序一一浏览。找不到某位作者推荐的文献资料，就通过馆际互借系统查找，很快便发现自己
162 周围堆满了一摞摞以分娩为主题的图书和期刊论文。我想弄明白两个问题。第一，自然分娩到底遭遇了什么？第二，我为什么越来越渴望自然分娩？

我找的很多有关自然分娩的书可追溯至自然分娩运动的黄金时期——二十世纪七八十年代，但也有少量的著作是新近出版的。它们介绍了各种不同的分娩镇痛的管理和接生方法，写作目标也不尽相同。例如，有些书提倡传统接生和在家生产，而有些则探索产科教育改革。但所有的著作一致谴责越来越普遍的分娩过度医疗化问题，呼吁在分娩和接生的过程中减少医疗介入。

批评者诉诸的焦点在于当前产科临床过多地依赖“连锁式介入”，即运用一系列的医疗手段，各个环节都需要另一个环节的介入。例如，麻醉剂和止疼药可大幅减缓宫缩，导致分娩暂停。为了重新加快分娩速度，医生给产妇静脉注射刺激子宫收缩的催产素。该环节要求对胎儿进行监测，以确保胎儿不会太过窘迫。现在进入活跃期的产妇身体上连着静脉注射管和超声设备，因此无法改变体位，缓解疼痛。因此，她要求加大用药量。

仰面平躺的姿势在婴儿娩出的过程中也产生会阴撕裂的风险，所以医生很快对她实施了会阴切开术，扩大阴道口，加快娩出速度。于是，从打麻药到注射催产素到上监测设备到再打麻药到最后实施生殖器手术，环环相扣，步步紧逼。医学文献中的大量数据支持上述观点。

除此之外，还存在其他的问题。因为麻醉剂可降低产妇推动婴儿的感觉和力度，所以硬膜外麻醉术增加了产钳助产和剖腹产的风险。硬膜外麻醉术可延长分娩时间，还可影响泌尿能力，因此需要上导尿管。对于超声波，尚无证据证明不间断监测能改善高风险和低风险妊娠的结局——尽管人们对它坚信不疑。此外，多项精心设计的大型研究显示，会阴切开术并 163
不能防止会阴裂伤，反而有可能促使裂伤的发生。这种手术还可引发小便失禁、盆底肌力减弱及性交不适感。

最令人关注的是，传统助产士更少依赖医疗技术干预，其安全接生率的记录却高于产科医生。近期一项研究分析了1991年美国妊娠三十五周至四十五周、由医生和助产护士接生的所有单胞胎。在修正社会和医疗风险因素后，研究人员对比了助产士接生和医生接生这两种情况，发现在助产人员接生的情况下，胎儿死亡风险降低19%，新生儿死亡风险降低33%。他们自己对这一结果都大为惊讶。最后，文献作者表示：“美国持证上岗的助产士为母婴护理提供了另一种安全可行的选择，尤其对中低风险的产妇而言，更是如此。”

尽管有如上证据存在，自然分娩在二十世纪九十年代不再流行。主流医疗手段的支持者声称这是因为现实证明自然分娩痛苦万分，不人道。他们还指出多年来产科药物——尤其是硬膜外麻醉术——已经得到了完善。一位产科麻醉师在给《纽约时报》的信里写道：“忍着剧痛生孩子而不采用现有的镇痛手段相当于不打麻药拔牙，都是刻骨铭心的经历。”另一位麻醉师表示：“如今医学界不存在我们让病人忍受剧痛而不给他们治疗的情况。”

但依我对相关文献的解读，这种说法歪曲了自然分娩的概念。这不是让产妇在麻醉和持续不停的痛苦之间做选择。也不是要产妇躺在医院的病床上，然后像战场上被截肢的战士那样咬紧牙关，忍受痛苦。与之相反，自然分娩探寻替代药物的镇痛方法，包括持续的情感支持、放松技巧、冥想式呼吸、热水澡、变换体位、针灸、听音乐、散步和按摩。自然分娩的支持者肯定还会辩解说，把产妇看成是有健康问题的病人，和拔掉的大牙相提并论，恰恰反映了医学界对分娩的错误认识。

164 在这方面尤其让我感兴趣的是1996年的一项调查。相关成果发表在名为《身心产科与妇科学杂志》的医学期刊上（这刊名很奇怪）。该研究的核心恰好是我提出的一个问题：是什么决定了分娩会有多痛？论文的作者首先分析了以往发表的有关分娩疼痛感受的报告，发现其中充满了矛盾之处。例如，在对照问卷中，分娩痛常常被列在人类各种疼痛之首——分值高于癌症和幻肢引发的疼痛。然而，有些产妇称自己分娩时几乎没有感到疼痛。所有因素都无法解释这种差别。分娩疼痛的程度和教育、阶级、财富和年龄几乎无关，和分娩时间之间也没有明显联系，也不受胎儿体重或严重痛经史的影响。就我的情况而言，和参加备产班也没有关系。

不过，论文的作者确实揭示了几个非常有趣的规律。其一，焦虑水平和疼痛分值呈稳定的正比关系，与之相反的是自信。最具启示意义的一点："认为分娩会很痛的产妇更有可能发现事实的确如此。"这些产妇也更有可能使用麻药。

论文作者也访谈了在瑞典三家大型市区医院生过孩子的几百名妇女。和以往的研究结果一致，妇女自述的疼痛感差别巨大。有些新妈妈称自己分娩时痛得根本无法想象，而有些妇女则轻描淡写地说可以轻松忍受。和以往一样，分娩时痛得较为严重和疼痛预期相关，而较为轻度的分娩疼痛和持续的情感支持相关。然而，所有这些可变因素仍无法预测个体的感受。这让论文作者开始怀疑产妇对疼痛的态度有可能影响疼痛感。他们也就此进行了访谈。令他们大感惊讶的是，访谈结果显示将近三分之一（28%）的受访妇女把分娩痛回忆成积极的感受。面对自己取得的调查结果，论文作者似乎也困惑了，最后表示对于这些妇女而言，"分娩痛具有除疾病相关疼痛之外的积极意义。"

165 我感觉自己发现了被人们忽视的答案。医生的教育以治疗创伤和疾病为主，因此，他们往往把疼痛看成是亟须解决的问题，把拒绝服用镇痛药当成自虐行为。但除了疾病导致的疼痛之外，人类的体感还包括其他多种疼痛。登山者接近顶峰时会感到肺部火烧般疼痛；芭蕾舞演员练完三重转体跳这个动作后会感到股四头肌酸痛难耐；甚或是在清晨第一缕阳光洒满窗棂，写完最后一段文字这样值得骄傲的时刻，作家的肩胛骨却疼了起来。正如多位自然分娩的支持者所指出的，倘若人们不把分娩和接生当成医疗事件来看待，而更多地把它当成奥运赛事对待，这种差别就显而易见了。毕竟谁会在马拉松比赛最后一程捧着满满一针管的麻药冲到选手的面前呢？

不打麻药的分娩可成为改变一生的快乐经历这一主张引来大量嘲讽。1981至1997年美国无痛分娩的比例上升了三倍。报道该消息的杂志和报纸撰稿人不禁要挖苦一番。一位兴致勃勃的专栏作家宣布，“把生孩子奉为体育赛事的邪教”终于被推翻了。她认为分娩过程中真正纵情狂喜的时刻“正逢麻药流经血管时，产妇在第一时间享受到的舒适感。”然而，二十世纪八十年代介绍自然分娩的书中不乏与之相反的照片，表现没有打麻药的产妇露出欣喜若狂的神情——至少看起来强悍无畏，其中包括一位臀位分娩的产妇。我们为何这么急切地蔑视这些景象呢？我不记得自己上高中时有任何人嘲笑过校橄榄球队。所有的队员都坚信肉体伤痛是情绪的宣泄。他们一边唱着“鲜血让草儿生长”，一边面对欢呼的人群跑进操场。

我开始想除麻醉剂配方的改良之外，还有没有其他原因解释目前自然分娩为何面临不受欢迎的窘境。这个问题受到了很多思想家和批评者的关注。有些人认为是医院文化自身破坏了分娩的非介入性环境。例如，医院
极少安排足够的护理人员提供可缩短产程、减少用药量的持续情感支持。 166
近些年在管理式医疗体系下，人力不足的问题尤为严重。据一位曾任产科护士的执业助产士回忆，在她工作过的医院，电子监测设备让她和超劳的同事一次应付几名产妇，同时还能腾出宝贵的时间完成文字工作。这样一来，从病床发送到护士站的监测数据有时便代替了一对一的护理。无痛分娩也有相似的目的。对负责监护多名病人的护士来说，连着监测设备、下半身没有知觉、躺在床上不能动弹的产妇更容易应付。

另外，护理人员和产科医生并没有接受过针对其他镇痛方法的正规培训。如果产妇不希望打麻药，也不想采用其他介入手段，她只有自己扛着。世间现有各种缓解疼痛的知识发挥不了作用，因为周围没有人懂得如何运用这些知识。产妇的决定变成了要么注射麻药，要么忍受痛苦的抉择。在孤身一人，惊恐万分，很快忍受不住剧烈宫缩的情况下，即使之前毅然决然拒绝用药的产妇也会要求实施硬膜外麻醉术。这种意志的改变更让产科医生和麻醉师相信正常分娩引发的疼痛一定非常剧烈，难以忍受。

与此同时，少数遵循非介入式理念的医生表示，他们发现自己几乎不

能在“充满技术官僚的医院环境”下实施自然接生工作。作为应对危急和紧急状况的场所，医院既产生心理压力（一种阻碍产程的生理状态）又增添焦虑情绪（一种放大疼痛感的精神状态）。至于自信这一不可或缺的要素，批评者认为，一旦产妇接纳了病人的身份，她的自信心就会受到破坏。身穿病号服，胳膊上套着腕带，躺在病床上，产妇很快变得消极和顺从。引用在这个问题上最直言不讳的作家之一芭芭拉·卡茨·罗斯曼（Barbara Katz Rothman）的话：“当所有的外部线索都指明疾病时，女人无法把自己看成是健康的人。”

这不是说自然分娩运动对医院产科临床没有产生持久的影响。在近代
167 历史中，产妇按惯例被剃去阴毛，接受灌肠，远离家人，而且被禁止进食和饮水。分娩之后，她们立刻与新生儿隔开。所有这些习俗曾经都经过医学的证明，而如今基本上已经退出了历史舞台。这要归功于女性卫生活动家和某些思想先进的产科医生。如今，产妇可以自由选择产室里的陪护人。她们需要营养时，可以进食和饮水。她们可以冲淋浴，泡热水澡，采取最舒服的体位。对于这些不易得来的优待，我心存感激。

下午，我从图书馆的椅子上起身，走到浑浊的阳光下，眨眨眼睛，找一处长凳，坐下吃午餐。番茄、青椒，还有从农贸市场买来的桃子，就着几片黑面包，冰凉的柠檬水。有时去街角的小店买一片奶酪披萨。

看着邻家的孩子玩滑板，我开始想在哈佛医学院旗下一家最负盛名的医院筹备自然分娩是不是就像在五角大楼组织一场和平集会。选址错误。我还发觉自己作为母亲不想像患癌症那时被相同的医疗设备包围，身穿同样的蓝色棉质露背长衣。我想要新的标志，新的礼服。我想要在远离橡胶手套、手术口罩、静脉点滴、肝素闸、导管、轮床和心脏监测仪的地方生宝宝。

然而，我也不太情愿在这个时候有巨大的变动。上述备选方案看起来遥不可及。虽然相关数据显示对于难产风险不高的产妇来说，在家分娩的安全性即使不高于医院，也旗鼓相当，但有一项重要的先决条件：拥有一套住房。我们那套潮湿闷热的袖珍公寓看似很难满足要求。卧床两侧只能侧着身子才能勉强通过。如果说散步和频繁改变体位能有效缓解分娩阵痛，那么我还不如去医院呢。至于其他独立于医院的分娩场所，如独立经营、有助产士监护的生产中心，我要打无数电话才能做好预约。这让我打

消了念头。现在我最不愿做的事就是坐在电风扇前拿着电话和医保机构争论不休。

除此之外，还有一个关键点。贝斯以色列医院也许真的是科技控，但
同时也是我的幸运星。我在波士顿居住的这四年里，该医院为我提供了癌
症复查服务。在我报名参加备产班之前，我一直认为它是安全、审慎的医 168
疗机构。在那里，我和医护人员能够轻松交流。诊治我的医生考虑周到，
小心谨慎，知识丰富。有些是全球知名的医生。

就此而言，我在高中和大学结交的大多数朋友都从事起了医生这个职业。无论是对还是错，我往往对医生抱有同情之心。我有过这样的经历：晚上十点和医生朋友相聚，他们还在通过电话接急诊病人；他们和我聊自己肩负的外债，聊二十四小时连续工作之后在瞬间做出的决定，聊病人起诉自己的情况，聊受利益驱使的医疗行业缺乏道德。我在对自己的健康做决定时，也喜欢从医学的角度思考，而不是依赖直觉。在我和杰夫差点把房子烧毁之前，我们就已经做过艾滋病检测了。一次，血常规结果显示我患有轻度贫血。之后，我坚持要化验大便，检查里面有没有血。看到这项化验结果呈“轻度阳性”，我又坚持做了大肠镜检查。结果发现有一处癌前增生。对于这项可能救了我一命的介入式检查，我心存感激。

与此同时，大量数据明确反映出传统产科学存在某些显而易见的盲区。其中一个盲区是无法认识周遭物质环境如何深远地影响体内的生理过程。另一个盲区是介入的思想促使产妇言听计从，并使会阴切开术等某些老习惯延续下来，即便有十分可靠的证据显示这些做法弊大于利。

在波士顿公共花园的一角树立着一座无名雕塑。它或许要算有史以来我最喜欢的公共雕塑作品了。它于1867年建造而成，是一座乙醚的纪念碑。更具体地讲，是纪念“首次向全世界人民证实吸入乙醚具有止痛效果的发现——波士顿综合医院”。

设计一座颂扬某种挥发性有机化学物的雕像并非易事，但雕塑家采用
了典型的维多利亚式繁复华丽的装饰风格，实现了宏大的设计。在被橡树
叶和榛果缠绕的巨大立柱的顶端，坐着一位身穿长袍、戴着头巾、留着胡
须、看似富有智慧的绅士。他怀里抱着一个全身赤裸、容貌美丽的孩子， 169
健壮的四肢无力地垂下，犹如安然睡去。留着胡须的男人将一块布压在沉

睡的孩子的胸膛上，好像在给伤口止血。这让人想到了上帝和耶稣。立柱下方的大理石底座上刻有莲花的图式和浅浮雕画。其中一幅画展现天使来到伤者面前的景象，另一个场景是治疗战争伤员，还有一幅画描绘了一位母亲抱着一个婴儿，坐在医疗器械上的形象。

我来到这里，是希望借助历史的眼光决定下一步该怎么办。为此，我特意带了两套研究笔记。一套概括了产科医生及其拥护者讲述的产科学历史。另一套是助产士及其支持者讲述的产科学历史。我找了一张长凳坐下，面对雕塑底座刻有《以赛亚书》经文的那一边。经文表现了麻醉剂是神的礼赠这个寓意："这也是出于万军之耶和华。他的谋略奇妙，他的智慧广大。"

我首先读起了产科医生的版本。这是一段觉悟战胜迷信、知识消除无助的历史。在自我讲述中，产科医生树立起了身先士卒、明辨是非、尊重科学——而且最重要的一点，怀有博爱精神的光辉形象。一位产科麻醉师以自己的职业为主题撰写了一本近代史著作。他认为分娩痛代表一种社会问题，位于"贫困、酷刑、精神病、拘禁和奴役"之列。他正确地指出，所有这些苦难曾经被认为是生命里不可避免的事情。渐渐地，社会改革者开始推动宣传活动，将这些疾苦从人生经历中根除。消除分娩的痛苦是这种伟大的改革运动不可或缺的一部分，是迫使医生与原教旨主义神职人员抗争的事业。后者认为生孩子的苦难是对夏娃之罪的惩戒，因此符合自然法则。

除了与教会争夺减轻产妇痛苦的权利之外，产科医生还认为自己在拯救产妇的性命。他们说在现代产科学问世之前，怀孕几乎总是和死亡的风险相伴。果不其然，数百年前的日记见证了女人每次生孩子之前都要做一番死亡的准备。有时遇到难产的情况，不道德的助产士就会抛下产妇，一
170 走了之。最可怕的难产情况或许要数横向胎位了。这时，胎儿水平位于子宫的上方或下方。这种情况对母亲和孩子来说往往都是致命的。如今，横向或其他任何方向的胎位在临产时都可通过手术轻松解决。

现代产科学领域重要的创举是产钳的发明。这种器械最初由一位英国外科医生于1598年试用，在十八世纪得到了广泛应用。据产科历史学家称，欧洲工业化进程最终让产钳成为产科必备工具。当时，城市里的女孩们营养不良，晒太阳的时间又不够，生长过程中严重缺乏维生素D，因佝偻病使骨盆变形。这种儿童畸形在多年之后必定会加重分娩痛，延长分娩时

间。利用产钳，男产科医生在遇到上述不利情况时就可从母亲的腹中取出婴儿，保全母婴的性命。有了这种示范，徒手接生技术开始衰落。

十九世纪见证了麻醉术的应用。这就要提到大理石宝座上那位戴头巾的人。1846年10月16日，波士顿的一名牙医向观众证实乙醚可缓解手术疼痛。三个月之后，乙醚到达苏格兰，被应用在产妇身上。又过了三个月，亨利·沃兹沃思·朗费罗（Henry Wadsworth Longfellow）明媒正娶、身为波士顿人的梵妮·朗费罗（Fanny Longfellow）成为美国第一个接受乙醚麻醉的产妇。之后她成为麻醉分娩的主要支持者之一，帮助宣传这项技术。与此同时，英国女王维多利亚在生第八个孩子——利奥波德时接受了氯仿麻醉。她的主治医生是赫赫有名的约翰·斯诺（John Snow）医生——我真正崇拜的英雄之一。一次，英国爆发霍乱疫情，身为公共卫生领军人物的斯诺发现病源来自受污染的水井，便采取预防措施，确保饮用水得到净化，因而阻止了疫情的扩散。有意思的是，斯诺从新生儿的呼吸中闻到了乙醚的味道，是第一个担心麻醉剂可能通过胎盘影响胎儿的人。

十九世纪，妇产外科领域也取得了重要发展，特别是美国妇科医生詹姆斯·马里昂·西姆斯（James Marion Sims）掌握了如何修复深至膀胱的
阴道裂伤。这些被称作“瘘”的分娩损伤是可怕的灾难，因佝偻病骨盆变 171
形的产妇风险尤为巨大。西姆斯必须看见伤口才能将其缝合，为此他发明了窥镜。他最终把自己的技术传授给了大批医生，但首先他必须冲破医学界不许大夫检查女性阴道的禁忌。

二十世纪实现了住院分娩的变革。据两位产科医生在1970年的记载，将分娩过程从卧室转移到医院是令人震惊的成就。早在二十世纪，“只有无家可归和穷困潦倒的女人才会去医院[生孩子]。由此可见，医院经历多年风雨才达到了当下的普及程度，这只能意味着医院在护理方面向数百万满意而归的母亲证明了其自身价值。”

诚然，1914年药物东莨菪碱的问世在推动产妇入院分娩方面也发挥了直接作用。这种药能让用药者进入一种叫作“朦胧睡眠”的半昏迷状态，与吗啡混合后，不仅阻滞了分娩的感觉，而且还能消除相关记忆。处于朦胧睡眠的产妇往往会产生幻觉，因此必须限制她们的活动，严密看护。这就需要医院的环境。应该提到的是，包括很多女医生在内的早期女权主义者为争取产妇接受东莨菪碱麻醉的权利而开展了长期艰苦的运动。二十世

纪五十年代，脊椎麻醉开始代替朦胧睡眠，成为首选镇痛方法。脊椎麻醉渐渐得到完善，发展成为当今的硬膜外麻醉技术。现代产科技术的拥护者认为，那些支持无麻醉分娩的人以“自然”之名义将产妇的痛苦浪漫化。据他们所说，参加备产班的孕妇纷纷要求无痛分娩这一事实恰恰证明了硬膜外麻醉的效果。

我围着雕像走了走。另一边刻有摘自《启示录》的基督教经文：“不再有痛苦。”然后我便翻开助产士及其支持者所讲述的西方世界产科学历史。这是一段历尽非难的历史。数百年来，医学界认为女人分娩不值得重视，因此十分乐意把所有相关工作拱手让给助产士去打理。分娩是女人在家操持的事。接着宗教裁判所出现了。在十五世纪至十八世纪之间，被当成女巫烧死
172 在火刑柱上的女人有一半从事接生工作，她们掌握的很多分娩知识也随之灰飞烟灭。助产士极易受到诬告，是因为她们买卖草药和汤剂，并接触脐带、胎盘等人体组织。十六世纪中叶，英国的助产士受到严格管理——其目的不是为了提高质量，而是为了监控，防止她们可能参与巫术的行为。

在十八世纪至十九世纪，外科医生开始在产科这一新型领域制定正规的教育项目，但不允许助产士参加，也不准她们使用产钳。因此，面对徒手无法解决的难产问题，她们只有寻求男医生的帮助。助产士也被禁止参加解剖学和外科学的教育。这让医生可以拒绝帮助她们，同时质疑她们缺乏资质。最终，医生在法律上取得了接生执业资质条件的控制权（至今仍由他们控制）。在美国，医生展开精心策划的运动，逼迫助产人员失业。到了20世纪早期，欧洲和美国的女性助产人员纷纷失去了行业阵地。

相关文献作者认为，假若医生提高了分娩的安全性，这样的更替接任也许不会那么悲哀。没有证据显示他们做到了这一点。在整个十九世纪，传统接生人员的产褥热发生率低于医学生。两位著名的一线助产士——缅因州的玛莎·巴拉德（Martha Ballard）和犹他州的帕蒂·赛什斯（Patty Sessions）分别接生了数千名婴儿，其中有许多都处于危急的情况，而极少有产妇死亡。至于闪亮登场的产钳，或许可以说它们的应用喜忧参半。例如，产钳极大地增加了产褥热致死和阴道完全裂伤的风险。至于雄心壮志、为争取治疗阴道裂伤的权利而冲破极端偏见的詹姆斯·马里昂·西姆斯，近期的一份历史记录揭示他其实是用奴隶改善技术。他把奴隶关押几年，在不给她们打麻药的情况下反复在她们身上做试验。

谈到母婴医院从肮脏的死亡陷阱转变成为安全卫生的医疗机构，产科
学的批评者认为在十九世纪七十年代女改革家威胁要向媒体揭发医生传播
疾病的事实之后，情况才发生转变。二战时期医院的婴儿出生率加速增
长，在很大程度上是因为平民医生人数不足，导致分娩地点集中化，而同 173
时仍在执业的助产士所剩无几，无法满足产妇在家分娩的需要。医院的母
婴病房完全不是在“向产妇证明自身的价值”，而是作为唯一能接收产妇
的场所强加于人。不论是否愿意，她们都被安排住院，被药昏过去，被绑
到床上，孩子被医生用产钳拽出来。如此这般被动的分娩过程——就像被
迷醉的新生儿一样，往往削弱了产妇哺乳的能力。

助产士和自然分娩的支持者对一位名为约瑟夫·德理（Joseph DeLee）的妇科医生尤为感到愤怒。在产科引进积极介入手段方面，他的责任最大。1920年，德理发表了一篇具有影响力的知名论文，概括了他的想法。我在一本泛黄发霉的《美国妇产科学杂志》里找到了原文——“预防性产钳技术”。该文完全符合——甚至超出了批评者的指责。德理认为分娩是暴力事件，将会阴比作慢慢碾碎婴儿头部的门，把婴儿头部比喻成划过骨盆底的干草叉，给母亲造成伤痛，留下永久的创伤。他大胆地写道：“分娩无疑是一种病理过程。”解决问题的答案是会阴切开术和产钳。他倡导军队的战略，女人的骨盆底是战场，产科医生是将军，他的武器是手术刀、麻醉剂和医疗设备。

德理的这篇有影响力的论文在很大程度上重新定义了会阴切开术，使
其从急救措施转变为常规手术。除德理最初认为该手术保护了新生儿大脑
的论断之外，其他各种支持的观点相继涌现。其中最令人瞠目结舌的是有
人称会阴切开术能让阴道恢复到“处女时的状态”。有些批评者注意到医
学教育界把会阴部最后一针的缝合称作“丈夫针”，便迅速反驳说这种手
术真正的目的是把女人修补好，为了男人的欢愉。其他观察者则认为当下
会阴切开术的流行很有可能归于医生过劳这种更为平凡的因素。半夜被叫
醒处理分娩，之后还有一整天的手术和门诊，产科医生依靠会阴切开术加
快产程，节约产后缝合会阴的时间。整齐的刀口比参差不齐的撕裂伤容易 174
缝合，米歇尔在备产班上不止一次对我们说过。

但正如助产士所指出的，容易缝合并不意味着容易愈合。活动家反对会阴切开术的呼声促使多项调查开展，研究该手术是否具有医生们宣称的

好处。结果连一个好处都没有发现。会阴切开术既不能防止婴儿在出生时受到伤害，也无法预防会阴创伤。和自然产生的撕裂伤不同，手术的切口更深，破坏更多的组织。这很有可能就是接受会阴切开术的女性为何称在手术之后——甚至在分娩很久之后——自己的性交痛比会阴自然撕裂的女性更严重、肠道和泌尿功能问题也更多的原因。此外，会阴切开术实际上增加而不是减少自然裂伤的发生率——就像一块用剪刀捅破的布比完好无损的布更容易撕破一样。（典型的会阴切开术是在第二产程，胎头即将出来，会阴部绷紧时实施。开口长度为1～1.5英寸，切割到距离肛门一半差一点的位置。）助产士称如果接生者耐心一些，让胎头慢慢下滑，然后在两次宫缩之间接生出来，那么会阴切开术和自然撕裂的伤口都可避免。娩出时下蹲，也可最大程度降低会阴撕裂的风险。

总的来说，常规会阴切开术能预防创伤这种经久不衰的说法看起来是一个医学上的假象。医学社会学家伊恩·格雷厄姆（Ian Graham）在一本讲述会阴切开术历史的书中得出相似的结论：“会阴切开术据传的所有优势都没有证据支持。因此，美国医生后来将会阴切开术纳入常规手术之列展现了宣传者与日俱增的影响力……而不是科学研究成果。”格雷厄姆认为，会阴切开术满足产科医生在外科方面的抱负，正值该行业试图树立威望、与传统的接生行业一分高下之时。

二十世纪四五十年代，一场针对各类产科介入手段的反击战开始酝酿，因为接受者开始怀疑它们真正的目的是方便医生，而不是考虑母亲的健康。极具讽刺意味的是，“自然分娩”这一用语的发明人竟然来自产科
175 行业自身——英国产科医生格兰特里·狄克瑞德（Grantly Dick-Read）。他提倡通过放松舒缓疼痛。大约在同一时间，美国产科医生罗伯特·布拉德利（Robert Bradley）把产妇的丈夫带到产房，让他们在增强妻子的信心和安全感方面扮演积极的角色。不久之后，法国产科医生费迪南·拉梅兹（Ferdinand Lamaze）证明通过调整呼吸和集中注意力的办法可替代麻醉剂。所有这些医生的想法和技术都是从已经积累多年相关经验的助产士那里借来的。他们共同的努力挑战了分娩是一种病理过程这种产科老观念。他们所取得的成就被广泛报道，这让很多女性同胞纳闷，为什么自己的产科医生很难管住自己的手呢？

我合起记事本。高高之上，一个幼小的生命在一位老人的怀抱里继续

昏睡着。

最后，我只打了两个电话。一个电话打给珍妮特·柯林斯（Janet Collins）。她是一年前我在国际癌症大会上结识的加拿大助产士。珍妮特已退休多年，曾经在纽芬兰岛拉布拉多沿海一带从事接生工作。她愿不愿意来波士顿见证我的女儿出世呢？不是以助产士的身份，而是……给我加油助威？她给予我肯定的答复。然后我打电话给贝斯以色列医院产科护士希拉·博根（Sheila Bogan）。据说她能熟练运用各种自然分娩的方法和接生技术，并喜欢接待不想打麻药的产妇。听说她能把哈佛实习医生吓跑。她愿意以私人护士的身份为我接生吗？她说："我们商量一下。明天两点你来医院怎么样？我会在楼上产科。"我答应了。

第二天，我和杰夫乘电梯来到产区，感觉像是真正上场前的一次彩排。我们被带到一间等候室。几分钟之后，我见过最强悍的女人开门走了进来。我很难克制住自己不去盯视她那好像要从绿色手术服膨胀出来的前臂和肱二头肌。她进门后做的第一件事情是大步走到温度调节器前，摆弄了几下。

"这里对怀孕的女人和更年期的护士来说太热了。现在我能帮你们做些什么吗？"

在之后将近一个小时里，我们聊了产科临床的历史和越来越严重的分 176
娩过度医疗现象。希拉很高兴听我说想要自然分娩。虽然她不愿做出任何承诺，但她的确表示自己知道很多技巧（包括会阴按摩）来增加我拒绝医疗介入的可能性。其他任何事都是不可预测的。我喜欢她的这种自信和坦诚。

耐心听我讲完自己在不用麻醉剂镇痛的情况下经历的各种诊治，她点点头。

"那好。我不会让麻醉师偷偷溜进来的。"她送我们到电梯口，和我们握握手，然后便沿着医院走廊离开了。那架势就像她要赶去上房铺瓦或杀猪宰羊似的。

"现在你还害怕吗？"电梯下行时，杰夫问。

"不怕了。我觉得自己很勇敢。"

收获月

（九月）

暑热消散。重现蓝天。整个世界再次变得清晰起来。

我重新回到了书桌前，可很多时候只是在望着窗外街对面的那棵高大的树。那是棵臭椿树，属于外来品种，俗称天堂树。这个称呼只能当成讽刺来理解了，因为臭椿树最常见于铁路站场和废弃的城市空地。表皮呈橘黄色、散发着臭味的树干硬生生地穿过尖利的铁丝网，在垃圾、碎玻璃和碎石瓦砾中生长。不过，城市居民喜欢把这种树当作庭荫树栽培，因为对生存条件要求更高的树种无法在充满污染、饱受病害及土壤贫瘠的环境下生长。我面前的这棵臭椿树是雌株，为整个街区遮阴蔽日。它把自己紧紧地卡在人行道上，“腰杆”足足有3英尺粗，高度超过了邻居的二层楼房。我仔细地关注着它。一天天，枝干上那一簇簇长着小翅膀的红色种子越来越饱满，垂向地面。树叶已经开始发白，向上卷曲。

劳动节[①]过后不久，我开始出现被助产士称为“孕腹轻松”的感觉。虽然孕妇装穿在身上越来越紧，但我却感到越来越有活力。宝宝已经开始下降到呈漏斗形的盆腔中。孩子越向下移，妈妈就越感轻松。随着肋骨和横隔膜上压力的转移，气流又可轻松地进入肺部了。时间仿佛在倒流。不仅 178
我自己感到更加轻松，而且我觉得我们母女俩又融为一体。我们紧紧地相互依偎着，她动一下，我也跟着动一下，腹部不自主地左右晃动。“你和宝宝合二为一啦，”上次我去做产检时，产科护士笑着说。自一月份以来我的体重已经增加了42磅。“她会不会……很大？”我问道，但不清楚自己想要听到怎样的回答。“呃，肯定不会是6磅重的小捣蛋，”护士只是这么说。

今生唯有这一次，我们母女俩的身体贴合得如此紧密。然而，我越发意识到分离的时刻即将到来。相与为一，必将分离。面对这样的结局，与其说心生恐惧，倒不如说是触目兴叹——就像在夏末的一天午后偶然瞅见季节交替的第一个信号——变黄的树叶。

从田鼠到大象，几乎所有种类的哺乳动物都在春天出生，不论孕期是三周还是两年。一些物种依靠既定的交配季节来使自己的分娩时间与天气转暖的时节相吻合，而有些物种则运用延缓着床的方式，指受精卵在子宫里漂游一段时间——有时可长达数月，待好时节到来后，才开始怀孕。有两个物种是例外。一是人类，二是北极熊。北极熊全都在圣诞节期间出生。另一方面，在熊宝宝出生时，熊妈妈还在冬眠。母熊和幼崽在春天才爬出洞穴。所以实际上人类是唯一特殊的物种。

历史上则不然。直至几百年前，大多数人也在白天渐渐变长的时节出生（北欧人除外。很久以来，九月是他们的出生高峰期，这可能是因为渔民往往在每年的十二月从海上打鱼回来）。随着工业化发展，春季不再是出生的高峰期。如今，多数美国人的生日集中在秋季。究其原因，尚无合理的解释。

排除了季节因素，究竟是什么引发人的分娩，也无合理的定论。或者

① 美国的劳动节为九月第一个星期一。——译者注

179 根据近期一项研究所述："尽管有大批的生物化学数据，人类的分娩仍无从解释。"换句话说，我们知道分娩代表了剧烈的生物化学变化，犹如山崩一般，各个变化之间环环相扣，但没有人知道山顶上是什么，又是什么推动了山顶的第一块石头。虽然归根结底无非只有三个诱因——胎儿、母体或胎盘，但没有人知道是谁或是什么最终控制分娩的时间。

在二十世纪六十年代之前，人们认为母亲体内自然分泌的催产素是引发分娩的介质。后来人工合成催产素研制成功，长期以来用于催产，并取得了一定的效果。如果说催产素是诱因，那么母体便是分娩过程的始作俑者。然而，通过在农场的一次观察，研究人员开始怀疑事情没那么简单：胎羊出现下丘脑缺陷，母羊便不会分娩。这个奇怪的事实让有些人琢磨胎儿是否先于母体把握着自己出生的时间。多种实验已经证实，胎羊果真操持着上演好戏的大幕。信号传递过程大致如下：当胎羊准备出生时，它的下丘脑会向垂体发送信号，后者向双肾顶端的肾上腺发送信号。受到刺激之后，肾上腺就会产生一种激素，引导胎羊的双肺排净肺泡里的积液，使其做好膨胀的准备。这种激素叫作皮质醇。它还穿越胎盘，开始将母羊体内的孕激素转变为雌激素。这种激素间的转化继而引发宫缩。

诚然，人人都愿意相信上述观察结果也同样适用于我们人类。倘若是这样，一系列神秘的现象就能得到解释了。譬如，无脑儿出生往往超过预产期。胎儿脑部缺少总司令部，过期产出就变得合情合理了。可事实并非如此。在人的体内，皮质醇没有催产作用，倒是另一种化学物质起到加快胎盘雌激素分泌的作用。虽然这种化学物质的确来自胎儿的肾上腺，但其分泌不受胎儿脑部的单独支配，而是胎儿垂体与胎盘共同作用的结果。这
180 种复杂的运作模式最终由澳大利亚的罗杰·史密斯（Roger Smith）教授及其研究生马克·麦克林（Mark McClean）发现。在破解该模式的过程中，他们证实人类胎盘像闹钟那样控制分娩的时间。但正如孩子的提问："是啊，可上帝又是谁创造的呢？"我们也可这样问，是什么让胎盘生产至关重要的激素闹钟，又是什么控制这种激素的产量？"这些神奇的问题尚无答案"，史密斯开诚布公地表示。

也有一些事是我们确切知道的。在孕期大多数时间内，胎盘分泌的孕激素一直阻止着分娩的发生。孕激素的职责是让子宫的肌肉层保持静止和放松，如同平静日子里的池塘表面。雌激素同样由胎盘分泌，试图扰

动池塘里的水，但它的行径被孕激素轻松阻止。人和羊一样，一旦孕激素失去控制权，分娩就开始了，同时权力的平衡点转向了雌激素。可即便掌控了大权，胎盘雌激素独自也无法力挽狂澜，触发分娩风暴。它需要催产素的帮助，而这种物质由母亲的垂体产生。这样看来，是母体和胎盘共同协作，触发了分娩过程。不过子宫要等到自身的肌肉纤维绷紧后才会对催产素产生反应，而这一过程要等胎儿生长到一定程度时才会发生。除此之外，只有等蛋白酶溶解完宫颈的胶原纤维之后，宫缩才会发挥作用。这些宫颈软化酶的产生由叫作“前列腺素”的化学物质引导，而胎盘是前列腺素的来源之一。是什么触发了前列腺素的分泌？是胎儿。更准确地说，是胎儿头部给宫颈施加的压力。至此，人类分娩走的不是单行路线。探寻分娩的终极诱因不太像是沿一条小径到达那一座随时可能发生崩塌的山的顶峰，寻找那一块松动的石头，而更像顺着一条奔流的河水搜寻其源头。在河流的发源地，人们看到的是众多溪流和泉水汇聚在一起，纵横交错，相互串流，彼此影响。

九月第二个周日，一觉醒来，我感觉神清气爽，精力十足。不说是九年，起码也是九个月以来头一次感觉这么棒。碰巧，我也有了一个新的觉悟：“我要生宝宝啦！”从一月份开始我就有这种意识了，但侧重点不同。怀孕头七个月，重音落在这句话的主语上：“我要生宝宝啦！”参加 181
备产班之后，关注点转移到了动词上：“我要生宝宝啦！”现在，距离预产期还剩下两周的时间，我突然意识到这句话里的直接宾语：“我要生宝宝啦！”我们这套公寓房虽不适合作为独立分娩的家，但很快也会成为新生儿的家。难道新生儿不需要这样或那样的……东西吗？

我开始一心一意收拾起屋子来：擦抹踢脚板，清理衣橱，找人磨刀，换鞋底；把衣物分门别类放整齐，把调料罐按字母编好顺序，换上缺失的窗帘，重新布置一番家具，将心爱之物丢到地下室；清点家庭开支，归还图书馆的书，送狗去看预约逾期很久的动物牙医。我还为杰夫制定了长达三页的计划表。第一项任务是更换汽车机油，最后一项是找一个尿布更换架。

杰夫出门后，我就开始洗一大堆一大堆的婴儿衣服，全都是几个月前比我有远见的当妈妈的朋友送来的。把它们夹在阳光下晾晒，心头却突然感到一阵惊慌。这些衣服看起来太小了，根本不可能穿得下，而且到处都是复杂的按扣。有些衣服我甚至不知道是干什么用的。睡衣？背心？洗澡时穿的衣服？我试着阅读褪色的洗标。上面神秘的尺码——6M、2T、NB-3M——令我迷茫。

我钻研起婴儿护理的知识，在字典里查找“宝宝套装”一词。窗外，秋风刮过天堂树，几片小小的树叶飘过屋顶，飞向远方。

人类分娩的时间在季节规律和生化起源方面都是一个未解之谜。倘若早产的问题不是如此难以解决，这原本会是一个更惹人喜爱的谜。因为没有人完全了解正常分娩的诱因，所以也没有人了解是什么最初导致自发性早产以及如何预防。尽管新生儿医学的发展使很多早产儿存活了下来，甚至挽救了少数胎龄仅为二十四周的早产儿生命，但早产依然是继出生缺陷之后新生儿的头号杀手。早产也是致残的首要因素。有些早产儿的残疾程
182 度如此之重，很多人甚至怀疑不惜一切代价挽救胎龄越来越短的婴儿这一目标是否值得。美国约有10%的婴儿出生比预产期提前两周以上（这是官方对早产的定义），而且这一数字一直在稳步上升。研究过相关数据的专家谨慎表示早产发生率的上升不能归因于医疗技术的变革，也不能归咎于母亲年龄或产前保健。三分之一的早产被认为是感染所致，其余三分之二尚无法解释。

调查已知子宫和胎盘极易受化学激素干扰物质的影响，所以近些年的研究重点转向了环境污染在引发早产方面可能起到的作用。例如，妊娠期的子宫似乎是多氯联苯的重要靶点。二十世纪七十年代开展的实验发现，从产妇子宫肌肉中提取的脂肪含有大量多氯联苯，其含量高于胎血或母血。这一发现激发研究人员更进一步研究多氯联苯对分娩时间可能产生的影响。调查结果显示，多氯联苯可引发雌鼠多条离体子宫肌肉的收缩。同样，在工作中接触多氯联苯的孕妇，其早产率较高。近期一份国家科学院报告的作者通过分析人类证据得出结论，认为“总体上，这些研究结果说明产前接触多氯联苯可导致……妊娠期缩短。”

密歇根大学开展的一系列实验揭示了上述影响背后显而易见的作用原理。多氯联苯施于子宫组织上时，会加快一种化学信使的产生，由此引导钙离子流向组织肌肉细胞内的特殊通道。钙的流入继而刺激宫缩。除此之外，多氯联苯还激发一种叫作“花生四烯酸”的化学物质的释放。这种物

质单独可引发子宫收缩。它还是构成前列腺素的原料。

婴儿自身的体重也与婴儿何时出生这一问题息息相关。对此至关重要
的变量是体重，而不是身长。这是因为胎儿体长的增加（怀孕第五个月）
早于体重的激增（怀孕第八个月末）。因此，在妊娠七个月时，胎儿的身 183
长已接近出生时的标准，可体重才增加了一点。很显然，早产儿的体重比
足月儿轻得多。

但是在美国，同早产并无关系的低出生体重发生率也在上升。换句话说，越来越多的足月儿出生时非常瘦小。此处，低出生体重是指体重低于2500克（约5.5磅）。或者换个角度说这个问题，越来越多的新生儿按孕期的标准过小，即低于某个妊娠周规定的第10百分位数——无论是体重、体长还是头围。这样的婴儿属于发育迟缓，或按照更为正式的说法，属于宫内发育迟缓。这种情况和早产大为不同，其自身具有特殊的危害。低出生体重是新生儿死亡和患病风险因素之一，也增加了成年后患糖尿病、高血压和心脏疾病的风险，而头部尺寸的减少与认知能力和学习成绩较差相关。

和早产一样，近些年低体重足月儿人数上升也是一个未解之谜。一部分是多胞胎发生率上升的原因所致。然而，即使是单胞胎，低出生体重的发生率也在上升。在二十岁至三十四岁、生产低体重婴儿风险最低的孕妈妈中，情况也是如此。众所周知，饮酒、吸烟、吸毒和滥用药物都与低出生体重相关，所以研究人员开始怀疑其他环境因素也可能会产生影响。

上述影响的原理尚未被发现，但其存在的证据不断增多。例如在德国，在工作中暴露于木材防护剂的保育员生下的婴儿体重较轻，而这种联系与胎龄无关。多项研究发现，饮用水污染与低出生体重有关。在北卡罗来纳州饮用水被干洗剂污染的地区，产妇生下低体重儿的概率大幅上升。在艾奥瓦州饮用水源被除草剂污染的社区，以及在新泽西州和科罗拉多州自来水富含三卤甲烷（三卤甲烷是水净化过程中产生的化合物）的地区，也发现相似的情况。

也有调查发现，新生儿体重过低和在有毒垃圾场附近居住有关。其中 184
最好的研究成果能够证实在垃圾倾倒期间新生儿出生体重呈下降趋势，在
污染得到治理、有毒物暴露问题得以缓解之后恢复正常。这样的研究报告
至少有三份，其中一份来自纽约州尼亚加拉瀑布附近的著名的拉夫运河小
区。这个小区建在一处臭名远扬的化学垃圾倾倒场之上。在污染最为严重

的时期，居住在拉夫运河小区的产妇生下低体重儿的比例大幅增加。这种变化无法用各种混淆因素（吸烟、教育水平、妊娠期、胎次）解释。当污染物暴露水平降低时，新生儿出生体重也恢复了正常。

研究人员发现俄克拉荷马廷克空军基地附近的住户出现了类似的情况。1956年至1967年间，基地的飞机维护和去漆作业使居民极易暴露于气载溶剂。在此期间，住在附近小区的孕妈妈产下低体重儿的概率比俄克拉荷马市其他地区的产妇高三倍。后来，空军基地的作业被整改，以减少污染物排放。新生儿体重也随之恢复。事实上，小区开始出现体重超过平均水平的新生儿。

第三份也是最为全面的研究报告来自新泽西州，重点关注在全国排名最靠前的有毒垃圾场——利帕里垃圾填埋场附近出生的新生儿。最初，利帕里是一个砾石采掘场。之后从1958年开始，这个15英亩大小的地坑慢慢被填上了液体化学废料，包括重金属、清洁溶剂和涂料。这些物质最终渗入附近的湖泊中，并气化进到了周遭空气中。在化学品泄漏最为严重的1971年至1975年间，该地区住户生下低体重儿的风险比远处居民高一倍。这种差异尤为显著，因为在污染事件发生之前和之后，利帕里附近的新生儿体重往往都超过了对照地区的新生儿。此外，在填埋场关闭之后，利帕里附近地区的新生儿体重大幅反弹。相比之下，在离污染区较远的社区，
185 出生体重较为平稳，既无下降也无反弹现象。和其他研究一样，该项调查考虑了母亲年龄、产前保健、教育水平及所有其他个人风险因素，并据此进行了数据修正。

上述三项研究一致认为孕妇有毒化学物暴露的途径是空气，而不是水。其他大量研究显示周遭空气污染真的能够影响胎儿的生长发育——更不用说在垃圾填埋场附近居住了。

两项研究分别选择北京和洛杉矶作为目标地。对于前者，研究人员分析了1988年至1991年间四城区所有孕妇的分娩记录，将其与同一地区、同一时期的每日空气污染数据进行对比，发现污染暴露最多的孕妇产下体重不足5.5磅的足月儿的风险最大。怀孕后期的空气污染对低出生体重的预测性最强。烟草不被认为是影响因素，因为中国女性大多不吸烟。同样在洛杉矶，研究人员查看了125 000名新生儿的记录，全部是在1989年至1993年出生的足月儿，他们的生母都在一氧化碳监测站附近居住。研究人员发

现怀孕后期较高的周遭一氧化碳水平增加了低出生体重发生风险——甚至在根据产前保健、年龄、民族和教育等混淆因素调整数据后，亦是如此。

多项相关确证研究来自被公共卫生研究人员称为“黑三角”的东欧重工业区。该区域包括捷克共和国、波兰及东德。在捷克共和国，研究人员分析了1991年六十七个设有空气污染监测设施的辖区内所有单胞胎出生记录，发现低出生体重和早产都与空气污染指数相关。然而，与加州和中国的研究结果不同，怀孕早期，而非怀孕后期污染物暴露的关系最大。同样在波西米亚北部地区，宫内发育迟缓发生风险在怀孕早期随空气污染水平上升而增加。

空气污染怎么会让胎儿体重减轻呢？为什么有些研究显示空气质量对 186
怀孕早期阶段至关重要，而有些研究却认为时间越临近分娩，空气质量越重要？至今这些问题尚无定论。空气污染不是某一类化学物的集合，而是硫酸盐、悬浮颗粒、一氧化碳、重金属、一氧化氮、臭氧和挥发性有机化合物的浓雾。污染物各种成分取决于污染源是汽车尾气（如洛杉矶）还是工业燃煤生产（如东欧地区）。其中某些成分可能破坏胎儿血红素，而有些成分则可能干扰胎盘的功能。

尽管存在上述不确定性，我们知道在污染的空气中至少有一种污染物在胎儿发育方面扮演着邪恶的角色。这不是一种化合物，而是一个被称作“多环芳烃”（PAH）的化合物家族。中间那个清新雅致的“芳”字，折射出它们被发现的历史：最早从茴芹、香草等芳香植物中提取而成，并非所有的多环芳烃都散发芳香气味。但由定义可知，它们都由长长的碳链形成的一系列六边形的环构成。樟脑丸主要成分——萘就是一种多环芳烃物质。有些多环芳烃物质在自然界中存在；有些在实验室中合成；有些在焚烧有机物时产生。最后一类多环芳烃物质对人类健康有害。多环芳烃以燃烧的副产物出现时，可干扰内分泌系统，改变肝酶，引发癌症。这就是烟草烟雾具有致癌性，饮食上不推荐大量吃碳烤肉、熏鱼和后院烧烤的原因所在。多环芳烃随汽油、木头、柴油、煤炭和燃油的燃烧形成，遍布在城市空气中。

分子流行病学家弗雷德丽卡·佩瑞拉（Frederica Perera）的研究成果在证实多环芳烃妨碍胎儿发育方面树立了标准。身为哥伦比亚大学公共卫生学院教授的佩瑞拉直接测定胎儿对多环芳烃的暴露量，然后论证该暴露与伤害之间有怎样的联系。多环芳烃实际是附着在人类染色体之上的，所以证明此类化学物有害，比捕捉空气中其他伤害胎儿的“罪犯”容易一点。正因如此，佩瑞拉能够通过计算白细胞中被称作“DNA加成物”的多环芳烃附着数量对暴露水平进行量化。佩瑞拉及其研究团队在波兰开展研
187 究，证实周遭空气污染程度与母婴体内加成物的数量相关。此外，新生儿带有高水平的加成物，其出生体重、体长和头围的数据均有所减少。她还发现新生儿体内的加成物水平普遍高于母亲，说明胎儿缺少成人抵御空气污染破坏力的防护机制。

这是科学家首次在分子层面证明常见空气污染物穿越胎盘影响胎儿发育的证据。

九月第三周，天气炎热，暑意尚浓。我打开电扇，继续大扫除。家务活从未让我感到如此快活。至此，我疯狂收拾小窝的消息不胫而走。儿时的朋友、身为内科医生、儿科医生和母亲的盖尔·威廉姆森（Gail Williamson）打来电话询问情况。

“你这样多久了？”

“哦，大概有一个星期了吧。”

“怀孕末期突然感到精力旺盛通常意味着一周之内就要临产了。”

“可还有十二天才到预产期呢。我以为头胎往往会晚出生。”

“我从来没有听说过有谁打扫屋子超过一星期的时间。”

第二天早上，我正穿着睡裙洗碗，突然感到有种奇怪的东西从身体里深深的私密之处流了下来。我来不及关上水龙头，一滩像蛋清的液体“啪嗒”一声就落在双脚之间的地面上。我瞅了瞅，几秒钟之后才意识到那是什么东西。

“杰夫！”

“出什么事了？这是什么？”他冲过来，一脚拌上了吸尘器。

我指着地面。

“这是什么？”他又问了一遍。

“我不确定，但我想是黏液拴。”

“……什么？”

“我的天啊！真的，是真的。盖尔说的没错！难以置信。”此刻我哭

了起来，主要是震惊的原因。

“桑德拉，请告诉我那是什么东西。我要不要给医院打电话？”

我终于抬起头，深深吸了一口气，突然大笑起来。 188

“是栓子，黏液栓，封住宫颈口的东西，九个月以来一直都在。现在它掉出来，就说明我要临产了。”

“每次都是这样？还是有时？”

“有时吧。我不清楚。”

我给希拉打了电话。这周她休假。所幸，她没出去玩，而是在家装修卫生间。我脑中浮现出她撸起袖子、拆墙砖、抹墙粉的样子。她认真听我讲述，问了几个问题，然后便鼓励我正常生活，保持平静，并与她保持联系。宫颈黏液栓的脱落不一定是分娩的前兆。

第二天清晨五点我就醒了。天还没怎么亮。我感觉后背痛。坐起来后，有种隐隐约约的绞痛放射到前面。我摸黑走到卫生间。冲水时，某种异样的东西引起我的注意。我赶紧摁开了灯，看见马桶里有一丝红色打着旋——不是经血那种深红色，而是浅浅的，更像是石榴汁的颜色。固定宝宝的组织开始瓦解。这就是所谓的“见红”，又是一个临产的迹象。可此景并没有让我展望未来，而是把我拉回了过去。我看到十三岁的自己，眼睛盯着马桶，心里突然明白自己来例假了，生活从此不同。那也是在一天清晨，世界沐浴在宁静的黎明中，很像今晨。

首先，我给加拿大助产士珍妮特打电话，然后是贝斯以色列医院产科待命值班医生，再后联系希拉。珍妮特建议我在床褥下铺一张塑料布。要是在床上羊水破了，里面的高蛋白能把床垫给毁了。与此同时，她会搭乘下一趟大巴去波士顿。这位产科医生说绞痛或许会发展成有规律的宫缩，但也有可能会停止，等待几天——甚至要等一两周才开始真正的分娩。而希拉则说：“我想你会在四十八小时之内生下宝宝。”

然而，当我们从哈佛广场接上珍妮特，一起在小区熟食店点了黑麦面包和罗宋汤，把她安顿到附近的朋友家后，宫缩停止了。回到家后，我翻出我们野营用的防潮布，按照珍妮特的建议把它平铺在床垫上。几颗松针
从褶皱中哗啦啦滚落了出来。我在这块尼龙布上睡过很多个夜晚。有时露 189
宿在山顶，有时扎营在溪流旁，有时遭遇暴风雨，还至少有一次是与熊相伴。但没有一次在自己的卧室里用到它。我一边掖好床褥，一边告诉自己

要培养起在山野徒步时探索的心态。积极接受新环境，但要排除先入为主的想法。提防沿途危险信号。留意云的变化。

过去两天里已经出现两个临产迹象。不管下一个何时到来，我都需要认识并迎接它。风云莫测，有时变化缓慢，而有时则会突变。

相比人类而言，其他哺乳动物的分娩易如破竹。老鼠妈妈在经历几秒钟的宫缩之后用嘴把她的宝宝们衔出来。小猫的出生仅需经历两次宫缩。海象生产需要使三分钟的力气。其他灵长类动物分娩要困难一些，但也比不上人类产妇所遭受的痛苦。有人听见大猩猩在分娩时喊叫，分娩过程在十八到三十分钟之间。松鼠猴分娩过程可达两小时。但正如很多灵长类动物学家所指出的，估计其他物种的分娩时长——尤其是野生动物的分娩——实际上纯属推测，因为没有人知道它们何时开始分娩。人类分娩在早期阶段相对是没有痛苦的，行为变化不大。我们能够记录分娩开始的时间，是因为产妇会用言语表示自己开始感觉到宫缩的时间。不过，大多数研究人员认为人类分娩的时间很可能是其他灵长类动物的三到四倍。

许多人认为人类胎儿的头部较大是造成分娩如此辛苦的原因。这只是部分原因。所有灵长类动物的头部相对于体长都较大。不过，多数灵长类动物的头部长大于宽，出生时最靠前的部位是额头。因此，猴子是面朝上出生的。这种体位能让猴妈妈在宝宝出来时将其抱到胸前。而人类婴儿以面朝下的体位出生，最靠前的是婴儿的头顶。分娩时，产妇若要把婴儿抱
190 到胸前，就不得不迫使其背部向后弯。此外，产妇面对婴儿的后背，难以自行清理其呼吸道。鉴于这两点原因，身为助产士和进化人类学家的温达·特瓦珊（Wenda Trevathan）认为助产是人类遗产的一部分，迄今至少有一百万年的历史，成为全世界最古老的职业。

然而，人类分娩缓慢的过程同样和臀部有关。在四足哺乳动物中，甚至在指背行走的灵长类动物中，脊椎尾部那种平坦的三角形骨质结构——骶骨高高位于耻骨的上方，给胎儿留有足够的空间相继越过这两个障碍。相比之下，双足直立行走的体态使骨盆变窄，而骶骨直接与耻骨相对。因此，婴儿出生时被迫同时挤过两个相互对立的坚硬表面。从达尔文进化论的角度讲，分娩的劳苦不是夏娃的罪过，而是双足行走的代价，也代表了运动的新方式，将我们的双手解放出来，用来制造工具、生火、从事艺术

创作、演奏乐器以及实现其他富有智慧的活动。这应该足以让我们双膝跪地，感谢先祖历来经受磨砺，只是为了我们如今能够抬手敲键盘、挥手打招呼。

双足行走还产生了一个与分娩有关的后果。这种姿势导致受孕子宫所有的重量都集中在之后必然要打开、让婴儿通过的结构上，即宫颈和会阴。现在来和我们的农场朋友做个对比吧。怀孕母羊或母牛的腹肌包裹着未出生的幼崽，而产道像茶壶嘴一样向上倾斜，相关组织同样没有负重，因此分娩要容易得多。

幸好，面对生硬的工程设计问题，大自然没有让我们手足无措。我们人类进化出了两个化解矛盾的卓越功能。第一，人类胎儿的头部具有半收缩性。在分娩的过程中，胎头穿过骨盆出口时，各块头骨会向内合拢。这种过程被称作“胎头变形”。第二，在所有哺乳动物中，人类的子宫肌肉
最为坚韧。其纤维组织强大有力，能够把胎儿推过狭窄的骨盆，而后者被 191
坚实的材料包裹在内，以承受生命之重。

我没等太久，下一个临产迹象就来了。在铺着塑料布的床上睡了几个小时后，我醒来感觉身下湿漉漉的。虽说没有积水，但的确是湿了。我站起来，下身就不滴水了。一躺下就又开始漏。所以我猜这不是尿液。最近我也在漏尿，但只是在起身的时候漏。感觉也不像尿。摸上去滑滑的——像是隐形眼镜护理液，闻上去像精液或海水的味道。我在指尖搓了搓。这就是羊水的质感吗？我太困了，决定这次不拉警报。不要让分析和猜测打破夜的宁静。让清晨自然到来吧。

我很晚才起床。第二天是秋分，天气晴朗又凉爽。除了湿床单之外，再也没有出现新的变化。我感觉自己来到了怀孕和分娩的十字路口。

除了好莱坞电影里的情节之外，大多数分娩初期并不会出现羊水奔涌的情景。这种明显的变化往往发生在分娩活跃期。不过，大约有十分之一的妊娠，羊膜会在宫缩之前破裂。多数产妇遇到这种被称作“胎膜早破”的情况，会在二十四小时之内自行分娩。一小部分没有开始分娩的产妇会让产科医生十分紧张，因为随着时间一小时一小时地逝去，感染的概率会逐渐增高。这不是很危险，但确实是危险。在怀孕的阶段，几乎每每遇到当妈妈的女性朋友，我都询问过她们对分娩的感受。其中有两个人讲到

胎膜早破的事情。她俩都是计划在家生产。一个是四十岁的产妇，生第四个孩子。羊水渗漏两周之后，她在家通过助产的方式产下一名健康的女宝宝。另一个也是四十岁，生第一胎。羊膜破了三天，她就开始发烧，最后被助产士送往医院，接受了剖腹产手术。医生对羊水破了而不立刻催生这件事十分气愤。最终，她的宝宝也安然无恙，不过多亏了伟大的医学。

192 我给希拉打了电话。她不让我洗盆浴和发生性行为，而是建议我多散步，并且刺激乳头。这两项活动可加快宫缩速度。该到宝宝出生的时候了。于是，我和杰夫散起了步，时不时地停下来，像少男少女那样缠绵一番。我们沿萨默维尔的山路上上下下走啊走，走过足球场和教堂，走过面包坊、音像店、养老院、水果摊、代销点、烟草店、面食店、婚纱店、二手车市场，至少还有一家女修道院。看看吧，我的小宝贝，这座城市正等着迎接你的降生。这里充满了神奇又离奇的事。快快出来吧，出来吧。

没有动静。

今夜很像昨晚，每隔一段时间醒来，感觉温热的体液一点点滴落在床上。清晨，我们驱车前往米德尔赛克斯岩山游玩。这里是一片保护林区，距萨默维尔10英里远。我们爬上岩石，看一只苍鹰掠过水库表面，寻找橡树和枫树林间别样的色彩。看看吧，风、湖水和森林都在召唤你呢！不论你在何方，快快出来吧，出来吧。

还是没有动静。

今晚，我梦到自己和宝宝分开了。她独自一人在一座森林里，而我却在数英里之外的一座城市里。我抢来一辆车，可开到半路却撞坏了。我爬到一个野餐桌上，它变成了一辆肥皂盒赛车，可我不会驾驶。暴风雪来了。终于，我靠双脚找到了女儿。她全身冰冷，但还活着。我们一起奔向医院。

早上，我给产科医生打电话，她想马上见我。于是我去了贝斯以色列医院。医生的态度积极乐观。胎心监测结果显示宝宝平安无事。我的宫颈扩张了1厘米。仍没有宫缩的迹象。可由于我的羊水滴漏时间超过了二十四小时，她想在今天下午对我进行催产——如果到那时自主分娩还未开始的话。不巧，医生今晚不值班，但她向我保证希拉熟悉催产素的使用，不会有任何问题。她祝我们夫妇好运，给我了一个拥抱，便走了出去。检查室突然变得非常安静。我和杰夫面面相觑。我很快要变成医院里的病人了。

就在今晚的某个时辰，我们的孩子将被一位我们从未谋面的大夫接生，而我们也要登上医疗化分娩这趟列车，不知会驶向何方。

回到家后，我的态度变得十分坚决。咱们去散步，我说。于是，我们 193
爬上华盛顿将军曾经监视英军活动的那座山。无心驻足欣赏景色，我们又走回了家。走得很快。咱们跳舞吧，杰夫建议。他打开音响。是帕蒂·史密斯的《滚石》。声音很大。

下午四点，我终于放弃了。收拾箱子，我告诉杰夫，我再打电话处理一些事情就去医院。正当我站在电话前翻看当天的邮件，一大滩滑腻腻的液体突然从双腿间涌出来，浸湿了木地板。没过十五分钟，我就感到了一次宫缩。那种感觉就像是一阵强烈的月经痛，持续了一分钟左右，便消失了。十分钟之后，又痛了起来。就这样周而复始。

晚上十点，我和杰夫离家去医院。仍在附近朋友家逗留的珍妮特准备睡上一会后再去医院。波士顿的街道一反常态，空荡荡的。车疾驶过灯火通明的芬威球场，我们才明白是怎么回事。原来是因为世界系列赛竞争者波士顿红袜队挺进决胜局。我突然摒弃了自己毕生的观念，转而认为职业体育竞赛对女性是大有裨益的。来到贝斯以色列医院的停车场后，我们为自家的车（刚做过保养，新换的机油，婴儿座椅安装到位）找到了车位。我决定走出停车场，绕到医院前门，而不是从廊道直接进入医院。今晚，秋高气和。月亮已经爬上天空——一轮明亮的新月。农民古代历书上说在上弦月期间出生的婴儿身体强壮，长得快。我决定信一回。

希拉在分诊站微笑着迎接我们的到来。休假期间在产妇的身边忙一晚上的局面似乎并没有扰乱她的心情。“不要耽误我回家吃早餐就好”，她开玩笑说。白天她还建议我跟产科医生多争取些时间。即使等到第二天清晨六点来医院也好啊，能让我最后好好睡一觉。但我的要求被医生否决了。不论是否出现有规律的宫缩，羊水早漏的情况明显把我推入了另一个医学范畴。决定我何时入院似乎仅仅取决于胎膜破裂的时间，而不是从那
之后的进展情况。除希拉之外，我自己通过自然的方式成功实现催产这一 194
事实再也没给任何其他人留下印象，就连今晚值班的医生也不例外。他个头矮小，安安静静，看起来人不错，却对我徒步爬上观景山和帕蒂·史密斯的摇滚作品具有催产作用丝毫不感兴趣。他正要去睡觉，等宝宝快要出生时再来看我。

接下来，麻醉师以一副摩门教传教士那般柔声细语的殷切姿态，前来推销他的产品。希拉双臂交叉，静静地站在一旁。她在场明显让麻醉师感到紧张。每说一句话，他都要朝希拉的方向瞟一眼。当我按他的要求总结完自己整个病史后，他又问起了我牙齿的情况。有没有齿桥？有没有假牙？能不能张开嘴让他数一数我补了几颗牙？我仿佛进入了爱丽丝的奇幻世界。我猜他需要这些信息是怕出现不可预见的情况而需要手术，但他的问题和我的心绪之间不搭界。他想调查我的过去，而我却沉浸在现在的感受中；他想知道我身体上的毛病，而我却想谈勇气和毅力；他提出可能发生紧急情况的假设，而我却努力让自己平静，放松下来。在我们这种拉锯式疲惫的对话中，明显看出在家分娩的支持者为什么说进入医院的行为十分不利于分娩的过程。

麻醉师对我牙病史十分满意，继而开始介绍各种止疼药和麻醉剂的选择。在某一点上，希拉认为我们的客人已经跨越了介绍无痛分娩和推行无痛分娩之间的界线。后者显然违反了医院的政策。她决定对麻醉师不客气了。

“你不能这么讲，”她打断他的话，斩钉截铁地说。“医院不许你这么说。”

他表示反对，但很快支支吾吾起来。

“而且我们也用不到你服务，”她坚定地说罢，就揪着他的胳膊，把他带到门边。

多亏了希拉这位门卫兼保镖，房间里的气氛轻松了很多。

然而，我没有逃过注射催产素的命运。

“我觉得这是没法避免的，”她说。

我依然对自己取得的催产成果感到骄傲，因此这一结果让我感到意
195 外。可我没想要拒绝，甚至都没有想到问清原因。与麻醉师的周旋是我最后的抵抗。现在我感觉越来越有必要保存体力，避免冲突，开放思想，相信自己所听到的一切。因此，午夜过后不久，我就打上了吊针。我坐在靠近窗户的摇椅里，宫颈扩张了4厘米，每五分半钟宫缩一次。希拉向我保证，说这是很好的起点。

现在来说说宫缩是什么感觉。宫缩像是松紧带从腹部两侧向中间收紧，强度和密度逐渐增加（我可不是在为疼痛寻找托词），直到最后让人喘不过来气。只不过坚持呼吸会让我感觉舒服一些罢了。生育方面的书都

把宫缩形容成海浪，有起也有落。对我来说，宫缩感觉更像是塑身衣有规律地松松紧紧。放松的时候让我缓口气。我对希拉和杰夫说自己以为宫缩是向下的压力，而不是像这样横向的挤压。我之前也认为自己在这个阶段会想站起来走一走呢——我是能够自由活动的，可事实上我只想坐在摇椅上晃。杰夫说也许是因为我把一天的路都走完了。

希拉建议我注意看窗外的城市灯光。找一处吸引我的灯光，她说。我找到了。随着宫缩加剧，我将注意力集中在窗外的那一点亮光上。此刻，骨盆感觉像是被虎钳夹住了，越夹越紧。就在这时，我想起人类子宫是力大无比的。自己体内竟然聚集这么大的力量，真是不可思议，动人心弦啊。挤压我的力量来源于我身上的肌肉。挤压的施动者和挤压对象同为我一人。我既是蟒蛇又是被蟒蛇紧紧缠住的老鼠。受挤压的感觉简直快到了让人无法忍受的地步，但分娩真正的辛苦之处却是肌体发动的这种自主挤压动作。

随着宫缩来势越来越凶猛，波士顿的天际线似乎向我袭来，当压力减弱时又向后退去。所以我感觉自己一会飞向夜空，一会又飞回来，反反复复，有条不紊。我想把这种感受告诉希拉和杰夫，却发现自己说话不连贯了。我的双腿开始打战。我要求躺下。可希拉却建议我跪在床的中间，双手扶着床头。她把床头抬高到垂直的角度。

接下来，她让杰夫来到床头前，让我俩的眼睛保持在同一高度。她教 196
我们念一个咒语——“OUT”。每当我感到子宫开始收缩时，我和杰夫都要手拉手，双目对视，反复喊“OUT”，直到子宫压力减弱为止。我立刻喜欢上了这个字。OUT OUT OUT！我一会儿快快地说，一会又放慢语速。我说得越多，越感到舒心。多么好听的音节啊！我探索着每一个音节。首先是一个如呻吟般的长元音，后面跟着一个清辅音。我注意到自己的嘴唇先是张开，然后缩在一起；下巴合上的同时，舌头慢慢抬到上颚。OUT OUT OUT！声音从我的嗓子后面舒展到齿尖，形如其声。我看到了每个字母的构造——循环往复的O、像发卡一样的U、横竖相交的树杈T。OUT是那棵遮风避雨的大树，是冰面下冒出的一颗气泡，是驶离车站的那辆列车，是塔顶的那张床。OUT OUT OUT。

接着疼痛袭来。被挤压的感觉尚未消退，但现在有某种东西正在从里面推撞我的脊背，感觉很痛。希拉跨到床上来，像橄榄球比赛对手那样把我抱住，反向施压。疼痛缓解了。我四下张望，寻找着OUT这个字，结果发现它就在杰夫的眼睛里。OUT是蓝色。OUT是湖底。鱼儿游过OUT。OUT里面是一片祥和宁静。OUT是解脱。OUT是爱。OUT是上帝。

接下来一直像这样，我们三人齐喊OUT，度过这夜晚的时光。

后来，随着一阵剧痛向下划过我的骨头，我便乱了方阵。不要误解我。对于单纯的皮肉之苦，我曾经历过比这还要剧烈的疼痛。手指被锤子砸伤更痛，背部肌肉痉挛更痛，正畸治疗亦是如此。但我从来也没有经受过如此深邃的疼痛。如同管风琴的和声在一座大教堂里震荡。如同大地在震动。

> 1989年，旧金山。我站在办公室门口，地面像船的甲板摇晃得很厉害。我直视走廊对面一位同事的眼睛。他也站在门口，跟着地面前后摇摆。他名叫费德里科。我们并不熟悉。走廊上文件柜的门猛地弹开，诡谲怪诞，同时文件柜整体也在向一边滑动。我突然意识到在自己的生命结束前他将是我见到的最后一张面孔。我知道他也在这么想。随后，地震停止了。

197 可现在大地还在晃动。

> 1995年，犹他州。我和两个朋友骑车上山。在接近山顶、两峰之间的地方，我们发现了一片蔚蓝色的湖，四周云雾密布。可那根本不是云，而是上下翻腾的皑皑白雪。我们被这美景震撼了，驻足观看太久。终于，我们准备骑车下山，却听到脚下隆隆作响。阳光融化了山上的雪，朝我们奔涌而来，脚下的积雪开始崩塌，下滑。我们分头行动，俯下身，像蜘蛛一样在山坡上爬行。下方，飕飕颤抖的白杨树扎根在坚实的土地上，向我们召唤。终于来到它们中间，我们直起身，喜极而泣。

可这里没有树林。

某个遥远的地方，我听到杰夫的声音，于是便朝它摸索过去。此刻，我又听到了其他人的声音。希拉，在敦促我挺住。还有某种吼叫声，似乎从我自己的喉咙里传来。随后，我的双唇拱起，舌头触到上颚，吼叫声化作一个字。OUT OUT OUT。我从杰夫的眼睛里浮现出来，重新回到自己的躯体里。OUT OUT OUT OUT。接着，这个字变成了鲜活的肉体。

慢慢地，我意识到房间里的人多了起来。产科医生正在一个角落里洗手。一位哈佛医学院学生在聊她曾经写的一篇有关助产的论文。珍妮特接到电话后赶了过来。灯光暗下来。床上的聚光灯亮起来。希拉说我的宫颈已经完全张开。过渡期结束了。我度过了第一产程。

如果你研究过妇科诊室挂的解剖图，或者认真看过有时装点他们办公桌的三维模型，你可能就会注意到子宫和阴道实际上互为直角。子宫朝后方的直肠倾斜，而阴道朝前方的耻骨倾斜。在两者中间是一个整齐的九十度弯道。这种结构要求胎儿在娩出的过程中采取屈曲的姿势，有人将它比作把脚伸入牛仔靴的动作。在这种情况下，低着头、侧着身子的胎儿通常需要将身体旋转九十度，将面部朝向后方的直肠。接下来，胎儿将下巴缩到胸前，以便让身体最窄的部位——头顶率先通过弯道。当阴道口出现胎 198
头时，胎儿再次转动身体，头部随之也转向一侧。第二次旋转之后，胎儿肩膀的上半部从耻骨下滑出，而下半部通过直肠的前面。由此看来，人类分娩很像是把一件大家具抬进门。首先要挪向一边，然后再转向另一边，让各个部分都通过才能顺利完成任务。

我这样想着，希拉开始实施会阴按摩疗法，包括热敷法和热油擦涂法。“我们要避免会阴切开术，”她大声宣布。她的这句话并非针对某个人，可我希望产科医生能听到。此时，我又难受又疲惫，但不是特别痛。热敷的舒缓作用棒极了。她一边将油慢慢涂进会阴，一边说我的嗓音里出现了“呼哧呼哧”的声音，说明我准备好向下用力了。

向下用力？现在？我可不这么认为。我太享受这段中场休息的时间了，不想回到现场。就让我在这里多待一会吧。其实，我想回家，或者至少回到我们一齐喊OUT的时刻也行啊。希拉把床头降低到半靠位，调整好我背后的枕头。她让我抱住自己的两条大腿，抬到胸部。现在深吸一口气，憋住，然后向下用力。

这是我听过的最荒唐的建议。

希拉和杰夫交换意见。

杰夫靠过来，极富禅意地向我解释背后的道理。之前，我需要经历疼痛，就像风吹过通道一样。现在，我需要集中意念，推动它。除此之外别无出路。

从被动接受转向积极行动，要求内心也实现某种扭转。我需要转过心理上的弯，找回那个倔强执拗、不管三七二十一、下午为了催产爬上独立战争塔的自我。我静静地冥想着此番情景。几分钟之后，我认识到自己有一种想要朝下使劲的感觉。我惊讶地意识到这种感觉已经断断续续出现了一段时间，可我一直没有认识到它的存在。

我开始向下用力，同时每个人走到自己的位置上，严阵以待。珍妮特
199 来到我耳边，提醒我保持缩下巴的姿势。杰夫在我的右侧。希拉在床尾和我的左侧来回走动。而医生和他的助手则像希拉歌咏队，安静地站在后方。

根据我的经验来讲，认为产妇在分娩过程中会感到向下用力是一种强烈的渴望这种观念是不正确的。对我而言，这种冲动更多的是自然反应，而不是渴望。这就好比呕吐感。你可以忍住，也可以任由其便，或者还可以催吐。但你不会把它称之为渴望。此外，和呕吐一样，我更愿意等压力积累多一点，再用尽全力，一泻而下。

向下用力分娩的动作很快具有了节奏和动能。我不再听人指挥，而是开始自演自导。“等等，让我休息一分钟。好了，来吧。好……现在开始！”一旦发现这样使劲没有自己想象的那样痛，我便放下了所有的心理包袱，再次为体内奔流的力量感到震惊。此刻，阴道口周围被拉开的组织开始刺痛、发热。很快，这些组织便麻木了，像失去知觉的脚。这很有用。我继续下去，让自己的身体放松再用力，放松再用力。然后我听到两位大夫齐声惊叹：“哇！看看那头发！”就在宝宝露顶时，有个声音让我把手放下来，摸摸她的头。我照做了，但心不在焉。我也摆手拒绝了某人递来的镜子。太分心了。没看到我正忙着吗？

突然，有人不许我再用力。接着从床尾传来一阵议论，决定我是否应该接受会阴切开术。我听着这讨论声好似从井底传来，好像在听断断续续的广播节目似的。每三个字，我大概只能听到一个。

终于，我听到自己说：“我宁愿要。一级裂伤。不要切开。”

我看着医生摇摇头。“恐怕……不会是……级裂伤。”我感觉他变成了外国影片中的一个小角色。

现在又传来更多的议论声。我感觉自己好像在读着翻译质量很差的字幕，渐渐失去了兴趣，烦躁不安。

我听到自己说：“好。那就切吧。”

这将是一个令我痛恨许久的决定。手术刀划进阴道，我立刻就知道了。

但现在没有时间后悔了。我被一种积聚起来的巨大渴望所占据——是 200
的，此刻有一种向下用力的深深渴望。我再一使劲，就有人说头出来了。我再一使劲，就有某种东西从我身体里涌出来，仿佛从山间奔涌而下的雪水一般。体内的空间感伴随巨大的轻松感顷刻而来。有人说：“桑德拉，放下手，抱抱你的孩子。”一个完美的小小身体便出现在了我的手中。

一缕缕乱糟糟的黑头发如羽毛般油滑光亮。

颜色发暗的皮肤上裹着一层胎脂，柔滑不过世间最好的润肤霜。

那双小嘴唇，多像我那张小学一年级学生照上的自己。

呀，你是谁?

两只小眼睛睁开了，漆黑如谜。它们反问：“你是谁？”

此刻是1998年9月25日凌晨2点56分。

第二部分

有个孩子出发了，

早开的丁香成了这孩子的一部分，

还有那草，那红红白白的牵牛花，那红红白白的三叶草，还有那燕雀的啾鸣……

越冬的禾，淡黄玉米的苗，还有园中可食的根，

那繁花朵朵的苹果树和随后结成的果实，那林间的浆果，还有那路边最普通的野草……

那天际线，那飞翔的海鸥，那盐沼和滩涂的芬芳，

这些都成了那孩子的一部分，

他曾天天出发，现在和将来亦是如此。

——沃尔特·惠特曼（Walt Whitman）

乳房探秘

我见过最漂亮的乳房是纽约上州某郡一只美国高山山羊身上的。瞧那绒绒的球，那雪白的半球，还在微微地颤动呢！下面还立着两个挺拔神气的乳头，它们都非常精彩——那种让那些对自身不满意的女人愿意花光所有积蓄通过手术再植到自己胸前的乳房。

我的乳房可不是这样。说我的胸小都夸张。我的胸和六年级小学生的最像，乳头只能微微将T恤衫顶起。它们更像是乳芽，而不是乳房，一位医生这样告诉我。碰巧，发明这一爱称的人是我当时的恋人。但当他对我和我的乳房那无休无止的迷恋变得讨厌时，我把他和“乳芽”一词双双抛在了身后。我又开始把自己看成是无胸女人。*La Femme sans mammae*。总的来说，这是一个让人释然的身份——尽管在青春期不然。十四岁时，这是一种残酷，足以毁灭我对上帝的信任，迫使我宣称自己是无神论者。然而，快到二十岁时，我领悟到了两点：其一，世间存在为数众多的一类男人，对他们来说，乳房大小无关紧要；其二，根据上述类型中的几位男士所述，我的乳头……激情四射。也正如某某法国人所述，在性爱方面不存在秘籍，唯有激情使然。有了这些发现，心中对自己那简约无华的身材所剩的疑虑全都烟消云散了。后来，我与杰夫相遇，而他对肩胛骨的
204 兴趣胜过那两堆颤悠悠的肉。至此，乳房的问题和我彻底失去了关系。

直到现在。

在人类乳房内部生长着一棵树。越靠近胸壁，枝干越浓密。枝头上挂着像果实一样的结构，被称作“小叶”。乳汁在小叶里产生，然后流过这些被称作“乳腺管”的枝干，进入乳头。如果你把人的乳头想象成水龙头或是花园浇水用的软管，也情有可原。母牛的乳腺正是这样，其中有一个大导管，吸取各个乳腺管中的乳汁，然后通过乳头将乳汁运送到外界。老鼠和山羊的乳房也是这般构造。可人的乳头更像是喷壶嘴，上面分布着十到十五根乳腺管的出口。

如果你认为哺乳像用力分娩一样是本能使然，那也情有可原。对于大多数哺乳动物来说确实如此。但对于人类而言，哺乳是母婴双方习得的一项活动，而且和跳探戈一样，需要双方相互配合才能完成。你大可好好学习一番——我在怀孕最后一个月参加了母乳培训班，但最后你还得登上舞台，尽力而为。很多妇女不会哺乳——不只是在奶瓶和配方奶粉问世之后。中世纪法国诗人就描写过不会哺乳的新妈妈。西格蒙德·弗洛伊德的著作中也谈过相同的问题。美国南北战争时期的南方贵妇人在哺乳方面显得尤为困难，因此十分依赖奶妈——有时是受奴役的奶妈。

在哺乳方面表现欠缺的不只是我们人类。其他某些猿类在从未见过其他同胞哺乳的情况下也不会喂养自己的幼崽。哺乳期妇女和她们的宝贝有时被请到动物园，将基本技巧展示给笼中需要接受指导的黑猩猩和大猩猩看。这招很管用。

哺乳倡议者最伟大的成绩也许要数他们对认为某些女人缺乏哺乳能力这一普遍的传统观念发出的质疑。在相关机构组织中，历史最悠久且最富

盛誉的国际母乳协会认为，从解剖学角度来讲，所有妈妈都拥有给宝宝喂
奶所需的硬件装备，也具有学习使用它的能力。根据母乳协会的观点，任 205
何哺乳障碍都是可以逾越的坎儿。协会领导人坚信，哺乳问题的根源不是
母亲身体内部的缺陷，而是可以改变的外部条件。奶水不足的原因不是乳
房功能低下，而是由于疲劳、焦虑和吸吮次数过少。腹绞痛和红疹不是婴
儿对母乳过敏所致——母乳具有低致敏性，而常常是因为婴儿对母亲吃的
某些食物产生反应（如乳制品、花椰菜、豆类等），而这些食材都是可以
规避的。

有关哺乳的文献经常反复提到产乳量和乳房大小并无关系。这最令我感到宽心了，也符合常理，因为像哺乳能力这样对成功繁殖至关重要的东西就不应该和乳房大小这种变化无常的特征有牵连。遵常守故的进化力量是不会允许这种联系发生的。因此，分泌乳汁的腺体——小叶及其纵横交错的乳腺管分布均匀。不论穿多大罩杯的内衣，每位女性的乳房平均腺体组织数量大致相等。正如作家娜塔莉·安吉尔（Natalie Angier）的观察，这个简单的科学事实让针对胸部大小和形状而建立的庞杂分类体系彻底成为一个不解之谜。女人乳房的体积取决于其脂肪和结缔组织的含量。然而，这些组织显然对泌乳能力没有多少影响。在哺乳期，乳房里的脂肪一般不会发生代谢变化。

年轻帅气的儿科医生开始担心。不是非常担心，只是有一点担心。出生四十八小时后，费思的体重减轻了10%。出生时的体重达8磅4盎司，而现在是7磅7盎司。这样的情况并不特殊，但10%是儿科医生认为的新生儿体重减轻极限。按照保健组织（HMO）的规定，我和费思马上就要出院了，所以医生建议我们明天再来门诊称一下费思的体重。他是一个好心人。做完检查后，他教我和杰夫怎样包襁褓。

“每人都有自己的办法，我是这么包的。”他一边面带喜色地说着，
一边在我旁边的床上铺开蓝白相间的法莱绒包被，把费思放在上面。“首 206
先，把这个角折过来，然后再像这样折起远端的那个角……”他略显笨拙
的动作让示范变得更有趣了。“现在把这个叠上去，这样绕过来，塞进这
里。”成啦！一个墨西哥卷饼做好啦。他低着头，对费思怜爱地笑了笑。
他的眼睛布满血丝，胡子也没刮，可能值了一整夜的班。他只是有点担

心，不是非常担心。

“你的乳房有什么感觉？”走出诊室时，他问。“摸起来有温热感吗？有没有胀胀的感觉？”

“没有。”

“嗯，别担心。通常产后第三天才有奶水。”门砰的一声关上后，我解开睡衣纽扣，既看不出也感觉不到任何变化。按压乳头时，一点奶水都没有。几位母亲曾经叫我做好两次身体急速发育的准备。一次是在怀孕时，一次是分娩后。我极有可能平生第一次需要戴胸罩，她们警告说。

期望又落空了。

我把自己学到的生物学知识全都抛在脑后，哭了起来。我当妈妈真失败，失败，失败啊。

面对我的悲伤，无助的杰夫叫来护士。无论白天还是夜晚，每隔几小时，负责新生儿的护士都会过来教我哺乳的艺术，示范怎样把孩子放在正确的位置，逗她张嘴，帮她用嘴唇严密地裹住乳头，然后打破真空，来回换乳头。她们都是很棒的老师，但费思的体重却在下降。我没有奶水，没有乳房，也没有上帝。失败，失败，我很失败。

一位护士快步走了进来，就是昨天上早班的那位护士。她立刻让费思的嘴对上我的乳头，吸了起来。

“怎么了？”最后她问。

“我没有乳房怎么哺乳？”我还在抽泣。

“亲爱的，每个人都有乳腺。我还从未见过没有乳腺的女人呢。”

乳房是人体在出生时未发育完全的少数器官之一。当然，其他器官在
207 大小、形状和功能上都不会经历如此的巨变。一切变化从怀孕后第七周的胚胎开始。当时，胚胎只有米粒大小，乳嵴从外胚层上突起。胎儿长到六个月大时，未来乳腺的多数结构已经就位：乳头、乳腺小叶、脂肪组织、乳腺管，甚至还包括乳腺管周围用来帮助推动乳汁的外层肌肉。

这是青春期前的乳房形态。在青春期，乳腺管出现分化，在卵巢雌激素的影响下开始发育。随着女孩初次排卵，孕激素也加入进来，乳腺小叶开始萌芽。但这种活动在外面看不出来。我们说女孩的乳房开始发育，实际上是乳头后方的脂肪堆积。脂肪积贮也受雌激素的引导。

青春期过后很长时间里，许多女性都会认识到自己的乳房大小随月经周期而变化。在排卵十一天左右，乳房增大最为明显。随着月经来潮，乳房从增殖高峰期过渡到细胞清除期。尽管乳房增大和缩小的幅度基本上相互抵消，可乳房并没有恢复到周期开始前的状态。随着月经的周而复始，新结构发育，乳腺继而变得更加丰富，就像一栋不断扩建的房子，但仅仅在每月的一个周末施工一次。就这样，乳房继续悠闲地发育着，直至女人到35岁左右为止。

在怀孕期间，乳房的发育速度加快。在胎盘分泌的催乳素的协助下，孕激素促使乳腺管更进一步发育，而与此同时，雌激素刺激它们延长。雌激素还增加脂肪的含量，使双乳增大，但这一过程即使发生在我身上，也微乎其微，几乎注意不到。到妊娠中期，乳腺小叶开始分化为分泌乳汁的组织，称作“腺泡”。与此同时，垂体泌乳激素的浓度上升，引导乳汁的产生。但只要胎盘还在统揽全局，泌乳素的化学信号就会被孕激素拦截，无法激活腺泡。乳汁也就无法产生。

婴儿出生，胎盘被排出后，泌乳素终于可以把信号传递给乳腺。快则
十二小时，慢则几天，待孕激素水平大幅下降到解开对泌乳素的封锁之 208
时。在此期间，子宫的血流被重新导入双乳，为乳腺的进一步发育和乳汁分泌提供非常必要的准备。与此同时，婴儿耐心地等待着。足月婴儿出生时体液充沛，可以维持五天，不论有没有奶吃。

哺乳顾问不担心，一点都不担心。四天过去了，可我还是没有奶水，而费思的体重仍比出生时少10%。

莉莎·麦克谢里（Lisa McSherry）在诊室迎接我们，并让我坐在一张摇椅上，观察我喂孩子的方式。她把头靠近我的前胸，听从那里传出轻轻的“咕咕”声，这意味着宝宝在吞咽。一如往常，在吮吸几下之后，费思便睡着了。她不感兴趣。她是个乖宝宝。或许太乖了，对自己没有好处。

这一切没有什么异常，莉莎安慰我说。不过，介入是必需的，以下是我们要做的事情。她开始在一沓纸上写指示：首先，租一台促进哺乳的高级吸奶器，直到费思最终从睡梦中清醒过来，意识到自己饿了为止。然后，不管能收集多少乳汁，都与婴儿配方奶粉混合成几盎司的乳液，再倒入辅助哺乳器中。她给我看了相关设备，很像是一个洋娃娃大小的点滴

袋。乳液从上方倒进去，流过一根比意大利面还细的软塑料管。塑料管的末端黏在我的乳头上，像一根体外乳腺管。费思吮吸时就会得到较大的奖赏，这应该会加长她吮吸的时间。她吸得越多，我的奶水下得也就越多。最终，辅助器里会完全注满我的奶水，就用不着配方奶粉了。几周之后，也用不着辅助器了。到那时，我和费思就会成为幸福快乐的哺育伙伴了。与此同时，每三小时喂费思一次奶，哺乳间隙把多余的奶水抽到瓶子里。要是她晚上醒不来吃奶，我会定闹钟，主动喂她奶。还有一点很重要，那就是在实现哺乳之前，不能用奶瓶喂奶，也不要用奶嘴，奶瓶和奶嘴会让她困惑，破坏哺乳进程。此外，我们还必须记住换尿布的次数。二十四小时之内换八到十次，就说明她没有脱水的表现。

209 我和杰夫相互看了看对方。这一切听上去奇奇怪怪，但不失为一种解决问题的办法。在家度过奇奇怪怪但无计可施的两天后，有个计划真不赖。

莉莎抱着费思，好让我们腾出手来摆置尿布袋、水杯、宝宝背带和我裙子上的纽扣。她把孩子递给我时，脸上露出灿烂的微笑。

“我看她长得像你，”她说着，会意地眨了眨一只眼睛。

“我是被收养的。”我面无表情地说。这是直截了当的回答。人们经常说我长得像我的养母。我总是习惯否认这种说法，以至于忘记了自己和费思确有血缘关系——虽然我有会阴手术缝合的伤口作证，现在，缝合的那地方很疼。

莉莎打量了我一会儿。

“我也是被收养的，”她慢慢地回答。然后她给我看了一张照片。上面是她和她用母乳喂养长大的女儿。小姑娘今年已经八岁了，亮亮的眼睛，大大的笑容，看起来就像她妈妈的微缩版本。

就在此刻，我明白莉莎专业帮助母婴建立永恒的血脉联系并非偶然。我渴望获得这种亲子关系也不是偶然。你中有我，我中有你。先是通过血液实现，然后通过乳汁达成。它们是情系母子活生生的纽带。虽然我非常爱自己的养母，但我们母女俩从未有过这般连接。而至于那位给了我生命的女人，我还没有像费思这般大时，便与她失去了彼此。今天大概是第十二次了，我开始哭起来。

和乳房一样，乳汁也有属于自己的生命史。从怀孕中期开始，乳腺分泌一种黏稠的黄色液体，被提倡母乳喂养的人士誉为“液体黄金”。这就是初乳，或许再也没有其他体液受到如此之高的尊崇了。初乳富含蛋白质和脂溶性维生素，充满抗体、活免疫细胞以及促进发育的物质。初乳还含有一种轻泄物质，有助于胎便从肠道排出。（胎便是新生儿首次排出的黏糊糊的黑色粪便，在新父母看来很吓人。胎便在胎儿肠道里贮存九个月之久，含有死去的皮肤细胞、羊水、身体毛发、胆汁和黏液。）有时在怀孕
最后几周里，初乳就开始从乳房渗出。但很多妈妈在生产后仍见不到初乳 210
的踪迹——或许只有在最初几天喂完奶时才能看到挂在乳头和孩子的嘴之间那一缕缕黏稠的丝状物。每天人体仅分泌几汤匙的初乳。

孕激素从血液中隐退，泌乳素得以发挥作用后，乳汁的合成和分泌开始加快，乳汁量随之增加十倍。这种“井喷”通常来势迅猛，被母亲看成是排乳的迹象。此时，双乳往往会发胀，再一次变大，幅度惊人。这种变化并不是由乳汁过多造成的，而是浮肿。乳汁从乳腺管渗出，聚集在细胞的间隙处。周围的乳腺组织暂时变得肿胀。几天之后，肿胀消退，双乳再次变软。

在接下来一周左右的时间里，乳汁越来越淡，越来越稀，从初乳转变为过渡乳——后者的颜色像融化了的黄油，最后变为成熟乳。随着产乳量的增加，糖分和脂肪含量上升，而蛋白质水平出现下降，抗体的数量也在减少。最终，产乳量趋向平稳，每天不足1夸脱[①]。在世界各地完全用母乳喂养孩子的母亲中，这一数字惊人地稳定，尽管不乏重要的例外情况发生。在体型非常瘦的情况下，产乳量增加5%～15%，以弥补乳汁中较低的脂肪含量。产下双胞胎和三胞胎的妈妈，其每天产乳量可高达2～3夸脱。最神奇的是，人们发现二十世纪三十年代有些奶妈每天能产下将近1加仑的乳汁。

即使在稳定之后，每天的产乳量也会有波动，遵循自己的周期和生物节律。晨乳的脂肪含量最低，午间乳的脂肪含量最高，晚间乳的脂肪含量位于其中。人乳的成分甚至会在单次哺乳期间发生改变。贮存于乳房前端的乳汁，即前乳，水分和糖分含量高，而脂肪含量低，在哺乳前几分钟内既能解渴，又能快速提供热量。当婴儿吸完储存在乳腺管中的乳汁时，胸
壁后方的一股乳汁涌向前来。第二波乳汁——后乳的脂肪含量增加了30%， 211

① 1夸脱=1.14升。

停留在胃里的时间更长，而且很多妈妈相信它具有安眠的作用。

费思出生后第五天，金风送爽，夏意犹存。精疲力竭的恍惚之中，我注意到隔壁永不打理的院子里乱蓬蓬的刺玫花最后一次开放了。我疲乏极了，开始不自主地发颤。在经历一晚上的闹钟声、手电光、注射器、吸奶器以及焦急讨论如何最好地把塑料管黏在我的乳头上之后，我不知道自己到底应该怎么办才好。杰夫和费思一起在客厅里小睡。我拖着脚走到厨房，珍妮特正在炉子上消毒塑料管和吸奶瓶。吸奶器立在台面上，而我一时间却把它错看成了汽车变速器。我突然想到自己应该问咖啡研磨机旁怎么会放着一台变速器，但话到嘴边，就觉得答案不重要了。在我的感官和反应之间，时间奇怪地变慢了。假若我再仔细想一想，这种时间上的错位肯定会让我感到紧张。我找一把凳子坐下，随即又站起来。会阴缝合的地方很疼。我或许应该去洗个坐浴。要不就再吸一次奶试试？要不就去吃点东西？

珍妮特从我们出院回家开始就一直忙里忙外——洗衣服，刷碗，记录换尿布的次数。她转过身，看着我。

“去睡一会吧，亲爱的。我这没事儿。”我转过身，拖拉着脚步走回卧室。躺下时费思不在身边，感觉很奇怪。似乎她一直陪伴着我。在忙乱之中，那宁静安逸、满头黑发的小精灵在我的身旁悠悠地呼吸着。我与她相识怎么才只有五天呢？然后，我便进入了梦乡。

我梦见自己的乳房变成了两瓶可口可乐。有人试着上下摇动它们。睁开眼时，发现自己睡在家里的床上，但依然恍如在梦中，胸部嗡嗡作响。我坐起来，像努力摆脱梦魇。睡裙前面湿透了。不明原因的我走到卫生间，脱下衣服。镜子里是我自己的面容，苍白而困惑。下方是一对硕大的乳房，从锁骨一直延伸到腋窝下。它们感觉热热的，而且又鼓又硬。我清醒过来。有奶啦！

泌乳素仅仅是哺乳所需的两种垂体激素中的一种；另一种是催产素——在分娩中扮演主角。（催产素也在女人性高潮方面扮演角色。它是
212 一位多才多艺的演员。）泌乳素使乳汁产生，催产素则使其流动。

垂体位于脑下方，离乳房很远，因此它需要接收何时释放乳汁的信

息。它采用的通信设备是第四肋间神经。该神经的起点在乳头那一圈红晕上。当婴儿吮吸时，乳晕下方的肌肉收缩，使乳头膨起，让婴儿更好地衔紧。乳晕还从自己那凸凹不平的腺体中释放一种油性润滑剂，既防止吮吸摩擦乳头，又作为天然防腐剂，防止乳腺和婴儿受到酵母和细菌的感染。但最为重要的是，乳晕让大脑知道婴儿需要乳汁。就在此时此刻。

吮吸开始约三十秒左右，被释放进循环系统的催产素到达乳腺，使周围的肌肉层——肌上皮收缩。一股乳汁从小叶涌出，流过乳腺管，从顶端的乳头喷出，进入婴儿的口中。与此同时，母体血液中尚存的催产素分子引发生理变化，带来一种平静幸福的感觉。就像性高潮结束后一样。

压力、疲倦和焦虑可抑制上述变化过程，就像抑制性高潮一样。

计划起作用了。冰箱里塞满了盛着母乳的瓶子。宝宝在长大；妈妈满心欢喜。或者说她要是不那么疲倦，起码会满心欢喜的。

我和费思之间的身体联系被重建，也在被重造。一天十到十二次——直到深夜——我俩又融为一体。我们在一起时，世界变小了，仿佛同恋人相处一般。我和她进入了我们自己创造的小小天地，感觉外面的大世界滑稽可笑，太过刺激，平庸无奇。就让我们待在这里吧，这把摇椅，这张床，这个沙发，沉浸在这乳白色的海洋里。我觉得自己骄傲得都要爆炸了。你和我，我们一起闯了过来。首先闯过出生这一关，现在我们又学会了哺乳这曲探戈。

每次哺乳开始时，费思像高级大厨品尝肉汁那样啜奶。然后她闭上眼 213
睛，把圆圆的小嘴贴紧整个棕色透粉的乳晕上，开始大口吮奶。我等着催产素的到来，那感觉就像乳房里垂下一叶天鹅绒帘幕。痒痒的，温暖而华贵。哺乳专家称之为“喷乳反射”，但我喜欢旧时的说法：泌乳。老奶农依据切身的经验，这样说奶牛：“不轻轻地来，她就不给你泌乳。”费思唇边溢满奶花，她更用力地贴紧，咕嘟咕嘟地喝着。每隔一会她停下来，抬头看看我的眼睛，仿佛她刚记起想对我说的话。可接下来，算了吧，她又埋头奋战了。要是她的手落在另一个乳头上，她就会将其抓住，仿佛想要把它固定到位，准备衔住。吃饱了，她的嘴便松开乳头，发出像瓶塞从香槟酒瓶口弹出去一样的“吧嗒”声，噘成一个小小的O，然后她把小脑袋甩到我的胸脯上，张开双臂，那样子活像一个喝醉的水手瘫倒在夹板上。有时一连几个小时，她躺在我怀里，耳朵贴在乳头上，仿佛在聆听奶浪涌回到岸边的声音。从来都没有人对我的乳房如此喜爱。费思是食客，而我是一锅清炖肉汤。

吮吸和吸不同。后者仅仅是被动的施压，是收起两颊，用吸管把水抽上来的动作。而吮吸是一项只有婴儿才能做到的复杂运动，需要同时完成三个动作。一是用舌头轻轻触击乳头和乳晕下半部。与此同时，婴儿牙床按压乳窦，即乳晕正下方乳管突出的部分。通过这个双重动作，婴儿从乳窦中吸出前乳，并向垂体发出信号，既刺激泌乳反射（通过催产素），又加快了乳腺泡内的乳汁分泌（通过泌乳素）。同时，婴儿用嘴唇和两颊的肌肉产生抽吸力，使乳头紧贴上颚，并将其吸进喉后部，在这个动作所产生的真空环境下，母亲的乳头厚度缩半，而长度增加两到三倍。

214 数学家认真分析过上述情况。（“本文描述人类乳头中汁液流动和乳头形变的数学模型……该模型以拟线性多孔介质弹性力学为基础，以此将乳头建模成为浸透液体的圆柱形多孔弹性材料，建立模仿婴儿吮吸动作的循环轴向吸力压差。”）他们的计算公式占用了很大篇幅：“根据上述推导，方程4转变成……其中牛顿第三定律说明……将方程7的相互作用项代入方程5并使用……得出……运用达西定律，并相对于固体运动将其表达，便不难得出……”最终，他们总结道：“在吮吸期间，婴儿施加的吸入压和压缩力同等重要。”实际上意思是说没有一种机器能够准确模仿吮吸的动作。吸奶器仅仅产生有规律的啜吸力量，但缺少伴随而来的蠕动性按抚和下压的动作。不出人所料，吸奶器仅能吸出一个月大的新生儿所能吸出的奶量。这就是为什么价值五百美元的电动吸奶器运行二十分钟后才抽取了一两盎司的奶，而新妈妈却被劝告说不要着急的原因。只要宝宝一天换十次尿布，她吮吸进去的奶远远比这多。

费思是食客，我是被捕食的对象。我们坐下来，开始哺乳；世界随之消失了，隐于不及之处。没有读过的报纸近在咫尺，我却够不到。泌乳时间一到，我立刻感到口干舌燥，那一杯水同样够不着。我叫杰夫，可他却在地下室洗衣服。天天一连四个小时、五个小时、六个小时把孩子抱在胸前，我患上了肌腱炎。我每每咳嗽，都会遗尿。这些问题应该有解决的办法，可相关书籍都在那边的书架上，够不着。茶壶开始狂叫，我无力以对。电话响起来，我无力以对。两天没有洗澡了，我无力以对。

进化生物学家认为哺乳是一种寄生吸食现象——以自己的母亲为食。
为此，所有哺乳动物的乳腺都具有相同的基本结构和功能，但其乳房个数 215
和布局差别很大。目前的纪录保持者是生活在马达加斯加的一种捕食昆虫、形同刺猬的哺乳动物，共有二十四个乳房。总的来说，乳房个数大约是窝仔数的两倍，最少为两个。母猪和母鼠分别有十二个乳房。出于某种原因，负鼠有13个乳房。很多哺乳动物的乳房成两排长在腹部上，乳腺局限在腹股沟或胸部的位置。至少有一种水生啮齿类动物——海狸鼠的乳房长在脊背上。

一般而言，用前臂抱住幼崽的哺乳动物——蝙蝠和灵长类动物的乳房长在胸前，而牛、马、绵羊、山羊等以四足站立的姿势喂养后代的动物，其乳房位于腹股沟部。莫名其妙的是，母象的乳房位于胸部。还有生性温柔、遨游大洋的海牛也是如此，尽管对于它们来说，这种布局让哺乳和呼吸两不误。其他海洋哺乳动物的乳房能在水里将奶水射入幼崽的口中。这些动物包括鲸鱼、海豚，河马也在水中哺育后代。

根据历史学家的研究，“乳房”一词源于拉丁语*mamma*，复数形式是*mammae*，最早于1579年出现在英语中。该词的发音最初可能源自世界很多文化共同推崇的儿语：“妈妈”。

我是乳汁，乳汁亦是我。费思哭着要我时，她其实要的是乳汁，要的是塞进嘴里的乳头。两者皆相同。我被吸食着，从未感到如此这般充满活力；我被吸食着，从未感到如此这般空无所有。哺乳的统一性正在建立：我俩入睡和醒来的时间甚至都能保持一致。她在旁边的床上刚有动弹，我就立刻睁开了眼睛，把她抱到胸前，摸摸尿布湿不湿。我对此越来越熟练了。然后，我俩又一同回到梦乡。

与此同时，整整六个星期，我下身都在流血。实际上那不是血，而是恶露——产后子宫排出的消化物。人类子宫具有自溶能力，也就是通过自我产生的酶分解组织。曾经把宝宝推入这个世界的子宫肌肉必须被溶解。

216 一起溶解的还有留在胎盘深根里的积血。

宝宝吸食妈妈，妈妈消化自己。人人都来享受母亲身上的盛宴。

1758年，瑞典植物学家和分类学家卡洛勒斯·林奈（Carolus Linnaeus）首次将恒温、长着毛发的动物王国分支命名为“哺乳动物纲”（Mammalia）。这是一个引人瞩目的名称，当然和之前的名称——“四足动物”（Quadrapedia）大为不同，后者是大约2200年前亚里士多德首度尝试建立生物分类的结果。事实上，林奈的决定引来对手和同僚阵阵嘲笑。他们很快指出该类别中只有一半的动物长有乳房。林奈竟然用一个雌性器官命名整整一大类的动物，赋予如此高的荣耀，触怒了很多人。但不管怎样，这一称呼延续了下来。

尽管乳房被用来命名整个动物类别，可人们对它的起源知之甚少。乳房不会变成化石，并且和内耳骨的情况不同，在现今存活的爬行动物体内没有发现同源物。专家认为乳房从某个外胚层结构进化而来，但认为乳房是变性的汗腺这一普遍观点过于简单。乳房的细胞结构也和脂腺相似。

所有雄性动物的体内也有乳腺，可没有泌乳的功能。（好吧，几乎没有。研究人员捕获马来西亚的雄性果蝠，发现其乳腺内含有乳汁，但是否用来哺育后代，无人知晓。）这同样是一个不解之谜。奇怪的是，雄性乳房发育水平相差很大。人类男性有结构完整的乳头和乳腺管，属于发育良好的范畴，甚至在刺激乳头时，垂体会产生大量泌乳素。男性也易患乳腺癌，虽然程度比女性低得多。相反，啮齿类动物的雄性体内一般没有乳腺管和乳头。

我们所知道的是，哺乳显然使哺乳动物得以从恐龙时代繁衍下来。至少有两位一流的进化生物学家——丹尼尔·布莱克伯恩（Daniel G. Blackburn）和卡罗琳·庞德（Caroline Pond）认为乳房对这一类动物的
217 成功进化功不可没。因为有了乳房，哺乳动物才能进入各种严酷的生态系统，包括两栖动物不敢涉足的北极圈等地区。除此之外，正如卡罗琳·庞德所指出的，哺乳使雌性无须再为其幼崽寻找合适食物而踏上征程。幼崽也能生长得更快，因为它们不用耗费体力寻找食物。再者，热量和钙等主要矿物质能长久贮存在母亲体内，然后通过乳汁传输给幼崽，即使无法从周围环境立刻获得这些物质。现在来和两栖动物的情况做对比。即使在相

同的物种中，个体饮食取决于其体型和年龄。幼年、青年和成年所需的食物可能各不相同。而“购物清单”上的每个项目不一定总是唾手可得。这样看来，乳房成为防止食物短缺的保障。

生物学家推断在达尔文主义博弈论中，乳房很早便萌生，极有可能先于胎生物种的出现。最有力的证据是地球上生活着一小类被称作“单孔类动物”的奇怪的哺乳动物，包括鸭嘴兽和食蚁兽。单孔类动物通过产卵繁殖后代，但同时也哺乳，说明乳房的进化历史比胎盘更久远。

出生三周时，费思清醒过来。悄然的宁静变成了殷切的渴望——可她到底想要什么呢？我猜她可能处于快速生长阶段，于是我把上衣敞开，以便随时满足她的需要。但即使断断续续吃了一整天的奶，她还是想要某种东西，可又无法表达，除了通过无休无止的哭之外。那哭声像警笛一样穿透我的灵魂。珍妮特回家了，留下我和杰夫独自面对这个问题。我们试着平心静气、审慎细致地讨论该怎么办，但宝宝哭声太大了，根本听不见对方在说什么，最后不得不通过打手语、猜哑谜、看唇型来沟通。我翻开家里每一本育儿手册，查找索引里“哭”的词条，然后浏览一遍书中罗列出各种可能的原因，但全都无终而返。最后在凌晨四点，杰夫偶然看到最后一项我们还没有试过的建议：带宝宝散步。他举起一个手写的标识，上面说“出去喝咖啡”。然后他把费思放进婴儿背带，走出了门。在坠入梦乡 218
之前，我听到的唯一声音就是婴儿的啼哭声如火车汽笛般渐渐消失在远方。

生产以来头一次，我过上了独自一人的时光。

一个男人走进萨默维尔联合广场的一家二十四小时营业的甜甜圈店。他胡子拉碴，蓬头垢面，脖子上还吊着一个安然入睡的婴儿。此刻是凌晨四点二十分。店里空荡荡的，只有两名出租车司机。疲倦不堪的男人来到柜台前，点了一大杯咖啡和一个果酱甜甜圈。收银员眯起她那双涂着厚厚睫毛膏的眼睛，咄咄逼人地问道：“小孩的妈妈去哪了？”

在哺乳动物中，人类因自身乳汁含水量较高而与众不同。事实上，我们人类的乳汁在各种哺乳动物当中最为稀薄，蛋白质含量也最低。不过，这种稀薄的特性明显符合我们自身的情况。虽然与各种哺乳动物相比。人类婴儿出生时体内脂肪含量最高，但生长速度却是最慢的。这是为了让我们在较长的童年时期里进行大量学习，同时也是为了让我们补充大量水分，通过出汗达到调节体温的目的。

哺乳动物乳汁所含的营养物也取决于哺乳的方式。哺乳间隔较长、离开幼崽去吃草或捕猎的动物，其乳汁的营养最为丰富。母亲很长时间才返回一次，所以它们必须为幼崽提供高热量的食物来源。母兔每四小时哺乳一次，兔乳脂肪含量为10%。母狮每八小时哺乳一次，狮乳的脂肪含量为19%。哺乳次数频繁的动物，从不远离幼崽。食草动物和灵长类动物都属于这一类。因此，牛乳和人乳的脂肪含量都在4%左右。

还是实话实说吧。母乳很不好看。与纯净的牛乳相比，倒入瓶中的母乳看上去颜色发暗，质地浑浊，朦朦胧胧，甚至都不是白色的。母乳的颜色就像一件穿旧了的黄灰色旧内衣。母乳在瓶中静置一小时之后，上面会形成一层薄薄的奶油浮沫，而下方则是淡绿色的液体。或许这就是选择母
219 乳喂养的妈妈在重返工作岗位后抱怨缺乏隐私的原因所在。她们不仅担心抽奶的动作不雅，而且还考虑到乳汁的存放问题。上班的妈妈表示自己因把母乳放在员工冰箱里而感到不安，因为人人都能见到。在开始哺乳之前，我对此不甚理解。把一瓶牛乳放在公用架子上都不会感到不舒服；放自己的乳汁怎么会感到不好意思呢？现在我发现自己竟然把一瓶瓶抽出来的乳汁藏在自家冰箱后方芥末酱和橄榄的后面，只是因为它太……难看了。

或许，我们对母乳感到惴惴不安不是因为愧于其形，而是有更深层的原因。婴儿配方奶粉也不好看，而且闻起来比母乳差百倍。然而，在近期出版的一本哺乳书中，一位新妈妈说她的婆婆甚至都不愿碰一下装着母乳的奶瓶，斩钉截铁地宣布她不会给孙子喂那种东西。不论起因是什么，这种反对母乳的态度是较新的文化现象。各地博物馆挂满了圣母玛利亚哺乳的画作，她的乳汁是仁慈和神圣的象征。正如娜塔莉·安吉尔（Natalie Angier）所指出的，在整个中世纪，天主教圣物盒里满满地放着据说盛着玛利亚乳汁的小瓶液体。自古以来，母乳被认为是万能的神药，用于治疗成年人耳聋、肺结核、便秘、发热等疾患。

我们的星系也因万里星空形如一抹母乳而如此命名。[①] 雅科波·丁托列托（Jacopo Tintoretto）著名的风格主义画作《银河的起源》便弘扬了这一典故。其中，朱庇特[②] 的妻子朱诺在给赫尔克里斯喂奶到一半时松开了手，乳汁随即流到宇宙中。喷射而出的乳汁变成繁星。降落在地球上的乳汁变成了百合花。我曾经到过伦敦国家艺术馆，亲身站在这幅画前。当时我怀孕四个月，还在等待羊水化验结果。看到几道白色的弧线像喷泉一样从朱诺的两个乳头中四射而出，我大笑了起来，心想："太夸张，太不现实了。"其实不然。丁托列托有七个孩子，是一位尽职尽责的父亲。他也许对喷乳反射略知一二呢。

百合花和星辰。我从冰箱最里面取出一瓶母乳，把它倒进红酒杯中，用勺子搅了搅，然后喝下一大口。首先，我注意到它出奇的甜，像稀释了
几倍的炼乳。（其实也不奇怪，因为炼乳原来就是作为母乳的替代品上市 220
销售的。）最初的甜味渐渐退去，一连串麝香和泥土的滋味停留在舌头上。最后剩下一种淡淡的、神秘的味道，感觉像婴儿的气息。

母乳的脂肪含量和牛奶相同，但糖分（乳糖）却接近牛奶的两倍，同时含有更多的维生素A、维生素C和维生素K。不过，牛奶的蛋白质含量是母乳的三倍多，盐分更高。小牛犊比人类婴儿需要更多的蛋白质，因为在出生后不到两个月的时间里，它们的体重会增长一倍，而婴儿体重翻倍则需要足足半年的时间。

除此之外，蛋白质的类型也不同。或者更详细地说，凝乳和乳清的比例不同。凝乳是酪蛋白，即农家干酪中的块状物；乳清是乳蛋白，即酸奶上面那层液体。牛奶的凝乳是母乳的两倍，乳清是母乳的三分之一，这就是为什么不建议给新生儿喂牛奶的原因。高含量的蛋白质和盐分对婴儿的肾脏来说是负担。牛奶进入婴儿肠胃后凝结成大大的团块，可造成腹绞痛和阵痛。另一方面，母乳不宜用来做农家干酪。

当妈妈的初期是一项极限考验。

---

① 英文把"银河"形象地称为Milky Way。——译者注

② 在西方世界中，银河系除地球之外的行星依据古罗马和希腊神话人物命名。——译者注

睡眠不足是问题的一部分。这对生养过孩子的任何人来说都不会感到意外，但在生孩子之前，我天真地以为自己的身体会产生某种神秘的母爱激素，能使我经得住没有做妈妈的女性无法经受的睡眠考验。不知怎的，我惊愕地发现自己在深夜两点被吵醒和以前一样不好受。对我来说，天天缺觉，体现出来的是愈发严重的找不到东西的问题——甚至明摆着和就在眼前的东西，也找不着。这样一来，要是我能看到放在台面上的盐罐、洗碗池里的削皮刀、餐具滤水架上的沙拉碗，做晚饭的速度就会加快两三倍。杰夫则经常忘词。所以我们现在的对话变成了这样：

221 “亲爱的，你知道厨房用纸在哪吗？”

“在那个……东西上。”

睡眠不足的直接后果就是日常活动在需要快马加鞭时却逐渐放缓了速度。需要完成的事和实际做到的事不对等，引发长期的挫折感，一不留神甚至带来绝望。

但睡眠不足真的仅仅是部分问题。更加深切的问题是每时每刻都得倾注精力。不仅仅在深夜两点被吵醒，而且还必须在深夜两点解决复杂又惊心的问题。（如：宝宝的便便为什么是绿色的？）这种每时每刻聚精凝神的要求导致另一种不足，我只能把它称之为“思维空间不足”。以前，即使在非常繁忙的日子里，自己也能抽空回忆一下逝去的经历，重新回味某段对话，产生一个政治主张，或者只是遐想一番。去卫生间、梳妆打扮、打开信件、喂狗时都可能抓住这样的机会。你甚至不会注意到这些瞬间，直到它们被剥夺，有意识的思想被抽干，取而代之的是侧耳倾听宝宝的声音，怀疑宝宝是否还在呼吸，努力分辨饥饿的哭声和疼痛的哭声，以及假想导致宝宝夭折各种不同的可能性。有时，他人把你从新妈妈的状态中短暂地解放出来，就像新爸爸说：“你为什么不去散散步呢？”顷刻间，所有受到压抑、未曾想过的想法涌上心头。这可以给人带来一种疯癫的感觉。

最后是期许能力的丧失。譬如，宝宝睡着了，天下太平。但不知道她会睡两个小时还是睡两分钟。因此不知道能否趁机写一封简短的感谢信，或者也打个盹，或者最后着手处理保险理赔的麻烦。每次猜错，我都觉得自己被打败了。接连挫败渐渐让我陷入一种无助的混乱之中。宝宝醒着时，别指望还有完成事情的能力。我每隔两三小时喂她一次奶，这是指两次喂奶相隔的时间。如果费思吃奶需要一小时，那到下次喂奶可能只剩下

一个小时了。在此期间，宝宝要打嗝，我要小便，水壶要灌满水，宝宝要 222
换尿布，宝宝要洗澡，突然又到了喂奶的时间。

家俨然像……战场前线。一堆衣物已经洗完，但还没有烘干；两堆衣物准备放进洗衣机；还有一堆衣物已经清洗并烘干完毕，但需要叠好放起来。一半邮件还没有打开。九张账单中，三张已支付，两张准备寄出，但邮票不够。其他四张账单还没有拆开。其中至少有一张掉到了暖气片后面，等着用扫帚把它弄出来。我抱着孩子，办不到。十七条电话留言，回复了三条。猫喂过了，但狗还没喂。家中八盆绿植，六盆浇了水。少数几个碗盘洗干净了，但其余的还泡在碗池里。心中那份待完成事项的清单呈指数增长；记在脑海里的各种杂事快把我逼疯了。

其他的妈妈成为我的救命稻草。她们一致认为对抗绝望的有效办法是每天出门转转，无论带不带孩子，不管有多忙，不论出去的时间有多短暂。一位母亲表示：“在说‘我一整天都在捡地上的麦片’和说‘我唯一擅长的就是捡地上的麦片’之间仅有一线之隔。每天出去转转会让你保持积极的心态。”

那么林奈为什么建立“哺乳动物”这个名称呢？人们不禁把他想象成某个先知先觉的原型女性主义者，超前领悟到乳房对进化史的塑造力量。实则不然。根据科学史学家朗达·施宾格（Londa Schiebinger）有力的论述，林奈做出这个奇怪且激进的决定，似乎深受他自己对哺乳的强硬观点的影响，而这些观点隶属于毫无先进性可言的政治企图。

当时，林奈正在编撰他的代表作《自然系统》一书。其中，他为世间各种动物起名。而欧洲却被卷入了一场有关奶妈的争论大战。十八世纪，雇用奶妈盛行。尤其在巴黎，大多数新生儿在出生头一年里都被送到专业奶妈那里喂养。林奈积极投身到一项政治运动中，力求废除奶妈喂养的习
俗，要求女人亲自哺育孩子。和丁托列托一样，他有七个子女，全部被 223
他妻子亲自养大。林奈还是一位执业医师，在发明“哺乳动物”一词后不久，他撰文抨击奶妈的滥用和弊端。论点之一是婴儿通过奶妈无法获得初乳。他（无误地）断言，初乳有助于胎便排出肠道。在美国，奶妈这一行当也增加了亲生子女的死亡率。当上专业奶妈的母亲往往给孩子突然断奶，交由他人照料。

但林奈的反对超出了生物学范畴。他认为下层阶级奶妈的乳汁正在侵蚀上层阶级子女的品格。他以自然法则为基础，呼吁出身高贵的妇女回到自己在家里应有的位置，爱自己亲生的儿女，用自己的乳汁哺育他们。他敦促她们要像田野间的猛兽——男人对女人发出这条建议，总是那么可怕。诚然，正如施宾格接下来的阐述，反奶妈的运动仅仅是更大的社会征战的一部分，目的是遏制女性逐渐增强的政治力量，剥夺她们在家庭之外获得的机会。

林奈刚刚从这片政治战场中归来，便将人类命名为*Homo sapiens*——“智人”，并且坚定地把我们树立在被他称为“哺乳动物”的阵营中。

五饼二鱼

当我的母亲还是一名年轻的新娘时，一次宫外孕导致她体内的一侧输卵管破裂，紧急接受手术。当医生告诉她再也不能怀孕的消息后，她和父亲转而向卫理公会牧师求助。牧师把他们带到相邻的麦克林郡的一家卫理公会收养所。那里的社工又把他们带到我的面前。当时，我只有三个月大，在东边更远的尚贝恩郡一家医院出生时被生母放弃抚养。在收养所，我每隔四小时吃5.5盎司的婴儿配方奶；我的尿布叠成三等分，中间折一下，两边用别针固定；白天按规定睡三次觉，晚上也能一觉睡到天亮。我是一个公认的乖宝宝。至少家人是这么讲的。

父母所在的教会有一个十来岁的女孩，名叫桑德拉·米勒，特别聪明伶俐、活泼开朗。父母给我起了她的名字。带着这个全新的身份，我接受了卫理公会洗礼。在童年大部分时间里，我每周都要去主日学校，暑期还在圣经学校学习。十来岁时，我报读坚信礼学习班，参加《新约》知识比赛，还在年度圣诞话剧演出中扮演圣母玛利亚。到了上大学的年纪，45英里之外的卫理公会附属大学似乎成为我自然而然的选择。于是，我上了伊利诺伊卫斯理大学。

225 那里也是我摈弃卫理公会教义的地方。其实这不算是重大的决定，甚至都没有好好想过。许多年过去，发觉自己想不起来最后一次去教堂是什么时候了。离开教会让我感到几分释然。不过，近期与一位曾经是浸礼会教徒的专职爸爸聊天，发现自己真心喜欢儿时背诵的《圣经》经文。这位朋友承认自己也有同感。

哺乳期间，我又想起那些经文。譬如，《马太福音》第十四章提到耶稣起程前往“旷野的地方”。但很快在他身边聚集了五千名追随者。整整一天，他都在为他们治病。夜幕降临后，门徒敦促他解散人群，让他们回家，因为每个人都饥肠辘辘。耶稣没有听劝，反而命令把自己赐福的五个饼和两条鱼分发给群众。奇迹出现了。当所有人吃饱后，吃剩的食物仍装满了十二个篮子。

我给孩子喂奶时，想得最多的就是这些盛满食物的篮子。出生后六周，费思重新变回不哭不闹、泰然自若的宝贝。现在她吃奶和睡觉十分有规律，而且会笑了。日子好过起来。我又能每天洗澡了。写信、刷碗、叠衣服，也能统统完成。最棒的是，费思的体重上升到9磅10盎司了。用儿科医生的话来说，“长得像野草一样快。”任何一位哺乳的妈妈听到这话，都会感到欣慰。我感觉自己的奶水供应量和宝宝的体重一起在增长，不需要用挤奶器了。

这就是每天上演的奇迹：宝宝吃奶越多，妈妈产奶越多，无须定量配给。饥则而食沛，无休无尽。倾其所有，收获更多。乳房是一个聚宝盆，而不是仅能享用一次的餐点。哺乳手册把这种现象称为供求原则。我更愿意把它想象成五饼二鱼原则。汝何以惑？

治病能力是母乳具有的另一个神奇特点，而这是配方奶粉无法比拟
226 的。母乳喂养的婴儿，其住院率和死亡率较低，更少患肺部感染、胃肠感染、尿路感染、中耳炎及细菌性脑膜炎。最可怕的疾病——婴儿猝死综合

征的发生率也大幅减少。除此之外，母乳喂养还增加了婴儿对常规免疫所产生的抗体。无论是富裕的工业化国家，还是贫穷的边远民族，都存在上述特点。

母乳喂养的婴儿，甚至连呼吸都不同于奶粉喂养的婴儿。用奶瓶吃奶的婴儿，呼气时间更长，吃奶时呼吸次数减少。这些变化促使瓶喂期间的氧气吸入量降低。原因也许是乳房和人造奶嘴的吸吮力学不同。这种差异也有助于解释瓶喂婴儿的耳炎发病率大幅上升的原因：咽鼓管——那条连接耳朵和鼻窦的狭窄通道，在婴儿用奶瓶吃奶时没有很好闭合，使鼻腔分泌物和配方奶回流进咽鼓管。相比之下，母乳喂养要求婴儿采取更快也更有力的吮吸动作，使咽鼓管完全闭合。

从表面上看，证明母乳喂养对婴儿健康大有裨益的研究实施起来也许很容易，但实则不然。母乳喂养和奶粉喂养的差别不仅仅局限于营养输送方式的不同。美国选择母乳喂养的母亲比选择奶粉喂养的母亲更富有，教育程度更高，吸烟较少。最佳的研究考虑到了这些社会因素，并据此进行了数据修正。1998年发表了一项最有说服力的研究成果，对母乳喂养宣传项目实施前后新墨西哥州两千名纳瓦霍族婴儿进行调查。在母乳宣传项目实施前，仅有16%的婴儿是用母乳喂养的。项目实施之后，这一比例上升到55%，同时婴儿肺炎的发病率下降了三分之一，胃肠感染的发生率降低15%。作者得出结论：“在接受母乳喂养程度最低的婴儿中，疾病发生率的上升与母乳缺乏具有因果关系。”

母乳有益健康的作用在断奶后持续很长时间。例如，苏格兰的一项研究覆盖600名母乳和奶粉喂养的婴儿，并跟踪他们到入学年龄。研究结果显示，母乳预防婴儿患呼吸道疾病的作用至少延续七年。婴儿期接受母乳喂
养的七岁龄儿童，其血压也明显较低。即使在根据体重、母亲血压、经济 227
水平等因素修正数据后，这些差别依然存在。

由此可见，母乳喂养的益处不仅仅是简单的传染病预防。研究始终显示婴儿期接受母乳喂养的儿童和青年较少患过敏症、哮喘、Ⅰ型（儿童）糖尿病、克罗恩病、溃疡性结肠炎及儿童风湿性关节炎。所有这些疾患都具有免疫失调这一共同的特性。在克罗恩病中，抗体攻击结肠里的乳蛋白和菌群，导致炎症和溃疡。在溃疡性结肠炎中，免疫系统攻击肠壁，导致损伤，增加患结肠癌的风险，严重时则需通过手术切除整条结肠。（有趣

的是，给因化学诱导患上结肠炎的小鼠喂食母乳，可将其治愈。）在风湿性关节炎中，免疫系统攻击的目标是关节的结缔组织，错误地将其识别为异体蛋白。在Ⅰ型糖尿病中，误遭攻击的器官是胰脏，或者更详细地讲，是产生胰岛素的胰脏细胞。

母乳喂养如何抵御这些疾病，尚不清楚。不过，人们正逐步了解奶粉喂养和糖尿病的关系。配方奶粉所含的牛胰岛素在结构上和人胰岛素十分相似，但并不完全相同。有时，婴儿免疫系统开始产生抗体，应对配方奶粉所含的外源胰岛素蛋白。在此之后——有时很多年之后，这些抗体开始攻击负责分泌胰岛素的胰腺细胞。一项研究发现喝配方牛乳长大的孩子中有10%的体内形成了已知与糖尿病有关的抗体，意味着他们患糖尿病的风险增加。在古巴，母乳喂养十分普遍；但在波多黎各，仅有不到5%的母亲选择母乳喂养。近期另一项研究对比了两国糖尿病的发生率，结果发现波多黎各Ⅰ型糖尿病的发生率是古巴的十倍。

母乳还可预防肥胖症和癌症。一岁时，母乳喂养的婴儿体型偏瘦，这是因为配方奶粉的热量较高。然而，即使母乳喂养的婴儿开始吃固体食物后，他们的身体也能继续调节热量的摄入。这些优势同样具有持久性的特点。德国近期一项研究发现婴儿接受母乳喂养一年，其患肥胖症的概率是
228 母乳喂养不足两个月婴儿的四分之一。成年后是否依然存在这些差别，尚不清楚。

多项精心设计的研究发现与母乳喂养六个月以上的婴儿相比，人工喂养和短期母乳喂养的婴儿长大后患何杰金氏淋巴瘤的概率大幅上升。何杰金氏淋巴瘤在青春期和青年时期最为多见，是一种源于淋巴系统的癌症（淋巴系统由淋巴管和淋巴结组成，广泛分布在体内，是免疫功能的主力军。）根据主导理论，母乳中某种尚不明确的成分，能够抵御免疫系统受到的致癌威胁，被婴儿吸收后，可以更好地预防这种癌症的发生。

对孩子好，对妈妈就好。母乳喂养也能保护母亲的健康。通过吮吸产生的催产素维持在较高的水平，促使子宫能更快地恢复到怀孕前的大小。用母乳喂养孩子的女性不会立刻来月经，因此在育儿早期缺少睡眠、压力陡增的日子里保存更多的血液。体内较高的泌乳素水平抑制排卵过程，提供持续三个月的自然避孕。如果妈妈继续在夜间哺乳，泌乳素水平升至最高，避孕的效果往往会持续更久（虽然不能做到万无一失）。卵巢癌和停

经前乳癌是年轻女性的杀手。自然哺乳的妈妈患这两种疾病的概率较低。一项来自冰岛的研究发现，哺乳显著降低四十岁之前患乳腺癌的概率。哺乳时间越长，防癌效果越好。然而，母乳喂养和停经前乳癌之间的关系尚不明确。有些研究显示长期哺乳的妇女罹患停经前乳癌的概率略有下降。近期一项针对中国妈妈的研究发现，平均每位孩子哺乳超过二十四个月，母亲患乳腺癌的风险降低一半。

多位研究者尝试从经济角度诠释母乳的保健作用。一位研究者表示在新生命降生的第一年，单单因母乳减少婴儿患呼吸道疾病、耳部感染和肠道疾病的概率，平均每名婴儿就能节省331～475美元的医疗费。（不包括
每年买配方奶粉平均花费的一千美元。在经济世界里，或许只有母乳才是 229
真正的“免费午餐”。）当然，上述计算结果不包括因母乳降低糖尿病、过敏症、哮喘、肥胖症、风湿性关节炎、淋巴癌、白血病、结肠炎、克罗恩病、乳腺癌及卵巢癌的患病率而省下的经济和生命代价。

费思七周大时，我学会了躺着喂奶、走着路喂奶、打着电话喂奶、看着报纸喂奶、洗着盆浴喂奶、（单手）敲击键盘喂奶的本领。仅仅在一个月前，我怎么会连冲茶都搞不定呢？我已经准备好受邀参加社会活动，但是太久都没好好接听家里的电话了，也没一一回复它恪尽职守记录下来的语音留言——现在它干脆一声也不响了。我在屋子这边盯着它看。“快响”，我冲它发号施令。电话突然响起时，竟差点把我吓了一跳。

是伊利诺伊卫斯理大学校长秘书打来的。校长正在东海岸一带旅行，借机邀请几位新英格兰地区的校友明晚在波士顿哈佛俱乐部相聚。对方问我和杰夫想不想参加。

想！想！当然想！“唔，要看情况”，我缓缓地说。“我刚生完孩子，如果参加的话，也必须把她带上，不知可否？”

当然，对方愉快地回答。

“嗯。我也在给她进行母乳喂养。这有没有问题？”

“我稍后答复您。”

“好的，谢谢。”

“好，再见。”

放下电话后，我开始来回踱步，等着电话再响。我为什么要那样说

呢？给孩子喂奶，为什么要征求同意？不过，话又说回来，要是我们去了，我给孩子喂奶，弄得在场所有人都不好意思，怎么办？虽然我爱逞强，但我还没有敢在公共场合给孩子哺乳——不算在儿科医生诊室的等候区哺乳那一次。

电话铃响了。“可以，当然不会有问题。”校长明确表示没有问题。“太棒了，谢谢，再见。”

我没有胆怯，直到最后我们走进包场，满眼都是珠光宝气的女士和西装革履的男士，个个手捧马提尼酒杯。我立刻猜到这是筹资晚宴，可我想不通自己刚刚提交了延期偿付学生贷款的申请，怎么会在邀请客人之列？
230 幸好，费思睡得很沉。满头银发的校长走过来，热情地同杰夫握手，并欣赏宝贝。

“大明星登场了！”他热情洋溢地说。我望向就餐区，服务生正在准备各张餐桌。每个盘子前都摆放着十件餐具。

一切进行顺利，但到上汤的阶段，费思醒过来，也想进餐了。校长刚开始新图书馆的筹资演说。我曾在书中读到怎样在高端用餐场合给宝宝喂奶，于是便拉开外衣的拉链，轻巧地用一只手把孩子从杰夫的怀中接过来，用另一只手把餐布搭在她的头和我的肩中间，构成一个小小的帐篷。然后，我把手伸到餐布下，解开裙子最上面的两颗纽扣。宝贝的嘴衔上了乳头，开始吮吸。棒极了。

一秒钟之后，我了解到女儿在整个哺乳期保持的一个新特点：吃奶时不允许遮住头。费思动用一套猛烈的武术攻势，一拳掀翻搭在我肩头的餐布，把它打到汤碗里。汤匙从碗中弹射了出去，砸在旁边的一排勺子上，汤汁溅到桌子中央的花饰里。费思继续用力挥舞着四肢，成功地将一只脚插到我的裙装两颗纽扣中间，结果它们“啪啪”一声全开了。裙装的前襟裹在她的脚后跟上，被扯到了我的胳膊上，前胸完完全全被暴露在外。此时此刻，我几乎赤裸着身子坐在餐桌前。与此同时，餐具的碰撞声使所有目光从校长身上移开，投向我这边，而杰夫正在想办法用他的餐布遮挡妻儿。所有目光立刻又转了回去。校长波澜不惊，依然有条不紊地讲话；再也没有人看向我们这边。

晚宴剩下的时间平平淡淡地过去了，就像秘书说的，当然不会有问题。

离开子宫的无菌环境，人类婴儿立刻接触到四处游窜的细菌、病毒和真菌，其中有很多都具有致病性。但新生儿的免疫系统处于起步阶段，至少需要两年才能发育完善。乍一看，这种情况似乎是严重的进化问题。既 231
然免疫力是生命早期存活的关键因素，那么它为什么没有在出生时就发育好呢？原来，所有哺乳动物和新生儿一样具有免疫力不足的特点。这不仅仅表明世间还有很多动物与我们相似，而且还意味着背后可能蕴含着一定的道理。

科学家迄今为止提出的最好假说大致是，你不可能面面俱到。如果像建立完善的免疫系统这样重大的项目可以拖延，那么婴儿就能将资源投入到另一项重大项目中，如脑部或肺部发育。如果被暂缓执行的项目可以被母乳传输给婴儿的因子所替代，那么就更棒了。妈妈那里有的，自己就不必费力去弄了。

母乳既是仁爱的育儿师，也是非凡的职业杀手。贾第鞭毛虫、毛滴虫、变形虫和大肠杆菌遇到它，立刻毙命。这种能力源自一套“武器装备”，分活体和非活体成分两类。母乳中活体成分是白细胞，又称白血细胞。直到1966年，它们才被发现。当时，两位研究人员把一管初乳放入离心机内旋转，检查由此分离出的沉淀，结果发现其中含有大量的白细胞。换句话说，他们发现母乳是有生命的。（说句公道话，这些活体细胞最初是由一名摄影师于1844年发现的——恰巧他也会使用显微镜，但没有人对他的发现感兴趣。）

如今，我们知道母乳中的白细胞其实由三种不同的类型构成——巨噬细胞、淋巴细胞和中性粒细胞。它们既相互协作，又独立工作。巨噬细胞是清道夫，负责吞噬和破坏侵入人体的外来微生物。巨噬细胞也对外来物质进行处理，使它们被淋巴细胞识别，方便对其清理。淋巴细胞也肩负其他两项任务，一是生产抗体，二是破坏被病毒感染的细胞。中性粒细胞负责处理组织受伤或感染后引发的炎症反应，利用酶和过氧化氢围剿并灭杀侵入人体的细菌。

母乳中非活体成分包括干扰素、溶菌酶、抗体及抗炎因子。干扰素防止病毒复制，从而使其失去活性；溶菌酶将细菌分解成小小的碎片；抗体 232
防止病原体依附在肠道内壁上，同时自己附着在病原体产生的毒素上。某些奶源抗体也能通过专用通道穿越肠道，进入婴儿的血液循环系统。

抗体进入母乳的过程是神奇之旅。一切从肠道开始——人体免疫记忆的储存站。具体来讲，从小肠的相关特殊淋巴组织开始。这些淋巴结充满了被普遍称作“记忆细胞”的B淋巴细胞。B细胞喜欢记仇，每个成员都能记住过去遇到的某个病原体。如果病原体再来相关区域露面，B细胞就会下达指令，产生抗体与之对决。

哺乳开始后，B细胞会从母亲的肠道迁移到乳房，并分泌大量的抗体。这样一来，母亲把自己一生通过战胜各种疾病所产生的免疫力（包括她在儿时接种的疫苗）暂时传给了孩子。这些迁移到母乳里的记忆细胞还会针对母亲在哺乳期间遇到的新病原体产生大量抗体。如果母亲在哺乳期间得了流感，她的乳汁可保护婴儿，使其免受传染。

费思八周大时，杰夫注意到她的右眼好像流泪过多。我们把这个情况反映给了儿医。他猜问题是由于泪道堵塞所致，在新生儿中较为常见，通常在六个月之内自行消除。与此同时，他指导我们给孩子做泪道按摩，目的是拉开堵住泪道的那层膜。费思欣然接受了这种治疗，但问题依旧。不久，她的那只眼睛开始变红，发炎。一天早晨，我醒来惊恐地发现她的两只眼睛被黏黏的黄色分泌物糊住了，结膜炎。

儿医开了一种抗生素眼膏。很快，黄色分泌物不见了，但双眼的眼眶依然血红。每次上眼药，她都痛得哭叫。儿医宽慰我们说炎症持续不退很有可能是眼膏本身造成的，因为里面的化学物质对眼睛有刺激。这足以让
233 当妈的心碎。最终，抗生素眼膏的疗程结束了。不到三天，黏黏的分泌物
再次出现，恶性循环开始了。

儿医又给出一个建议：局部用母乳试试。真的吗？我做了一点研究，发现用母乳治疗眼睛疾患的历史可追溯至公元前1500年，最初是埃及医师的治疗方案。古苏美尔人和十一世纪的巴格达居民也喜欢用这种办法治疗眼疾。我先在自己的眼睛里试了试。乳汁感觉很温和，而且因为是人体的温度，所以我几乎察觉不到乳汁流入了眼睛。接着，我在费思的眼睛里试了试，她也没有抗拒。因此，在每次喂奶前，我都会往她的眼睛里挤几滴乳汁。两天之内，所有症状全部消失了。两只小眼睛再次变得清澈明亮起来。我继续每天给她用乳汁滴眼。最终在两个月后，泪道通畅了。

试验成功，是我医好了你的病。

母乳不仅仅在婴儿脆弱的生命早期提供临时免疫，而且还帮助创建婴儿自身长久的免疫系统。最重要的证据来自于胸腺。在婴儿和儿童体内，胸腺是一大片类似海绵的组织，占据了胸腔大部分空间，横跨肺部和心脏之上，并且一直延伸到颈部，接近甲状腺。胸腺就像白细胞的进修学校。血液中未成熟的淋巴细胞迁移到胸腺内，变成全副武装的杀手，被称作T细胞。相对于B细胞，T细胞不走生产抗体的复杂程序，而是直接杀灭所有 234
携带外源蛋白的细胞。有些研究显示，与奶粉喂养的婴儿相比，母乳喂养的婴儿胸腺面积更大，T细胞应答也更好。

母乳建立婴儿免疫系统的方式才刚刚开始被人们所了解。譬如，我们发现母乳中含有一种被称作神经肽的物质，了解到婴儿免疫系统的细胞外膜带有接收该物质的受体。然而，这一发现有何意义，尚不为人所知。这就像发现婴儿体内一扇扇紧锁的门，在母乳中发现一把把专用钥匙，但原因何在，目的何在？据我们确切所知，乳源免疫细胞自身在启动婴儿免疫力方面发挥着一定的作用。例如，母体内的吞噬细胞释放化学物质，使婴儿体内的B细胞产生抗体。母乳中其他化学物质负责抑制某些方面的免疫应答。这也许就是吃母乳长大的儿童较少患过敏症的原因所在。

从本质上讲，新生儿具备大多数维持生命所需的基本保障，但不是全部。出生几分钟之内，婴儿便可自主呼吸，几天之内学会进食。婴儿需要一年或更长时间才能自行抵抗感染，学习分辨入侵的有害物和无害物，分辨自体和异体。在过渡阶段，母亲的乳房完美地从胎盘那里接管了养育者和指导者的角色。和腹中的胎盘一样，乳房向婴儿的血液中源源不断地发送一系列化学信号，指挥和引导婴儿的发育过程。

在某些方面，哺乳建立的母婴联系比怀孕还要密切。胎盘无法将母体血液直接输送给胎儿，而母乳却能把母亲体内的白细胞直接传输进婴儿体内。每当我给费思喂奶时，我血液中的抗体和活性细胞流入她的血液，点燃每位母亲对孩子的希望——希望我能为你保驾护航，希望你不会经受我以往的病痛折磨。

费思两个月大时，我收拾行囊，准备带她回伊利诺伊州的老家过感恩节。一到波士顿洛根机场，我就庆幸自己选择了母乳喂养。我们早晨的航班被取消，下一趟值飞班机出现机械故障，我们被转移乘坐另一架飞机，在登机口坐了一小时，却又被告知解散，乘坐第一趟班机。我周围用奶粉喂孩子的新妈妈们都在担心自己带的奶粉够不够、去哪里取水冲调奶粉、蓝冰袋还能坚持多久等问题。我对她们心生同情。唯一束缚我的是包里的尿片，一共十片，足够二十四小时用的了。

到达目的地后，费思像小新娘那样躺在我怀里；我抱着她走在人行道上，然后迈过门槛，进入儿时的家，脑海中浮现出我在家庭影片中看过很多次的镜头——我那年轻的妈妈第一次带着刚刚收养的女儿回家。家里的一
235 切还是老样子，但在我看来，却是如此不同。我那间老卧室（曾经是育婴房）和房子对面父母卧室看似相隔那么远。到我离家上大学时，两间卧室之间的距离本没那么遥远。此时此刻，我躺在父母卧室里的那张大床上，想象着自己的耳朵穿过那长长的空旷——穿过电视、楼道、钢琴、浴室的门，去聆听婴儿的呼吸声。半夜三更，在两间卧室之间要走多少步啊？在我小的时候，后来在妹妹小时候，妈妈来回走了多少趟？

妈妈笑起来。“哦，可能有成千上万趟。我还记得做这张床时，自己在想：‘我真应该把自己睡的这边租出去——反正自己从来也睡不成。’”

至于距离，她声称小孩在家中任何地方咳嗽，自己都能听见，不论在楼上还是在楼下。母爱的这一点被编成很多玩笑话——雷达耳、后脑勺长神眼等，但实际上这是非常严肃的事。从宝宝降生那一刻起，母亲大脑中某一部分就承担起了保护职责，从不脱岗。也就是说不论母亲正在做什么，甚至睡觉时，她的部分心思还在孩子身上。我告诉妈妈，正是这种情况快要把我整惨了。妈妈说，身为父母那种孜孜不倦的精神只能靠自己去感受。一片永无止境的天地。阿门。

其实妈妈的很多看法，我都赞同——我也突然理解了她的很多事，尽管我们成为母女的途径大不相同。妈妈在外婆六个子女中排行老三。外婆所有的孩子都在农场的家中出生，而且哺乳了一年——或者说吃到外婆怀上下一个孩子为止。小时候，妈妈经常看外婆哺育弟弟妹妹们，看谷仓里的动物哺育幼崽，做礼拜时看到坐在教堂长凳上的新妈妈哺育自己的宝宝。但到了自己当妈妈的那一刻，她只是接到电话，听一个陌生人的声音说：“我们为你找到合适的宝宝了。”另一方面，在我小时候，维系家庭关系的是除生育之外的力量；我从未亲眼见过哺乳。甚至在长大成人后，每次遇到女性朋友给孩子哺乳时，我也客气地回避。从未见过哺乳的我学

会了给自己的孩子哺乳。这样一来，妈妈被生育力强的女人用母乳养大； 236
我被一个无法生育的女人用奶粉喂大。我俩担当母亲一职，都无法借鉴老一辈的经验。

我和妈妈求同存异，操心着费思，给她哼儿歌，探讨睡觉和尿片等琐事。我给她喂奶时，妈妈仔细观看。

“看到她刚刚把下嘴唇缩回去了吗？”我说。“嘴唇要外翻出来才不漏奶。所以我把她的下巴按压一下——就像这样——然后嘴唇就又撅起来了。看到了吧？”

“你怎么知道该换到另一边？”

“她吞咽的次数少了，我就换。现在她吃得快了，以前她吃奶有时需要一小时。现在一般二十分钟左右就吃完两边了。”

妈妈尤其喜欢我大加赞扬的母乳抗病特点。我总爱开玩笑说自己的妈妈放弃了育儿微生物学，却把自己的家变成了实验室。烹饪是化学实验，家务活是灭菌行动。洗手达到了外科标准。家人生病后被迅速隔离，他们的餐具要单独清洗。后来，我得知别人家的小孩有时不分毛巾，或者在把勺子放回糖罐前先把它舔一舔。难以想象！如此违反卫生规定的行为从不会发生在我家。因此，在妈妈看来——那个年代的很多妈妈都这么看，奶瓶和奶嘴具有干净、有效、超越自然的特点。就连“配方”一词都带着模仿科学的魅力。

妈妈说：“现在回想起来，我怀疑你们姊妹俩的过敏症是不是和配方奶粉有关。很多同龄的孩子都有过敏症。我不记得在我们那个年代有谁过敏。从没听说过这种毛病。”

童年的这部分经历，我都已经忘却了，现在却涌上心头——鼻子不通气，早餐时吃的小药片，不许养宠物，也不能睡羽毛枕。

“我什么时候出现的过敏症状？”

“我不记得了。我们可以看看你的成长记录册。”

妈妈眼中的宝宝成长记录不是用来记载第一次理发或接受洗礼礼物的日子，而是记录疾病、治疗和治愈的情况，一丝不苟地描述病症和服药剂
量，仿佛在给《新英格兰医学期刊》撰写病例研究报告。因此，我很快了 237
解到我和妹妹在学步期出现过敏现象（“慢性鼻炎”），整个童年都在服用抗组胺药。

但不止如此。我还了解到我们姊妹俩都患过神秘的消化系统疼痛，经过一系列的X射线和脑电图检查，被诊断出患有脑电波异常（“迷走神经过度放电，致胃部括约肌痉挛”）。针对这种病，我们服用抗痉挛药物苯妥英钠，直到十来岁才停药。朱莉不到一岁时就服用镇静药苯巴比妥，原因是她晚上频频哭闹，表面上看是由于腹部阵痛和岔气所致。我四岁时因“情绪风暴”而开始每天服用强镇定剂氯丙嗪。到七岁时，我的肝脏出现感染，严重到让我住了一个星期的医院。

我完全震惊了。很多往事，妈妈已经忘却，如今回想起来，她也大为惊讶，但她立刻为自己的用药决定辩解。

“要知道在我成长的年代，脊髓灰质炎疫苗和青霉素被广泛应用。当时，药物是神奇的。儿医开的处方，我都没有质疑过。我记得当医生无能为力时，只能握住病人的手向上苍祈祷。”

“妈妈，没人责怪你。母乳有没有用，我们也不知道，而且也是没有办法选择的。我只是很高兴有机会用母乳喂养费思。不敢说她不会得过敏，不会有肠胃问题。”

“我确实一直觉得奇怪，你们姊妹俩没有血缘关系，却出现了那么多相同的健康问题。”

“嗯，的确很奇怪。”

和免疫系统一样，消化系统也是“后起之秀”。婴儿出生后，肠道的发育尤为缓慢，这也许是因为肠道需要掌握复杂的平衡技术。一方面，肠道要保持对食物分子的渗透性，而另一方面必须成为一堵坚不可破的墙，
238 将大量致病微生物阻挡在外。肠道在出生时就具有渗透性，但需要逐步建立阻隔细菌的屏障。母乳再次冲锋陷阵，树立起一套临时防御体系，同时甚至还在监督永久保护机制的创建。

为此，母乳采取加快肠道发育的策略。母乳所含的成分也能激活小肠细胞中的某些基因，继而发出促进免疫组织发育的蛋白信号。换言之，母乳显然有助于在消化道内壁和新生免疫系统之间建立通信网络。这种关联的详细情况才开始渐渐被人了解。

临时防护体系中有两位重要的功臣，本身都是细菌。乳酸菌和双歧杆菌属于共生单细胞微生物，在婴儿出生后不久便在肠道内安营扎寨。没有

人确切知道它们从何而来——出生时婴儿肠道处于完全无菌的状态，最有可能的来源是乳房自身。在占领新寄居地的过程中，这两种有益菌耗尽氧气供应，并产生大量的酸性物质，防止有害微生物存活。相比之下，瓶喂的婴儿肠道内抗病有益菌种较少，而腐败性微生物含量较高。

母乳中被称作寡糖的特殊糖分滋养着肠道。这类在配方奶粉中没有的物质，不可被婴儿消化，却为肠道内有益菌提供食物。寡糖也能穿越肠道。也有大量寡糖聚集在呼吸道黏膜内，防止有害微生物的吸附。

有趣的是，母乳所含极易消化的糖类——乳糖干扰寡糖的行动。乳房通过调节这两种糖类的含量来化解这一问题：午后母乳中乳糖的含量较低，寡糖的含量上升。由于这两种糖类的作用相反，研究人员不建议往乳糖含量较高的配方奶粉中加入寡糖的做法。此外，母乳含有至少一百三十种寡糖，它们的多样性无法由人工生产调配。在实验中，添加寡糖的配方 239
奶粉没有像母乳那样产生丰富的双歧杆菌。调查人员得出结论：“每一种人乳寡糖都是母乳喂养的优势。”

现在我们来说说宝贝的便便。费思的便便在颜色和黏稠度方面恰似法式芥末酱，没有味道，或者说闻起来有一点点热酸奶的味道。我确信这是客观事实，而不是新父母的癫狂看法。我和杰夫用布尿布——甚至在外出旅行时依然如此。这意味着上面的东西有大量散发气味的时间。除此之外，妈妈也说费思的便便没有味道，她不必忍受处理粪便之苦。

相比之下，奶粉喂养的婴儿，由于肠道内有很多腐败微生物，所以排出的粪便很臭。除此之外，奶粉不易消化，所以还有很多没消化。而与之相对的母乳被充分利用，在肠道残留的不多。这是自然小小的恩赐。

我被告知当费思开始吃固体食物后——尤其是蛋白质，一切就会改变。但此时此刻，在今年的感恩节，我赞扬母乳产生的便便。这是一种完全不会让人感到难过的物质，就像植物的分泌物，让换尿布变成小事一桩。真的。

费思长到三个月大时，会给我使眼神了。我走进卧室时，她把眼睛睁得大大的，牢牢地锁住我的目光，那眼神不逊于约翰·多恩（John Donne）在任何一首十四行诗里抒发的情怀（我们的目光相互交织，系在

一起 / 我们的目光结成一根双股辫……）。我解开衬衣纽扣时，她兴奋地哼哼起来，两只小手像安达卢西亚弗拉门戈舞者那样在头顶挥舞。吃奶时，她用手掌轻轻敲打着我的胸膛，幸福地哼唧着。你恐怕会把这些看成是一位痴迷妈妈心中的浪漫景象，那就来瞧瞧一向以严谨著称的期刊《新英格兰医学杂志》是怎么描述婴儿哺乳时的情形吧：“身体各个部位展现出急切的迹象——手、足、手指和脚趾可随吮吸的节奏有规律地晃动。男
240 婴常见阴茎膨起。一次哺乳结束后，婴儿往往有放松的表现，其特点与性满足的感受相同。”

对于我来说，“眼神”让我的头顶感觉像要炸开了。我的手在颤抖，周围一切陷入沉寂。我感受到一种不同的爱。它锻造于起初那些痛苦日子的历练。它让我认识到自己愿意为她倾家荡产，愿意为她献出生命，愿意为她身先士卒，愿意为她阻挡万恶。我爱得那么淳朴，那么投入，倘若对方是成年人，必定要找心理医生了。杰夫半开玩笑地说这是一种夺命之恋，面对婴儿时就应该叫作当妈之恋。他也有同样的感受，所以我知道哺乳并非唯一的因素，但对于我来说，亲身哺育女儿的经历成为这种情感至高无上的物质体现。

恐怕你又要怀疑我言过其实了，所以我在下文引用罗切斯特大学纽约医学中心哺乳与人类泌乳研究中心主任、儿科教授露丝·劳伦斯博士（Ruth Lawrence）的观点：“除临床证实的医学优势之外，哺乳赋予母亲特殊的育儿能力。母亲与孩子在哺乳期形成的关系被认为是人类最强大的情感纽带。母亲把婴儿抱在胸前，为其提供全部的营养和抚育，由此形成比身怀六甲更加深刻的心理体验。”

在生命诞生的第一年里，人脑重增加一倍多。认为母乳可能对脑部快速发育起到特殊作用，是不无道理的。

果然，大量研究证实了上述看法。例如，在一次实验中，母乳喂养的三月龄婴儿比奶粉喂养的同龄儿表现更加活跃，上肢运动尤为明显。母乳喂养六周以上的孩子长到三岁半时，甩臂走路、站立旋转躯干等运动的表现更灵活。其他研究称母乳喂养的孩子更成熟，安全感更强，也更自信，
241 同时在发育测试中得分更高。他们患学习障碍的可能性略低，在七八岁时进行的智力测验中表现较好。

但这些差别真的和母乳有因果关系吗？或许选择母乳喂养的妈妈更可能具有优秀的育儿技巧，或更看重教育，或更有钱和时间让子女参加开发大脑的活动。果真，至少有一项研究发现，在排除社会经济因素后，智力测验分数的差异消失了。但在大多数的研究中仍存在显著差异。

近期一项研究用批判的眼光看待上述结论，重新分析了各项声称在智商和哺乳之间发现联系的研究成果，涉及约二十项同类研究。在考虑家庭人口、胎次、父母教育水平和社会地位等因素之后，调查人员依旧发现，用母乳喂养长大的儿童，其智力测验得分比奶粉喂养组高三到五分。这种差别甚至也体现在调查年龄最大的十五岁青少年组。相关研究人员还发现六月龄认知能力存在差异。最令人信服的是，各年龄组变化趋势和剂量相关：哺乳时间越长，智力测验分数差别越大。明显受影响的不仅仅是认知。母乳喂养的孩子视力发育更快，运动技能掌握更早，而情绪和行为问题较少。

近些年其他国家开展的研究支持上述发现。新西兰对一千余名新生儿进行了长达十八年的跟踪研究。研究人员发现哺乳是日后认知和教育结果的一项重大预测指标，即使在根据社会经济和健康水平差异修正数据之后，依然如此。最显著的是，曾经接受母乳喂养十八个月以上的儿童，其平均测验分值远远高于没有接受母乳喂养的儿童。他们的阅读和数学成绩也较好，退学率较低。

另一项研究的对象是早产儿，其早期喂养工具既非乳房，亦非奶瓶，
而是细软管。管喂母乳的早产儿在十八个月和八岁时发育速度超过了管喂 242
奶粉的早产儿。这是一项重要的研究，因为研究考虑到喂养方式的不同，使得母乳和奶粉这两种食物成为唯一的可变项，而其他研究无法做到这一点。

那么，母乳滋养婴儿大脑的特殊成分是什么呢？没有人知道确切的答案，但有几种可能的物质。一是被称作唾液酸的糖类物质，为神经元分支的树突所需，同时也为神经元之间形成突触网络所用。婴儿体内可自行产生唾液酸，但母乳中唾液酸的含量尤为丰富，比婴儿配方奶粉高五倍。另外两种可能有助于大脑发育的物质是多不饱和脂肪酸——二十二碳六烯酸和花生四烯酸。这两种脂肪酸是母乳中的常见物质，但在配方奶粉中根本或几乎不见踪迹。它们可能直接参与大脑发育最有力的证据取自令人痛心之处：死婴的尸检报告。在短暂的生命里，母乳喂养的婴儿脑组织中相关

脂肪酸的含量远远高于奶粉喂养的婴儿。

费思四个月大时，我重新回到了工作中。对我来说，这意味着教学、写作、研究、出差、讲学的大杂烩。目前为止，杰夫接管了大部分家务活。我俩都感觉自己并没有准备好担任目前的角色，天天都在即兴表演。我去图书馆做研究时，每隔几小时走回家喂一次奶。我上三小时的大课，超过费思哺乳的黄金时间，杰夫就会把她带来，我中途休息十五分钟，在生物学楼的休息室给她喂奶。我去洛杉矶参加科学会议时，杰夫陪同前往，在研讨会中间我溜回酒店照顾宝贝。我在盐湖城讲学时，把费思也带上，靠同事帮忙照看。杰夫飞往洛杉矶参加大学艺术会议时，我留在家里独自照看费思五天。一次在曼哈顿市中心开会，费思同我一起登上了讲台。一次在波士顿市中心开会，费思和她爸爸一起坐在会议室后面。在家的时候，我熬夜写东西，身后睡着费思和杰夫。其中一些安排很完美，而有些则出了大错。有些安排一时完美至极，而一时又大错特错。

243 整体来说，有三点体会经受住了时间的考验。

第一点体会是，和宝贝同床睡可大大减轻压力。如果说育儿是一种多任务的训练，那么同床睡便是其绝佳的体现，同时满足睡觉、搂抱和吃奶的需要，使共生关系成为可能。我和孩子分离了一整天，晚上一起睡觉能给我们很多共处的时间。要是费思处在快速生长阶段，晚上一起睡不用完全醒过来，就可以喂奶。要是我们在酒店过夜，则不用依赖可能存在安全隐患的婴儿床。

很多书赞成母婴合睡的做法。妈妈和宝宝一起睡觉可促进相互信任，加强亲密感，增强自信心，并能预防婴儿猝死综合征的发生。也有很多书对其加以谴责，认为这种做法加强依赖性，引发不良睡眠习惯，不利于行为规范，并容易导致婴儿窒息。极少有书介绍具体的操作方法。我自己发明的办法是我和杰夫分别把枕头竖着放，上身形成一个没有枕头的空间，让费思躺在其中，盖自己的小毯子。（如果在酒店，我还会用一条毛巾把床垫和床头之间的空隙堵住。）她扭来扭去，想吃奶时，我就把她拉到胸前，喂完奶后再把她放到上面。要是她扭来扭去，但不想吃奶，我轻轻拍拍她，然后她就睡着了。

还有我，整整一夜，我和她一同穿越睡眠的各个阶段，起起伏伏，上上下下，犹如骑着双人自行车穿梭在意识的高山和峡谷。没有人在走廊尽头独自哭泣；没有人冲着那哭声摇摇晃晃穿过冰冷的走廊；没有人在半夜三点迷迷糊糊地坐在摇椅里，试图平息那哭声。每个人都能躺在床上，舒舒服服地度过一晚。

我的第二点体会则是和传言相反，大多数人对新妈妈在公共场合哺乳的态度还是很友善的。在饭店、会议中心、艺术馆、公园、书店、机场或图书馆，没有一个人对我表示不满。要说我和费思引来什么反应，那也莫过于其他女性投来鼓励的笑意。多数男性只是不理会我们。（一个十来岁的小男孩走出一家卖早餐的小店，从我们身边经过时，转身又看了一眼，然后就一头冲到了前面的衣架里。）但是，婴儿刺耳的啼哭会引来各种不满的叹气声。幸好，只要往宝贝嘴里塞上乳头，就能让她安静下来，没有 244
什么比这更管用了。

第三点体会是，尽管个人态度积极友善，可文化自身在很大程度上对哺乳妈妈缺乏包容性。哺乳关系的建立，在公认度方面不同于婚姻缔结、公司成立、人员雇佣等关系——甚至都和怀孕不同。女人在世间奔波，她们的身体是小生命唯一的营养来源，而这并没有带来工作、出行、城市规划或商业方面的积极变化，更好地满足这种需求。虽然哺乳可以拯救生命，预防疾病，使孩子更聪明，但针对哺乳的社会保障和鼓励哺乳的公共政策规定屈指可数。在崇拜自主的国度，哺乳都是作为联系着两个相互依赖的个体，并被广泛认可。

上述最后一点体会是我在飞机上试着挤压乳汁时感受到的。在公共场合给孩子喂奶是一回事，在公共场合挤奶是另一回事。当时，我正在从讲演地返家的途中。这是我第一次与费思分开整整一夜。当日首趟航班晚点起飞，联程班机差一点没赶上，根本没有时间去卫生间挤奶。此刻，飞机不断遇到气流，我无法解开安全带，去飞机上狭小的卫生间寻求庇护。距上次挤奶已经过去了很久，乳房变得像两块陶瓷一样硬，阵阵疼痛放射到双臂上。莫名其妙被安排在头等舱的我瞅了瞅身旁的乘客——一位穿着灰色西装、头发灰白的男士，正在埋头看粉色的《金融时报》。乘务员在送咖啡。上方的屏幕播着高尔夫推杆技巧秘籍。我的电动挤奶器在托运行李里，手持挤奶器在头顶的行李架内。我坐在靠窗的座位上。

身为人母、接受过哈佛教育的医生吉尔·斯坦（Jill Stein）曾推荐过一招，现在我决定试一试：人工挤奶。她说这项技艺快要失传了，但你需要掌握它，否则一旦离开孩子，你就会永远依赖机器。上周吉尔在电话里
245 讲了正规的操作手法。她强调秘诀在于把乳汁洒在手指上，因为乳脂能将摩擦减少到最低。

所以我喝完咖啡，把大衣拉到肩上，假装睡觉。在大衣的掩护下，我解开衬衣纽扣，忙活起来，用一只手端着空咖啡杯，另一只手按摩乳房。我试着让着自己放松，进入排奶反射状态。在我眼前浮现出费思甜美的小脸蛋。我闻到了她的气息，感觉到她吃奶时用脚趾揉搓着我的胳膊。我想象着飞机上方的影片介绍在绿草地上哺乳婴儿的绝招。乳汁开始往外流。

接了6盎司的乳汁后，我瞅了一眼灰衣男士。他还在看那份粉色的报纸。而且，我敢说，他对这一切浑然不知。

1997年，美国儿科学会发布了一项有关婴儿哺乳的新政策，认识到母乳的价值高于配方奶粉，正式建议所有婴儿哺乳至少一年。倘若这项决议在世纪之交付诸实施，美国大多数妈妈都会遵行。如今，美国是世界上哺乳率最低的国家之一。仅有一半的妈妈尝试在婴儿出生时对其进行哺乳，不到20%的妈妈坚持到六个月。坚持到孩子满周岁的妈妈比例甚至都没有统计数据。在这一点上，哺乳的流行趋势实际上从二十世纪八十年代就开始下滑。当时，初期哺乳率为60%，持续六个月哺乳的比例是24%。然而，当今低迷的哺乳率仍显著高于1958年的相关数据。当年，美国只有五分之一的新生儿在出院后继续接受母乳喂养。

我猜想，世上不会有多少妈妈在被给予准确完整的知识和真正选择的机会后仍要给孩子喂一种延缓发育、引发婴儿病死风险、每年花费一千美元的较差的食物。儿科学会的建议值得称赞。然而，美国妈妈选择遵行后，则会面临很多令人望而生畏的障碍。

一切从婴儿出生四十八小时后开始。这是大多数医疗保单要求母婴出
246 院回家的期限。妈妈开始产奶的时间平均为婴儿出生后七十二小时。从生物学的角度讲，这意味着新妈妈被迫回家时，自己和宝贝建立的胎盘关系已经终结，而乳房关系尚未开始。鉴于哺乳是一项习得的技艺，而且几乎没有哪位新妈妈能具备“有泌乳专家等在家里帮助她”的条件，这就让新妈妈陷入窘境，就像动物园里的母猩猩，经历完生产，却不知道如何哺

育幼崽。对我来说，获得帮助意味着在汽车后座上还有个刚出生的婴儿并且我的眼泪流到脸颊上时，战胜收费站、停车场和波士顿高峰期的交通，因为每踩一下离合器，会阴缝合处都会割向更深处的嫩肉，尿液一滴一滴流到汽车座椅上。幸好，费思非常理智地选择在周五降生。我们在周日出院。到了周一，我认为我们需要帮助。只有在每周二，贝斯以色列医院才提供免费的哺乳帮助。

母乳喂养关系一旦确立，便会遭遇更多问题。医生和护士几乎没有接受过哺乳教育，往往表现出嫌母乳喂养太麻烦的态度。乳腺炎、新生儿黄疸、出乳牙等问题出现时，缺乏相关知识的医护人员经常建议改用奶粉喂养，而不是帮助母婴寻找解决办法。1995年开展的一项研究，发现全国仅有三分之一的执业医师能描述如何处理常见的哺乳问题。大多数医生认为自己在哺乳领域的临床经验严重不足。

不难料到，尽管美国儿科学会推荐母乳喂养，但大多数医生并没有把母乳喂养作为预防医学途径推荐给产妇，至少没有将其视为和婴儿汽车座椅、禁烟戒酒同等重要。医生是否有信心帮助病人成功实现哺乳，最主要是看他们（或他们的妻子）有没有哺乳婴儿的切身经历。在这方面，我依然很幸运。费思的儿科医生是哺乳妈妈。在最初的日子里，她一直鼓励我，经常联系我在贝斯以色列医院的哺乳咨询师。费思的体重恢复正常后，她和我一样高兴。在非常正确的时刻，她说："我认为你俩配合得太棒了。"

一位妈妈回到工作中，如果下决心继续哺乳，则会面对重重困难。即 247
使有产假，也非常短暂。提供现场托幼服务的工作单位极少，哺乳期的母婴在白天被迫相隔两地。隐秘的挤奶场所不好找，只能去公共厕所。相比之下，在挪威，妈妈可以全薪休十个月的产假；年食品产量统计数据包含母乳的产量（2000年达1920万磅）；哺乳率位居工业化国家前列。挪威平均哺乳时长为9.5个月，六月龄哺乳儿达80%，一岁哺乳儿达70%。

与此同时，在美国围绕着哺乳妈妈和孩子的大众媒体宣传却认为奶粉喂养是常态，而母乳喂养……呃，不存在。近些年宣传哺乳的电视广告（广告费由挤奶器厂家负责）被多家电视台因"内容问题"为由叫停，尽管其中并没有过于暴露的镜头，反而还被行业杂志《广告周刊》评价为有品位和有意思的广告。

当然，奶瓶作为育儿的形象远远超过了传统媒体的范畴。费思出生后几周，我和杰夫收到了用奶瓶图案的彩纸包装的婴儿礼物、画有奶瓶和安抚奶嘴图案的贺卡，甚至还收到一个奶瓶形状亮闪闪的粉红色圣诞挂件。（想象一下，新生儿礼品包装上画着溢出奶水的乳房，外加表现婴儿在吸奶的贺卡。）就连儿童图书也在宣传人工喂养。在费思的图书中，有一本展现多民族文字、非传统的性别角色以及生态学主题的书，却描绘了婴儿半夜醒来用奶瓶吃奶的景象。另一本畅销的纸板书印有供幼儿辨认的黑白剪影：木马、香蕉、橡胶小鸭、纽扣，还有婴儿奶瓶。

费思出生六个月的纪念日恰逢三月温暖和煦的一天。为了庆祝，我们
248 散步到小区的游乐场，看年龄较大的孩子玩单杠。我已经达到了属于自己的泌乳高潮期。费思的体重长了一倍，我的泌乳量也至少翻了一番。现在她会坐了，刚刚冒出两颗下牙，而且开始喜欢吃固体食物了。我知道自己的奶水会慢慢变少，因为她越来越多地直接从自然界其他地方汲取能量，无须再经过我的身体过滤。身为母亲，我开始把育儿看成是一个长期而缓慢的放手过程，而分娩就是第一步。

与此同时，费思对母乳的热情依然未减，很难想象她曾经似乎对乳汁嗤之以鼻。看完小孩玩耍后，她转过身，扑到我胸前，想来一顿加餐了。我拉开夹克拉链，转过身，不让风吹到她的耳朵。这吸引了一个头发乱乱、没系鞋带的六岁小女孩的注意。她从滑梯那边跑过来，一探究竟。她被眼前看到的景象惊呆了，驻足观看好一会。

“那是个婴儿吗？”她问。

我给她肯定的回答。

“哎呀呀！”她大声说道。“她把你的咪咪当成奶瓶啦！”

高瞻远瞩

在我出生前两年，苏联向太空发射了全球首颗人造卫星——斯普尼克一号。斯普尼克二号载着一只狗紧随其后。斯普尼克三号把人送入了太空。美国急忙效仿，期间建立了国家航空航天局（NASA）。就这样，冷战进入太空时代。五年之后，美国生物学家雷切尔·卡森（Rachel Carson）出版了《寂静的春天》。这是一部畅销书，警示人类科技，尤其是化学农药问题对生态产生的后果。那时，我刚满三岁。

我的年龄太小，对斯普尼克和《寂静的春天》都没有印象，但两者却对我的教育产生了深远的影响。在儿时就读的那所袖珍小学，科学成为最重要的科目。就连美术课的主题都和星球有关，让我们根据比例画太阳系。阅读课和社会科学课本斑痕累累，破旧不堪，扉页上写着多位前主人的名字，但科学课本却是崭新的，前面固定讲原子和分子的结构，而生态学的知识总是被放在最后。我不相信在学期结束前老师能教完整整一本书，所以我只好在听写练习或下雨停课那些无聊的时间里自己探究书后
250 的内容。

最令我着迷的是那些表现生态食物链的漂亮的黑白图示。有一年，表示能量的箭头从阳光指向小草，从小草指向奶牛，又从奶牛指向牛奶。另一年就变成了从阳光到硅藻，从硅藻到甲壳动物，从甲壳动物到胡瓜鱼，从胡瓜鱼到鲭鱼，从鲭鱼到金枪鱼。在每幅图的最上端都是喝牛奶、吃金枪鱼的人类。在某个阶段（确切时间忘记了），课本介绍了生物富集的概念。这当然是雷切尔·卡森关注的重点，即含氯农药等生命周期长的有毒化学物被散播到环境中后并不会保持稀释的状态，而是在随食物链上升的过程中发生富集变化，即聚集效应。从胡瓜鱼到鲭鱼，从鲭鱼到金枪鱼，从金枪鱼到人。

然而，直到上大学学习生态学后，我才完全理解了上述现象背后的起因。生物富集遵循的是在大多数最基础科学课本前几章就讲到的两项物理法则：第一项法则是，物质不生不灭；第二项法则与之相反，即能量在不同类型的转化中，总会发生部分损失。总之，这两项法则表明随着食物链不断上升，由于可摄取的热量（即能量）越来越少，可维持的生物个体也就越来越少，但持久性污染物（即物质）的总量却保持不变。这样一来，食物链上端少数的个体以下端的为食，被分布在很多下端生物中的有毒物质进入上端少量生物体内。这种聚集的过程可用数学进行描述，我花了很多时间计算相关方程式。总体来说，食物链每上升一个环节，持久性有毒化学物以十倍到一百倍地富集。

到了我作为研究生从事医学预科生物学教学工作时，食物链连同其他生态学话题再次被安排在书的最后——春季学期结束前几乎从未讲完过。联系我与生物富集概念的只剩下贴在授课实验室外玻璃柜上的一张泛黄的宣传画。上面描绘了在入海口的滴滴涕的流向。在宣传画的顶端，所有箭
251 头再一次集中到人的身上——此处是一个强壮有力的男性形象。但之后生态学研讨会上一句不经意的话，让我更认真地看待那幅宣传画。一位客座教授一字一顿地冷嘲道：“位于食物链最顶端的不是人，而是他那尚在哺乳期的婴儿。”

当然！当金枪鱼三明治和牛奶被人享用后，其中所含的污染物还剩下最后一次富集的机会，而这一切就发生在哺乳妈妈的乳房里。从食物中摄取的能量被转化成母乳。那幅宣传画所描绘的人类食物链缺少了整整一个营养级——和我从小学到大学学习的所有图表一样。缺失的是终极环节，最顶端的环节，即处于哺乳期的婴儿所占据的环节。

食物链最后的环节为什么会被漏掉呢？

如今，身为哺乳妈妈，我仍在想这个问题。二十年后的今天，我依然找不到一幅宣传画或一本教材将哺乳期婴儿的图片放在人类食物链的最顶端，构成成年男女之上的那一个环节。被遗漏的原因，我始终想不明白。或许，这种缺失反映了哺乳在更大的文化层面遭遇到的否定。不论怎样，对哺乳期婴儿在生态环境的特殊地位缺乏认识，使我们无法就一个真真切切的问题展开有真知灼见的公开讨论，那就是母乳中持久性有毒化学物的生物富集问题。

在人类各种食物中，母乳受持久性有机污染物（POP）污染最为严重，其中有机氯污染物的含量通常是牛奶的十到二十倍。目前母乳中化学污染物的含量常常超过商业食品的法定标准。1996年，相关研究领域的一位领军人物断言："母乳倘若被施以和配方奶粉相同的规定，一定会经常违反FDA制定的食品有毒或有害物质含量的标准，不能上市销售。"

生物富集这一不争的事实意味着母乳喂养的婴儿，其有毒化学物暴露远超过了父母。在工业化国家，母乳喂养的婴儿每天吸收的多氯联苯含量按每磅体重计算比父母平均高五十倍。与之相同的还有一类特殊的氯化污 252
染物——二噁英（下文有详述）。[1] 婴儿暴露于上述污染的水平往往超过了世卫组织推荐的成人最大暴露限量。譬如，英国的婴幼儿通过日常母乳喂养吸收的多氯联苯比所谓的耐受量高十七倍。

母乳喂养的婴儿在饮食中暴露于某些有毒化学物的剂量也远高于奶粉喂养的婴儿。婴儿配方奶粉所含的持久性有机污染物远远低于母乳的污染水平，受污染程度也低于全脂牛奶。配方奶粉所含的各种脂肪提取自芝麻、玉米、棕榈和椰子等植物油，而这些植物在食物链上的位置低于哺乳

---

① 二噁英通常是指具有相似结构和理化特征的一组多氯取代的平面芳烃化合物，属多氯代含氧杂三环芳香烃化合物，为《斯德哥尔摩公约》首批禁用的十二种持久性有机污染物之一。——编者注

妈妈和奶牛。1998年德国一项针对国内十一月龄婴儿的研究发现母乳喂养的婴儿体内有机氯污染物含量比奶粉喂养的婴儿高十到十五倍。另一项研究发现母乳喂养和奶粉喂养的婴儿有机氯吸收量相差二十倍。

持久性有机污染物超长的生命周期意味着上述差异持续的时间超过婴儿期。荷兰的研究人员分析了本国三岁半儿童体内的多氯联苯含量。在婴儿期接受母乳喂养六周以上的儿童，其血清中的多氯联苯含量比奶粉喂养的受试儿童高近四倍。母乳喂养时间越长，体内积存量越多。其他研究始终显示在婴幼儿期摄入母乳越多，体内组织中有机氯的浓度越高。甚至到二十五岁时，在婴儿期接受过母乳喂养的男性和女性，体内有机氯水平仍较高。荷兰研究人员预测，人体积存的有机氯化学物有12%～14%来自母乳。

上述没有一项研究存在争议。相关成果已经受到其他许多研究的佐证，其中有些研究已发表多年。1951年，研究人员发现华盛顿特区黑人母亲的乳汁里含有滴滴涕，首次揭开母乳受污染问题。母乳含有多氯联苯的事实在1966年被发现。当时，一位瑞典研究人员在一只死鹰的组织中发现这些物质的残留，继而想到对自己妻子的乳汁进行检测。到了1981年，研究人员已经在美国妈妈的乳汁里发现两百种不同的化学污染物。如今，滴
253 滴涕［以滴滴涕（DDT）代谢分解产物滴滴依（DDE）的形式出现］依旧是全球范围内最广泛存在于母乳中的污染物，而多氯联苯仍是工业化国家母乳里所含最主要的污染物。除滴滴涕和多氯联苯之外，母乳中常见的污染物包括阻燃剂、防霉剂、木材防护剂、灭蚁药、防蛀剂、厕所除臭剂、电线绝缘材料、干洗剂、汽油蒸气以及焚烧垃圾所产生的多种化学物质。

我的办公室书架上摆放着一摞又一摞证明母乳含环境化合物的研究报告，数量之多，可以装满几大手提箱。但哺乳妈妈们却对此几乎没有耳闻。不仅仅是食物链的公众宣传材料对我们怀中的婴儿只字不提，而且就连我们自己也被排除在母乳污染的讨论之外。有些研究者、公共卫生官员和提倡母乳喂养的人士为自己辩解，称这一问题只会让女性不敢选择母乳喂养。但无论何时，保守秘密的行为都不能成为有效的公共卫生政策。自己没有认识到的问题，何以解决？

在本书的最后，我开始探寻揭示人类食物链终极生态环节的办法。我在搜寻化恐惧为勇气、打破沉寂的文字。母乳一方面遭遇化学污染，而另一方面却被誉为母婴之间的圣礼。我们能否将两者相提并论？能否对两者等量齐观？

费思九个月大时，我们搬出了萨默维尔观景山上那套拥挤的公寓，住进纽约州伊萨卡郊外密林山谷中的一栋木屋里。这次搬家让我获得了在一所研究型大学工作、随便进出校园里各座图书馆的机会；让杰夫找到了便宜的艺术工作室，坐五小时城际公交就能到曼哈顿；也给了费思更大的空间，让她继续实现自己刚刚开始考虑的追求——爬行。但是，在所有这些合理的条件之下埋藏着一种更深的渴望，希望自己的家靠近万物之源。

虽然成年后大部分时间都在城市居住，也能自得其乐，但城市对我来
说仍然像是某种令人费解的电影，一部扣人心弦却又扑朔迷离的影视作
品，人物和情节过于繁杂。相比之下，大多数乡村密码，我都能破解。给 254
我一点时间，我就能摸清排水管、挡风篱、果园、林地和井口的位置，读
懂树木结构和主风向。我的直觉在乡村更敏锐。我喜欢来到林间的一片空
地，心中发出诸如“多棒的金翅雀栖息地啊”之类的感叹，然后立刻便在
树枝间瞅见一抹金黄色。或先是朦朦胧胧地感觉这片杉树林是梅花鹿睡觉
的好地方，然后低下头，果然看见一片片被压平的草地。或正想着在一棵
倒地的树附近，阳光这么充沛，怎么会没有黑莓呢——然后忽地一下，就
瞅见了黑莓。我希望自己的女儿能有相似的感悟。

在租来的木屋后那片树林里有黑莓，有梅花鹿，有金翅雀。我们家的那口井在枫树林边上。排水沟伸向东边的湿地。湿地周围长满了山毛榉和椴树，从中偶尔飞出一只苍鹭和大角猫头鹰。樱桃树和白松更喜欢离屋子更近的高地。数数白松有多少侧枝，便可估算出它的岁数。樱桃树的树皮看起来像一层层的土豆片。整整一冬天，小山毛榉依偎在樱桃树叶上。蜜蜂对椴树花情有独钟。

费思开口说的第一个字是“tree”。

她一边在后院的毯子上吃奶，一边指着刺破阳光的松树和枝叶茂盛的枫树，嘴里含着我的乳头，摆出“tree tree”的口型。有时，我觉得她想听我简单讲一讲神奇的光合作用，解释树叶是如何把阳光、空气和水变成万物所依赖的食物。有时，我只是笑笑。

搬家不到一周，费思尝试并掌握了爬行的技巧。于是，超级探险时代便拉开了序幕。我们庆祝乔迁之喜的第一个行动是在家里各个地方安装防护器、防护栏、防护锁和防护栓。我和杰夫也俯下身，在地板上一边爬，一边以费思的视角观察柜子、楼梯间、电源插座、抽水马桶和窗台，力图

寻找隐藏的危险，希望做到防患于未然。“安全第一，以免追悔莫及。”发现另一处需要注意的隐患时，我们相互叹了口气，这样说道。

费思依靠自己的力量，探索范围越来越大，回到我身边后对吃奶的兴趣却越发浓厚。反过来，哺乳又激励着她实现更大胆的探险活动。我和她不再是一个互不分离的整体，甚至都不再是两个相互依靠的共生体。我变
255 成了一个港湾，一处目的地，一个火箭发射场，公路沿途一处停车休息区。然而，乳汁依然维系着我和她，彼此相连，如地心引力一般强大。

现在是1999年6月。每天清晨，我抱着费思来到马路上，从歪歪扭扭的塑料邮箱里取出当天的报纸。比利时的食品安全危机成为国际头条新闻。受二噁英和多氯联苯污染的鸡蛋已经从超市货架撤下，被焚烧销毁。没有人确切知道它们是怎样受到的污染，但问题已被追溯到一批动物饲料。主导理论认为，在去年冬天的某个时候，有人将工业废油倾倒在了一个食用油回收罐里。之后某炼油公司把受到污染的油料卖给动物饲料生产商。后者将其与谷物混合后，销售给了全国的农场。次年三月，比利时的鸡农开始注意到鸡蛋不能正常孵化、小鸡患神经性疾病、母鸡死亡等现象。实验室检验结果显示多氯联苯和二噁英的污染程度超过法定标准一千五百倍。但政府把应对行动推迟了六周，对公众隐瞒实情，造成安全假象。

每天，报纸都会刊登新的召回声明。除鸡蛋之外，鸡肉也被列入污染榜单；然后是猪肉；然后是小牛肉、牛奶和奶酪；再然后是牛奶巧克力、蛋黄酱、曲奇饼干、鸡蛋面、老火腿以及用黄油做的所有食品。一项调查结果显示部分受污染的动物饲料也分销到了法国和荷兰。美国采取行动，禁止进口欧洲的肉、蛋、禽类产品。到六月中旬，污染事件压垮了比利时政府。但这些重大的措施在力度和时间方面是远远不足的。大部分受污染的食品已被食用。研究人员建议暴露于污染的胎儿和婴幼儿要接受至少十年的跟踪调查，预计一枚鸡蛋就能使三岁儿童体内二噁英的积存量上升20%之多。婴幼儿和儿童受到免疫、神经和行为方面的影响“免不了会出现，但无法被量化。”

我在拧紧电源防护罩上的螺丝，而费思像卫星那样一圈圈围着我爬。我想到自己怀孕时吃的那些鸡蛋，怀疑上月家里买的进口奶酪会不会有问题。但我想得最多的是比利时的哺乳妈妈们。

二噁英是一个矛盾体。一方面，它被认为是地球上毒性最强的化学物
质；而另一方面，二噁英分子是什么，进入人体后会发生什么，尚无定 256
论。它是一种工业物质，但不是有意加工的结果（用于实验室的除外），也没有已知的用途。

二噁英可从两方面定义——化学构成和生物反应性。从化学角度讲，二噁英分为七十五种，每一种的结构都像自行车：两个结实的碳车轮通过氧原子骨架连在一起，左右护板扬起一面面氯旗子。

但不是所有的化学角度上的二噁英都是二噁英。有些不是二噁英的化合物反而成了二噁英。这是因为二噁英的另一种定义是以功能为基础，而非结构。从生物学角度讲，二噁英是能结合并由此激活体内被称作芳烃受体的分子的外源物质。据此，在七十五种化学角度上的二噁英中，只有七种符合上述条件；但除此之外，在209种多氯联苯和135种被称作呋喃的化合物中，有十二种多氯联苯和十种呋喃也符合条件。（呋喃的化学结构很像二噁英，但连接碳车轮的骨架上缺少一个氧原子。）因此，从生物学的角度讲，二噁英类物质共有二十九种。

它们的影响力并不相同。其毒性取决于对芳烃受体的黏附性。目前附着力最强的是一种被称为四氯代二苯并二噁英（TCDD）的物质。它是迄今为止人类合成的毒性最强的分子，也是二噁英的代表，让人谈及色变。TCDD坚决要与芳烃受体为伴，即使体内含量处于几乎无法检测到的水平，即万亿分之一，也能改变生理过程。检查是否含有这种二噁英的单一生物样本就需要两天之久，期间还要用到一台造价高昂的设备——高分辨质谱仪。全美仅仅有几家实验室能开展此项检测。

芳烃受体本身在1976年才被发现，但显然已有很长的历史。科学家已在猴子、鲸鱼、白鼬、沙鼠、鸭子、短尾鳄、蝾螈、鳟鱼和七鳃鳗体内证实这种蛋白复合物的存在。现代芳烃受体的基因显然源自生活在5400万年前的物种的某个基因，而该物种是脊椎动物和无脊椎动物最后一位共同的祖先。

这种受体的作用，尚不为人所知，但研究人员发现了它的几个关键活
性。我们知道某些细胞信号是通过它传导的。我们还知道若干基因受它的
调控，包括监控有害化学物代谢的基因。因此，二噁英通过与芳烃受体结 257
盟来干扰我们体内的排毒系统。

二噁英还能实施其他破坏。在动物实验中，暴露于二噁英导致繁殖率降低，加剧子宫内膜异位症，引发出生缺陷，破坏肝脏，改变生殖器官发育，减缓身体发育，影响甲状腺功能，引发学习障碍，以及降低免疫细胞的反应性。由于无法开展人体的对照试验，它对人体的影响，我们认识得较少。但越来越多的证据显示，二噁英影响人体甲状腺，抑制免疫系统，引发出生缺陷，并且干扰葡萄糖的代谢，继而促使糖尿病的发生。各个已研究的激素系统，无一不受二噁英的侵扰。哦，对了，它还能致癌。1997年世界卫生组织宣布，经证实，TCDD是一种人类致癌物。

除种种谜团之外，也没有人知道二噁英确切的来源。目前从大气沉降到地面的二噁英含量大约是能根据地面上已知来源统计出的比例的两倍。以燃烧氯化塑料为代表的垃圾焚烧场是已知主要污染源之一。二噁英也源于农药等化学品的生产；有些产生自金属冶炼的过程，尤其是熔化旧铜线外层塑料的废金属作业。在自家后院烧垃圾也可能产生二噁英。有些研究人员推测，常用木材防护剂蒸发进入大气后会被大气转化为二噁英。

不论二噁英是怎样产生的，它都会从天而降，来到我们身边。它被草叶吸收，草被牛吃下，最后牛被我们吃掉；它被海藻吸收，海藻被甲壳动物吃下，甲壳动物被鱼捕食，最后鱼被我们吃掉；它被地衣的叶状体吸收，地衣被北美驯鹿吃下，最后驯鹿被我们吃掉。

而后，我们再来哺育自己的孩子。

努纳武特地区是加拿大最新成立的行政区，于1999年从西北地区划分而出。努纳武特属于高纬度地区，全境不长树木。该地区囊括加拿大广袤的北极群岛大部分冰冻岛屿，横跨哈德逊湾，西抵格陵兰岛，是因纽特人世世代代的家园。努纳武特在因纽特语里的意思是“我们的土地”。在该
258 地区及其省界300英里的范围内，不存在已知的二噁英污染源。然而，当地因纽特母亲的母乳内所含的二噁英平均为加拿大南部地区的两倍。这一事实本身并不是特别令人困惑。如前文所述，持久性有机污染物随高空急流飘散到此地，在低气温下容易凝结沉降，因此常常向高纬度的北部地区聚集。

纽约皇后学院自然系统生物学中心主任巴里·康芒纳博士（Barry Commoner）及其合作者近期发现，努纳武特地区的二噁英来源于加拿大、美国和墨西哥多地。更确切地讲，他们锁定了北美44 000多个已知二

噁英污染源，跨越时空，一路跟踪到努纳武特。他们能做到这一点，是因为采用了专门模拟核事故辐射路径的计算机程序。用大气科学的行话讲，模型具有“源-受体跟踪能力”。运用这套程序，研究人员就能将有毒物质排放数据与气象记录及其他可靠预测气载物质传输和扩散的可变数据相结合。一年期间，计算机每隔一小时对排放到大气的污染物实施一次跟踪。

结果令所有人大吃一惊。在44 000个污染源中，导致努纳武特地区大部分污染的仅有六百个。在哈德逊湾的一个社区，超过三分之一的二噁英仅仅从南部十九个污染源而来。沉降到努纳武特的约四分之三的二噁英源自美国，主要产生自东部和中西部的工厂，主要包括三家市级垃圾焚烧场、一家铁烧结厂及一家铜重熔厂。它们的所在地名称，我并不陌生：艾奥瓦州艾姆斯市、宾夕法尼亚州哈里斯堡市、明尼苏达州红翼市、印第安纳州加里市、伊利诺伊州哈特福德市。

哈特福德毗邻密西西比河在麦迪逊郡的流域，是伊利诺伊州著名的污染大户——炼铜厂的所在地。最近，工厂的数名员工和一名经理低头认罪，承认自己犯下了将有毒化学物通过秘密管道排入密西西比河支流的重罪。在他们被抓之前，排污已经持续了十年之久。

如今，从这些工厂排放出的二噁英在努纳武特妈妈们的乳汁里安家落 259
户。她们表示自己计划联系各地相关工厂。要是她们决定给伊利诺伊州炼铜厂的那位经理打电话，也应该不难找到他。截至本书撰稿时，他正接受居家监禁的判决。

母乳受污染的情况在全球范围都已得到证实。我手中的相关研究报告来自世界各地，包括澳大利亚、加拿大、中国香港、印度、约旦、新西兰、沙特阿拉伯、斯堪的纳维亚、乌干达、乌克兰、美国和津巴布韦等国家和地区；包括巴黎、马德里、里约热内卢等城市；还包括里海油田附近的乡村。只是对比研究难以进行，因为不同的实验室测量污染物的方法不尽相同，这些不同的方法还会随时间而改变。不过，有些广泛的地理特征仍依稀可循。

其一，除上文提到污染物向北迁移的情况之外，工业化地区的母乳中二噁英和多氯联苯的含量往往最高。工业区的污染越严重，二噁英的水平越高。多氯联苯的污染在大量生产并使用多氯联苯的国家最为严重，在进口但不生产多氯联苯的国家较轻——如澳大利亚，而在偏远发展中国家的乳汁中往往检测不到。在欧洲，匈牙利和阿尔巴尼亚是乳汁中多氯联苯和二噁英含量最低的国家。

总体来说，非工业化国家的女性居民，其乳汁中滴滴涕等含氯农药的残留量往往较高（不一定局限于农业地区）。随着滴滴涕的使用从杀虫转向灭蚊，发展中国家城镇女性居民的乳汁受滴滴涕的污染程度超过了农村女性。据报告，母乳中含氯农药浓度最高的欧洲国家是乌克兰。二十世纪八十年代，美国南部地区母乳中灭蚁农药（氯丹、七氯、狄氏剂）的含量高于其他地区。（如今这些农药已被禁用，可它们在土壤中存续时间可长达二十年之久。）

当地生态环境的影响同样重要。研究人员发现斯堪的纳维亚母乳中呋喃含量最高的地方邻近挪威一家已知生产此类污染物的镁厂。在加拿大，
260 调查发现一名在市级垃圾焚烧厂附近住了五年的妈妈，其乳汁中多氯联苯的含量较高。在夏威夷发生过用喷洒七氯的菠萝叶喂养奶牛的事件，在此之后的1979年至1983年间，当地母乳中农药七氯的含量提升了两倍。妈妈在污染期间食用奶产品越多，乳汁中七氯的含量就越高。

甚至居家生态环境在母乳污染方面也发挥一定的作用。在澳大利亚，家庭防蚁措施与母乳中狄氏剂和七氯的含量多少相关。在美国，研究人员发现居住在5年前接受过白蚁防治的军用住宅里的妈妈，其体内氯丹含量较高。

除此之外，当然还存在跨地区的影响。不仅仅是努纳武特女性体内二噁英的含量高于南方人，而且加拿大西北地区母乳中毒杀芬（一种棉花杀虫剂）的含量也比南方高十倍。毒杀芬的残留也能从瑞典母乳中检测出来。同样在芬兰的母乳中发现灭蚁药氯丹，尽管该国未曾使用过该毒药。

1999年9月。在费思一周岁生日到来之际，我把自己的一瓶乳汁交出来，挨个儿展示给满满一会堂略感惊讶的联合国代表看。事情的经过是这样的。

快到周末劳动节的时候，我、杰夫和费思启程去日内瓦。那里正在举行联合国持久性有机污染物减排协定谈判。说具体点，我们是去参加“拟订一项具有法律约束力的国际文书以对某些持久性有机污染物采取国际行动政府间谈判委员会第三次会议”。呃，是我去参加会议。杰夫和费思另

有安排，项目包括参观艺术博物馆、户外咖啡馆以及观看瑞士国家马戏团的表演。

很快，费思往自己的食谱里加入了羊角包和焦糖布丁，还学会说“Voilà!”与此同时，我在准备一份特邀报告材料，对象是来自122个国家的联合国代表。我还参加国际消除持久性有机污染物网络举办的各个会议。这是一个由全球公民团体组成的联盟，致力于推动上述谈判，并为达成有力协定进行游说。这支队伍之所以能团结起来，是因为他们坚信持久 261
性有机污染物本身具有危险性，不可管控，且侵犯政治疆界，因此不应被世界各国生产和使用。在日内瓦的其他地方，化工行业团体在举行属于自己的策略讨论会，希望拖延行动时间，增加免责条款，弱化协定的语言。我参加一个又一个研讨会，聆听因纽特妈妈们、北美原住渔民、菲律宾活动家、荷兰儿科医生等的报告，其中还有一位美国生物学家和一位俄罗斯化学家。阿拉斯加的帕梅拉·K. 米勒也来了，呼吁军事基地受污染的问题。我们上一次见面还是在我怀孕七个月，蒙特利尔刚刚完成首轮协定谈判的时候。

在一次由妇女核心小组举办的策略讨论会上，与会者纷纷表达自己对最终协定内容的期望。一位来自欧洲妇女共建未来组织的代表认为我们会见代表时应该牢记三个问题：协定会不会保护生育健康？会不会终止母乳受污染的情况？会不会保护儿童，使其免受持久性有机污染物的伤害？

与此同时，我在苦苦思索自己对联合国代表做的正式讲话内容，稿纸撕了一张又一张。我对讲演感到这么紧张，还是头一遭。其实这次的任务很简单。专家团做报告的共有三人，要求总结有关持久性有机污染物对生育健康影响的科研成果，我被安排在最后。其他两人是我的男性同事——两位受人敬重的研究者。他们将展示设计精美、布满图表和参考文献的幻灯片。我受邀以更具体和（如果我愿意的话）更私人的方式谈谈母乳污染问题。

我知道自己想以一位哺乳妈妈的身份进行演讲。我也明白自己想以一位生物学者的身份冷观事实。但怎样在个人情感和研究数据之间寻找平衡呢？

直到论坛开始的那天早上，我依然拿不准讲话的内容。吃早餐时拿不准。坐在出租车上拿不准。到推开礼堂大门的那一刻还是拿不准。礼堂玻璃隔间里身着深色正装的男士和女士等待着，准备把我说的话同声传译成 262

几个国家的语言，随后，再传输到放在光亮的会议桌上的耳机里。

幸好，我来得早。从清晨开始我就没有给费思喂过奶了。现在我的乳房阵阵作痛，因此，我去女厕所挤奶。在把挤好的半杯奶倒进便池之前，我像往常一样犹豫了起来。母乳也许是世界上污染最严重的食物，可它对母亲来说依然是“圣水”。就在此时，脑中灵光一闪：大多数起草这份协定的人也许还从未见过母乳呢。于是，我拧上瓶盖，把瓶子装回了包里。

当轮到我讲话时，我把那瓶奶分发下去，看着一位又一位代表把它拿在手里片刻。有些人细细观察；有些转头回避；有些以笑示意。

然后，我开始讲起了食物链的问题。

除地理因素外，还有很多因素影响着母乳中化学污染的程度。母亲年龄影响巨大。前期哺乳婴儿数和累计哺乳时间也有影响。分娩前后体重变化同样会产生一定的作用。饮食习惯亦是如此。

要理解上述因素为何重要，我们首先必须深入了解化学污染物进入母乳的方式。汞和铅等重金属附着在乳蛋白上。其他化学物沉积在乳脂肪球内。乳脂肪球像许许多多的沐浴油珠那样在乳汁的液体组分里流动。正是这些包括各类持久性有机污染物在内的脂溶性污染物对婴儿健康构成最严重的威胁。

乳脂肪球中60%以上的脂肪源于母亲腹部、髋部、大腿、臀部等身体各部位的脂肪贮存，仅有30%的脂肪来自母亲的饮食。（剩下的10%在乳腺内即时产生。）即使母亲营养良好，每天摄入大量热量来满足自身和宝宝所需的能量，这一比例也保持不变。这意味着脂肪组织为产乳调集脂
263 肪，母体一生积累的脂溶性持久污染物随之被调动起来。其中一些沉积在女性脂肪库中的化学物质，可能是通过上一代的乳汁被转运过来的。

它们进入血液后，人体内的脂肪分子连同其中所含的任何持久性有机污染物就会抵达乳房。在那里，刚被释放的污染物钻过血液和乳腺组织之间的分子屏障。一旦钻过屏障后，它们聚集在处于发育阶段的乳脂球里。污染物从血液到乳汁的转运效率远远高于胎盘的转运。比如说，进入乳汁的有机氯是进入脐带血的十到二十倍。一旦进入乳汁后，有机氯轻易被婴儿消化道吸收。婴儿排便分析结果显示排泄出的有机氯极少。动物实验支持这些发现。哺乳仅十小时的新生鼠，其血液中滴滴涕含量是哺乳前新生

鼠的五倍。

持久性有机污染物在人体内积累的速度超过代谢的速度。因此，母亲的年龄越大，其乳汁中污染物的浓度越高。在其他条件相同的情况下，四十岁新妈妈的乳汁污染比二十岁新妈妈的乳汁污染严重得多。

累计哺乳时间也决定了母乳中持久性有机污染物的浓度。母亲哺乳时间越长，含有化学污染物的体脂消耗越多，乳汁也就变得越纯净。哺乳六个月之后，母乳中有机氯的含量比起初下降20%；哺乳十八个月，下降一半。一项研究跟踪调查了美国一名给双胞胎哺乳长达三年的母亲。截至断奶时，其体内积存的二噁英含量下降了69%。换句话说，在哺乳期间，这位母亲分别传给两个孩子自己一生积累的二噁英的三分之一。

因此，老大从母乳中吸收的化学污染物多于弟弟妹妹。芬兰的一项研
究发现老三吸收的多氯联苯和二噁英仅仅是老大吸收到的70%；第八、第
九和第十个孩子仅仅吸收20%。因此，母亲哺乳的孩子越多，其乳汁中持
久性有机污染物的含量就越低。在其他条件相同的情况下，四十岁妈妈哺 264
乳头胎的乳汁，其污染物含量高于哺乳第四胎的乳汁。

哺乳妈妈的饮食对乳汁污染物含量方面看似影响不大，但其长期的饮食习惯具有较强的预测性。总体而言，长期食用鱼类和海鲜的母亲，其乳汁受污染程度最高；以肉食为主的较低；长期食素的更低。简言之，食物链越往上走，母乳的污染越为严重。比如，食用安大略湖鱼的女性，其乳汁中多氯联苯的含量远远高于居住在纽约上州相同的社区但不吃当地鱼类的母亲。在马萨诸塞州海滨城市新贝德福德居住的女性中出现了类似的情况。瑞典研究人员同样发现在母乳有机氯污染和黄油、牛奶、鸡蛋、肉类、奶酪等富含动物来源食物的饮食之间存在紧密联系。

1999年12月。我给费思的圣诞礼物是一个后院喂鸟器。我在里面放上了蓟菜、葵花籽和板油。吃饭的时候，我把婴儿椅放在观景窗前，增添情趣。费思喜欢看山雀陪着她吃东西。

“趣趣！”她一边喊，一边把另一块红薯举到嘴边。

山雀是她最喜欢的鸟。按年龄来说，十五个月大的她，观鸟技术已经相当不错了，一下就分辨出哪些是趣趣，哪些是思思（鸸鸟）。山雀和鸸鸟相伴而行，但它们的样子和个性显然不同，足以让一个咿呀学语的孩

子觉得有必要分别称呼它们。我个人的最爱是雪鹀。它们长着蓝灰色的羽毛，羞涩而高雅，喜欢在地上安静地跳来跳去。费思还不会说它们的名字，也不会称呼笔挺地飞到放着板油的那个食槽边的啄木鸟。但她会用一根食指点点她的头顶，粗略模仿它们啄食的样子，宣布它们的到来。

我正在洗碗，突然听到费思大叫起来。我急忙跑过去，她用手指着窗
265 户，我正好瞅见一只鹰的黑影斜着划破天际。难道它的爪子里有费思喜欢的一只趣趣？我还没看清，它就已经不见了。费思开始抽泣。

“你看到了什么啊？”我诚恳地问，可她不会表达。

“咪咪！”她终于断言道。这是她要吃奶的意思。

于是，我解开了上衣纽扣，抱着她坐在摇椅上，过一会便感到她的身体融化在了我的怀抱里。屋外，天空开始飘雪。小鸟四散而去，短时间内不会回来了。一天天，语言在我和费思之间编织出一条新的纽带。但此刻，我无言以对。我可以说：“鹰妈妈也得喂她的宝宝们啊。”可改天再给她上这堂课吧。所以我把另一边的乳房也给了她，继续摇着。冬季的这个下午正渐渐沉入黄昏。

要想知道母乳中污染物的含量在一段时间内是上升还是下降，就需要开展母乳监测项目，在理想的情况下，应该面对广大民众，采用标准化的方法定时采集、分析母乳，并对其进行归档。欧洲和新西兰就有这样的项目。美国目前没有，曾经建立的国内母乳监测项目早在1978年就被束之高阁。我们所了解到的美国母乳污染趋势数据来自于散乱的单独研究。从1967年开始，加拿大已经开展了六次大规模母乳调查。我们由此可获得一些可靠的信息。

斯德哥尔摩母乳监测中心是所有母乳监测项目的金标准，系统化采集母乳已长达三十年，提供了大量喜人的消息。该中心的调查结果显示，持久性有机污染物被禁之后，母乳中相同物质的含量开始迅速且大幅下降。瑞典调查结果显示，1972年至1992年间有机氯对母乳的污染呈明显下滑态势。此阶段的特点是欧洲广泛禁止多氯联苯及许多农药的生产和使用。其他国家也出现相似的态势。1986年至1997年，德国农药有机氯污染物减少80%～90%，多氯联苯有机氯污染物减少60%。荷兰、丹麦和英国报告了与
266 之一致的下降趋势。人类食物里的有机氯污染同期也在减少。加拿大调查

数据显示1967年至1992年，母乳中农药残留物减少。美国数据被认为过于含混，无法产生结论。

二噁英污染趋势看起来也很有希望。二十世纪八十年代后期，欧洲严格限制二噁英排放，使母乳污染减轻。1997年通过饮食摄入的二噁英平均含量比1989年减少了一半，同时几乎在有效数据覆盖的各个地区，母乳中二噁英的含量也已减少（意大利和立陶宛也许除外）。1988年至1993年间，欧盟成员国母乳中二噁英平均含量每年减少约8%，共降低35%。美国母乳中二噁英含量数据依然含混不清，无法分析，导致研究人员只能推测美国母乳受二噁英污染的情况可能和欧洲相仿，同样在好转。

然而，也存在令人不安的消息。有些污染减轻趋势出现放缓迹象，可能会形成高点。此外，母乳中有些持久性有机污染物的含量仍在上升。其中一类是在欧洲和美国被广泛使用的阻燃物质多溴联苯醚（PBDEs）。电脑、电视、泡沫塑料、室内装饰材料、毛毯、挂毯以及车内材料中都含有多溴联苯醚。在产品寿命期内，此类物质会慢慢渗出，进入环境，然后一步步潜入食物链中。食用鱼再一次成为主要暴露途径。多溴联苯醚的化学结构与多氯联苯相近，不同之处在于其碳骨架布满溴原子，而不是氯原子，并且在两个碳车轮之间夹着一粒氧原子。这些差别并没有阻止它们仿效多氯联苯的毒性。我们知道多溴联苯醚和多氯联苯一样影响甲状腺功能和神经发育，也可致癌。根据瑞典的多项调查，母乳中多溴联苯醚的含量每五年翻一番，也就是说呈指数化上升。据推测，美国母乳中多溴联苯醚的比例也在上升，但由于缺乏监测项目，尚无法确定。

同样可怕的是，1999年加拿大研究人员在母乳中发现了全新一类的化工产物——芳香胺。芳香胺类化合物常用于摄影行业以及燃料、塑料泡沫、硫化橡胶、杀虫剂和药物的生产，全都以氮和环形碳链为结构（“芳香”的由来），全都属于氨的衍生物（“胺”的由来）。苯胺是其中为人 267
所熟知的成员之一。尽管加拿大母乳中芳香胺的含量相当于目前持久性有机污染物水平，但它们的半衰期短得多，因而在人体中分解和排泄的速度也要快许多。这说明人类接触此类物质的时间不长，且持续不断。可它们确切的来源以及暴露的方式和时间仍是未解之谜。芳香胺是致癌物质。

我从来都没有想到过自己会给蹒跚学步的幼儿喂奶，但我也没有想过自己不会这样做。在刚开始学习哺乳那些乱七八糟的日子里，自己还要给孩子喂多长时间的奶，心里一点底都没有。我倒是记得当费思还是襁褓中的婴儿时，自己坐在一位母亲旁边的情景。她的孩子都两岁了，却还在吃奶。“那边！”小男孩对他的妈妈命令道，怒气冲冲的脸蛋从她的连衣裙里露出来。我不能说自己吓坏了，可心里却冒出这样一个念头，“一旦母子俩能相互沟通，就该断奶啦。”

然而，在刚有宝贝的新爸妈看来，学走路的幼儿的一举一动都令人揪心，怪诞离奇，简直就是一群危险的巨兽。相比之下，自己的小可爱咿咿呀呀，两只小手在空中挥舞得那么优美。好像你的孩子不会长大，成为那些小孩似的。学步期幼儿的家长对襁褓中婴儿的感受就不一样了——尽管我不得不承认最近在儿医诊室遇到一对骄傲的新爸妈，心中竟生出一丝怜悯。那孩子看起来是那么的弱小，那么的不起眼。

2000年7月。很长时间以来，费思都能一觉睡到天亮，或者说只在天快亮的时候，动弹几下。而从现在开始，费思每晚都要醒好几次，每次都要吃很长时间的奶。哺乳的行为似乎使她更清醒，而再也不能催她入睡了。因此在凌晨三点，一个小人儿在我的床上跳来跳去，要我给她放舞曲，读故事书。我排查了所有常见的可能性——长牙？生病？压力？快速发育？最后，我决定该给她一番以母亲为中心的教育了。新政策就是：晚上不准吃咪咪。夜晚是睡觉的时间。

268 第二天晚上准备睡觉时，我给她解释了新规定。晚上，太阳下山了，所有人都要睡觉了——爸爸、妈妈、宝宝、山雀、啄木鸟，我们要一觉睡到天亮。就连妈妈的咪咪晚上也要睡觉。费思似乎很听话。

一切在深夜两点钟改变了。她用鼻子蹭蹭我，我提醒她说咪咪妈妈还在睡觉呢。

“醒醒，咪咪！醒醒！”她惊恐地叫起来。

“还记得吗？夜晚是睡觉的时间。”

一阵脚蹬手刨，一阵愤怒的尖叫。费思笔直地坐在床上，坚决说太阳升起来了，鸟儿在鸣叫。现在怎么办？我试着给她唱歌，为她按摩，抱她摇晃，带她满屋跑。尖叫声越来越大。最终，在漫漫无期的一两个小时之后，我想到了最后一个安抚哭闹的办法，带宝贝出去。我把我俩裹在一条毯子里，走到外面的露台上，想给她看看沉睡着的大地。

愿望再次落空。这里，万物无眠。圆圆的月亮高高挂在天上，萤火虫在草丛中漫舞，牛蛙在沼泽地里高歌，一只猫头鹰如幽灵般啭鸣，目光闪闪烁烁。林间淅淅沥沥，细枝噼噼啪啪。世间万物都在外面游荡，寻觅食物，寻找伴侣，或两者皆有。

但此番热闹的景象对费思起到了相反的作用。她入神地望着夜晚的天空。

“月亮在睡觉觉？”她问。

是的，我快速说。

“青蛙在睡觉觉？”她问。

算是吧。

“雨在睡觉觉？”

是的，我想是的。

然后，她把脑袋搭在我的肩上，不一会儿就睡着了。

这令我惊讶至极，谦卑至极，幸福至极，伤感至极，快乐至极，深爱至极。困意全无的我依靠在门上，慢慢坐下来，欣赏着夜晚的狂欢，怀着惊异的心情等待太阳升起。

证实母乳含有污染物是一回事；挖掘有害的证据是另外一回事。后一类研究开展起来要困难得多，因为在理想的情况下，要求摄入受污染母乳
的婴儿与摄入未受污染母乳的婴儿做对比，而后者根本不存在。我们能尽 269
力做到的是根据母乳污染程度的高低选取受试对象。然而，母乳受到严重污染，婴儿在出生前往往也会从脐带血中吸收更多的污染。出于科学探究之目的，我们需要研究专门的设计，区分产前污染暴露和母乳污染暴露所产生的相对影响。这样的调查研究极为罕见，但也有一些成果，如下文所述。

动物研究可进行更为细致的对照，结果始终显示被持久性有机污染物污染的母乳易导致动物幼崽出现结构、功能和行为方面的问题。此外，当污染接近目前在人乳中观察到的污染水平，即可触发这些不利影响。例如，猴子在新生阶段暴露于人乳中通常发现的多氯联苯化合物，与未暴露污染物的对照组相比，其学习和掌握新技巧的能力出现下降。暴露于污染的猴子，其血液和脂肪内多氯联苯的水平达到了如今在工业化国家居民体内观察到的范围，而表现较好的对照组猴子体内污染物积存量低于人类的平均水平。

哺乳方面的畅销指导书即使承认母乳存在污染的事实，也对其潜在的危害不以为然。我自己有三本这样的书，其中一本表示：“通过母乳吸收的污染物含量极少，从生物学角度看可以忽略不计。”另一本称：“尚无一例母乳所含环境污染物伤害孩子的报告。”第三本只有寥寥几个字：“未发现异常影响。”生物学文献中的表述就没有那么积极乐观了。譬如，一位研究者在1998年写道：“在母乳中TEQ水平相对较低的国家已观察到母乳喂养的婴儿体内出现生化、免疫和神经方面的改变。”（TEQ，即“毒性当量”，是二噁英毒性的计量单位。）现在我们就来看看人类的相关证据。

美国多项研究调查了母乳污染在本底水平对健康所造成的影响，证实存在的问题极少——至少在短期来说是这样。例如，北卡罗来纳州母乳与
270 奶粉调查项目研究了1978年到1982年出生的930名儿童。研究人员测定了母亲血液、脐带血和母乳中多氯联苯和滴滴涕的代谢物含量。随后，他们对零到十岁的儿童智力和身体发育进行测试。虽然有一些证据显示产前污染造成临时性发育迟缓，但研究人员没有发现母乳污染导致损害的证据。纽约州和马萨诸塞州也产生了相似的结果：发育测试结果较差与产前污染物的暴露有关，而不是产后污染物的暴露。因此，与时间更晚但程度严重得多的母乳污染暴露相比，尽管宫内污染暴露水平低得多，但对儿童早期发育表现的预测更为准确。

在魁北克北部因纽特居民中开展的研究取得了相似的结果。其中，产前持续性有机污染物高水平暴露与中耳炎高发病率相关。也就是说，脐带血中持续性有机污染物水平最高的一岁龄幼儿，耳部感染最为多见。这并不出人意料，因为现知许多持续性有机污染物都可抑制免疫系统，而因纽特儿童出生时体内持续性有机污染物的积存量有些已达到有记录以来的最高水平。二十世纪四十年代以前，耳部慢性感染还不为人所知，而如今却成为因纽特人面对的主要儿童健康问题之一，四分之一的儿童因此丧失了单耳或双耳听力。

另一方面，母乳喂养的婴儿和人工喂养婴儿相比，尽管其体内有毒物质的积存量更高，其患传染性疾病的风险并不高。因此，通过母乳暴露于氯化物并没有增加因纽特儿童对感染的易感性——至少与奶粉喂养的婴儿相比，尚且如此。因纽特母乳假若不含大量抑制免疫力的化学物质，会不

会给婴儿提供更加完全的疾病防护，自然无人知晓，因为没有一名未曾受到污染的因纽特妈妈参与相关研究。

荷兰持续性的系列研究却有不同的发现。该调查始于1989年，以多氯联苯和二噁英为重点，至今持续跟踪1990年到1992年出生的四百多名婴儿。其中一半的婴儿为母乳喂养，一半为奶粉喂养。通过这种方式，研究人员就能将仅在产前污染暴露的婴儿和在产后又通过母乳继续污染暴露的婴儿作对比。研究首先测定孕期最后一个月母亲血液中多氯联苯的含量。 271
然后采集婴儿出生时的脐带血。随后收集母乳，加以分析。接下来对目标儿童进行测验，从两周大一直持续到幼儿期。

在母乳喂养和人工喂养两组受试儿童中，产前多氯联苯暴露导致了许多发育缺陷。脐带血污染物含量水平越高，神经状况、精神运动测验得分及认知能力越差，而多动行为和注意力不集中的问题越多。

然而，母乳污染暴露的影响较不明显。十八个月大时，母乳喂养的婴儿的污染物暴露更多，其神经测验分数却高于奶粉喂养的婴儿。母乳污染暴露也和认知表现无关。例如，婴儿期接受母乳喂养的三岁半幼儿在言语认知测验中的表现优于吃奶粉长大的幼儿。但如果母亲乳汁中多氯联苯和二噁英处于最高水平，其喂养的婴儿的运动和肌肉活动测验分数有所降低，相当于奶粉喂养婴儿的水平。这些发育障碍最终随时间渐渐消失。但在三岁半时，体内多氯联苯积存量最高的幼儿，其注意力相应较短。这一发现说明母乳污染暴露和产前污染暴露一样可降低儿童的注意力。

荷兰研究人员也对免疫发育进行了观察，发现明显影响。当孩子长到十八个月大时，研究人员开始注意到在有些吃母乳长大的孩子的免疫细胞内发生了微妙变化，说明他们抵御感染的能力可能出现下降。在十八个月大时，他们患病的概率没有受到影响，但到三岁半时，情况出现变化。体内多氯联苯积存量较高的幼儿，其患水痘的概率增加了八倍，耳部出现多种感染的概率上升三倍。研究人员得出结论："多氯联苯污染的不利影响抵消了母乳喂养对反复发作性中耳炎所产生的积极影响。"换句话说，荷兰某些妈妈的乳汁中多氯联苯含量达到一定的高度，降低了母乳赫赫有名的增强免疫力的作用。

芬兰开展的一些细致调查研究工作也值得一提。二十世纪八十年代早 272
期，芬兰一位牙科医生开始注意到有越来越多的儿童来她的诊所，他们的磨牙出现软化和釉斑。牙釉质并非机械损伤，也不是龋坏，而似乎从牙槽里长出来就有洞，好像生来如此。这位牙医便着手查找原因。相关医学文献资料表明早期二噁英暴露可影响人和动物的牙齿发育，因此她跟踪调查一批六到七岁的儿童，他们在婴儿期摄入的母乳曾接受世卫组织研究项目开展的母乳分析。牙医发现了一个显著的规律：通过母乳二噁英暴露最多的孩子，牙齿问题也最多。调查继续深入下去。有关胚胎牙齿组织的动物研究表明二噁英影响一种被称作表皮生长因子的蛋白的受体部位。在牙齿中，这种物质有助于引导牙釉质层的形成。通过改变受体的数量，二噁英便可明显阻止生长因子发送信号，导致牙齿无法完全矿化。

上述荷兰研究同样涵盖了牙齿发育分析，与芬兰研究相比，并没有发现这样的异常情况。不过，荷兰婴幼儿哺乳时间比芬兰短得多，前者平均约为三个月，而后者平均长达10.5个月。芬兰研究结果尤为重要，因为该国研究人员能排除产前二噁英暴露这种可能的混淆因素——受影响牙齿的基本成分在出生后约六到二十个月才形成。

2000年纽约上州的夏天是有气象记录以来气温最低、湿度最高的一个夏天。到了八月，当地湖水还很凉，游不了泳。所以当一个艳阳高照的周六终于到来的时候，我和费思前往镇上的“四健展”参观。我想的这个主意不错。

小时候，我特别喜欢四健会（“我愿具有健全的头脑，以运用思想；健全的心胸，以发展品性；健全的双手，以改善生活；健全的身体，以服务社会。”），并作为其中一员，取得了骄人的成绩。我收集的石头和手
273 工缝纫项目——一件带手工缝制扣眼和平缝设计的袖珍公主裙，双双获得蓝带嘉奖。但我一直都明白不论自己在地质和缝纫领域取得什么样的成绩，都无法和农业项目众望攸归的地位相比。一年一度的“四健展”主要是农场孩子才艺展示的平台，里面全都是像“肉用阉牛销售饲养与育肥”这样的会展项目标题。

如今，展览几乎还是老样子。一小波观众正在浏览木雕和桃子罐头的展台，而大批人群聚集在展会那一头的敞圈边上。从敞圈传出“哞哞”的声音立刻吸引了费思的兴趣，于是我们便径直走了过去。我们家附近的草场上有很多牛羊吃草，甚至偶尔还有羊驼光临，但费思从未近距离地观察过它们。她兴奋极了。关于奶牛，她首先注意到它们的大臭臭。接下来她

看见了更让她兴奋的东西：大咪咪。很大很大很大的咪咪！山羊的体型也很丰满，还有那两只绵羊也不赖。很快，她检查起了所有动物的乳房。

“兔咪咪？”当我们细细观察用丝带装扮的兔棚时，她问道。

我肯定地对她说兔妈妈有咪咪，但它们非常小。

“鸡咪咪？”她在禽类展台前问。

我犹豫了一下，然后展开一场脊椎动物分类学的简要介绍，引入哺乳动物的概念。她一脸困惑，看来我解释得太多了。就在这时，拥有三只冠军母鸡的骄傲的小主人问我们想不想喂它们一些玉米碎。费思静静地看着母鸡们疯狂地啄食地上的玉米。

“没有咪咪，”最后，她悄声说。

我们又围着大型牲畜棚转，突然，她停住脚步。

“哺乳动物？”她指着一只名叫黛西的棕色泽西牛问道：“哺乳动物？”她指着旁边的小牛犊又问道。

“哺乳动物？”她指着山羊问。

她的眼睛一亮。“妈妈是哺乳动物！”她指着我，斩钉截铁地说。

然后，就像海伦·凯勒突然明白“水”的含义那样，费思恍然大悟，低头看着自己的衬衣。

“费思是哺乳动物！”她向周围所有人胜利地宣布。“费思是哺乳 274
动物！”

有关母乳污染的任何论述，不论是大众读物还是科学文献，几乎总免不了配上一条温馨声明，认为母乳喂养仍然是育儿的最佳选择。换言之，即使你集结本书第10章和第11章所述母乳有益健康的各种好处，并权衡本章所述母乳中有毒化学物产生的所有已知和潜在危害，健康的天平仍会偏向母乳那一边。如果非要问我是否同意这种说法，我会给出肯定的答案。我相信在大多数情况下，用母乳喂养总比不用好。假若我不相信这一点，我也不会给自己的女儿哺乳长达两年之久。

除此之外，我还相信诸如此类的风险评估对母乳遭受化学污染的问题毫无裨益，无法给出任何解决办法。通常紧随其后的建议——“继续哺乳，因为利大于弊”，意味着我们哺乳妈妈就应该坐以待毙，一直等到自己的乳汁被严重污染，具有和奶粉相同的风险为止。换句话说，等到和奶粉一样每年导致四千名婴儿死亡。（这一数字是专家根据婴儿因缺乏母乳导致患病等问题而夭折提出的最准确估算。）风险评估暗示只要一种危害（用母乳喂养）小于另一种危害（不用母乳喂养），我们就应该选择危害较小者——即使这种退而求其次的选择也必然会让我们的孩子陷于危险之中。这种狭窄的二元性观念容不下我们给孩子喂食化工毒素是不可取的这一立场。再无别论。

此外，风险评估依据的科学知识十分匮乏。最早的一项相关风险评估将母乳拯救患儿的人数与其中所含致癌物可能导致癌症的新增病例估算数作对比。由于缺少健康终点数据——免疫功能、激素干扰、被改变的脑部发育，所以除癌症之外，评估人员没有考虑其他健康风险。他们的结论是
275 因母乳致癌而死亡的儿童人数少于因奶粉导致感染而死亡的儿童人数，因此母乳是最佳选择。该研究是生死量化的可贵成果，至今仍被广泛引用。然而，很多人将其误解，认为它是在说母乳绝对安全，而这有悖于此项研究的初衷和结果。

之后的风险评估试图探寻除癌症之外的问题，但都推断短暂哺乳期内高污染暴露水平会被日后较低的污染暴露水平抵消。如今，这些假设已遭到质疑。近期一份研究报告指出："还必须考虑短期大量暴露所产生的影响是否不同于大幅减少但时间较长的暴露所产生的影响，尤其当前者发生在婴儿神经、身体和智力发育关键期之时。"

学者在风险分析中考虑的可变因素越多，分析结果的不确定性就越大。因此，近期研究者尝试在利弊之间保持平衡，得出的结论却比之前混乱得多。一项结论指出："那些无视母乳污染的观点已不再有效。"另一项结论表示："通常认为母乳是安全的。但关于二噁英对成长发育的影响，仍存在很多未知因素。"美国没有建立母乳污染物系统性的记录，自然连这样的风险评估也做不到。针对这一情况，2001年的一份综评得出如下结论："尽管我们能采用其他国家的母乳数据建立推论，但美国母乳数据的缺失让我们无法以百分百的信心掌握婴儿污染暴露、污染风险及母乳益处的资料……（并）将这些利弊与奶粉喂养进行对比。"

除缺少简单的监测数据之外还存在更多的复杂问题。例如，越来越多的证据显示某些常见的化学污染物影响人的乳汁分泌（可能是对泌乳素的抑制）。在美国北卡罗来纳州和墨西哥的研究中，乳汁中滴滴涕含量最高

的母亲“泌乳能力较差”，意味着她们给孩子断奶的时间早于体内农药含量较低的母亲。荷兰发现了类似的情况：乳汁中多氯联苯含量较高的母 276
亲，在哺乳期关键的头三个月的产乳量大幅降低。动物实验也显示多氯联苯影响泌乳，更加支持了上述研究成果。

我们如何把泌乳能力减退这一结果放在利和弊的天平上？此处的问题不是说污染物对婴儿构成某种可以被量化的直接风险（虽然也存在这种可能），而是污染物可能剥夺婴儿享用母乳的权利。我认为在大多数哺乳妈妈看来，威胁到自身产乳能力的是真正严重的威胁——是风险评估能否涵盖这种威胁的问题。目前来看答案是否定的。

问题不是我们应该给宝贝喂遭受化学污染却明显处于优势地位的母乳，还是应该喂不含化学污染但明显处于劣势地位的配方奶粉。问题是，我们需要怎样做才能清除母乳中的化学污染物？回答该问题有两个基本方略。一是以母亲个人生活方式改变为重点；二是以政治行动为重点。

改变个人生活方式的问题是把责任从问题源头——污染母乳的化学品生产者和使用者——转嫁到新妈妈的肩上，而后者已重任缠身。此外，这也不是十分有效的办法。例如，从理论上讲，选择食物链较低处的食材应该能减少体内污染物的水平。因此，素食作为一种保护母乳的生活方式可以推荐给新妈妈们。但支持这一想法的数据少之又少。虽然长期食素的女性的的确确减少了自己乳汁中一些污染物的含量，但在哺乳期临时改变饮食习惯却收效甚微。德国、乌干达、美国及荷兰的饮食研究一致指出，素食必须严格限于植物类饮食，并且长期坚持，才能达到有意义地降低体内污染水平的目的。如上文所述，母乳中大多脂肪都来自于先前的脂肪贮存，而不是源自哺乳期摄入的食物。

即使眼光足够长远，在生育前十年或更早就开始完全奉行素食主义，怀孕期间可能也行不通。在怀孕之前，我就是一个快乐的素食主义者，但在怀孕的头三个月里，我根本无法用五谷、豆类、坚果和蔬菜来保命。时 277
间一天天地过去，我唯一能忍受的富含蛋白质的食物是鸡蛋、牛奶和猪排。我不需要别人对我大谈特谈豆腐的好处。我需要知道蛋、奶和猪肉里的二噁英含量对孕妈妈和即将进入哺乳期的妈妈来说是安全的。

担心母乳污染的妈妈有时会收到不要在哺乳期减肥的建议。背后的逻辑是哺乳期减肥调动脂溶性污染物，脂肪被燃烧时，它们会被释放到血液中。这个假设不无道理，但还是缺乏数据的支持。有一项研究确实发现在减肥和污染物含量之间存在联系，但其他研究则不然。

更为激进的建议是让新妈妈在哺乳早期把奶水挤出倒掉，以清除污染物。在这个方面，数据始终显示污染水平随排乳而降低。但该建议不切实际，甚至到了自虐的地步。在两次喂奶的中间，新妈妈要花很长时间挤奶，而不能休息和处理其他必要的事情。乳头会剧烈疼痛，额外的挤奶会使产奶量远远超过婴儿的食量，而且把自己的乳汁当成有毒垃圾处理，在心理上也无法接受。诚然，在初为人母的日子里，我的确采取挤奶和哺乳双管齐下的策略，直到费思准备好更积极地配合为止。在我的记忆中，此番经历要数迄今为止我在育儿方面做过的最极端的一件事了。我不会把它当成排毒方法加以推荐。

有些妈妈考虑自己是否应该在最初几周哺乳，然后在体内污染物积存水平升得太高之前换成奶粉喂养。这种策略也有一些不足。一是污染在哺乳初期最为严重，随后降低，头几周降幅最大。再者，虽然配方奶粉受多氯联苯的污染程度较轻，但铅污染往往更为严重（如上文所述，重金属依附的对象是奶蛋白，而非脂肪。）

278 除此之外，尽管配方奶粉本身也许不含有机化学污染物，但用来冲调奶粉的水则不一定幸免。在美国中西部的很多地区，用自来水冲奶粉导致人工喂养婴儿暴露于高剂量的除草剂和硝酸盐肥料。传统污水处理厂无法将这些污染物过滤出去，而乳房则可以做到。（即开即食的液体配方奶专门经过农业化学品过滤工艺处理，但价格比奶粉高得多。）还有容器的问题。人类的皮肤是无毒材料。相比之下，以聚碳酸酯材料为主的塑料奶瓶含有干扰激素的增塑剂。经证实，这种物质可渗到瓶里的液体中。因此，在现实情况下，奶粉喂养并不像包装配料表暗示的那样是万全之计。

有一种办法确实能带来母乳排毒真正的希望：早生，多生，连续生。相关数据颇为清楚地指出这种生活方式的选择能大幅全面降低母乳中污染物的含量。我认为，为了适应食物链上持续不断的污染，这样做的代价未免有些太大了。我怀疑自己并不是唯一持有这种观点的人。

所以我们来看看另一种净化母乳的策略——政治行动。其有效性得到了所有生物学证据的证实。二十世纪七十年代至二十一世纪初母乳中某些主要污染物的大幅减少直接归功于本地和全国范围的滴滴涕禁令、管理的加强、焚烧厂关停、污染减排、审批限制、知情权法规实施、回收项目及强大的环境执法力度。下面是世界各国主要母乳研究者对上述举措的评述：

美国：此类对滴滴涕的禁令看起来能成功降低这些化合物在本地人口中的人体积存总量，使其出现明显下滑，尽管时间长达数年之久。

德国：行业减排举措成效显著。 279

瑞典：数据显示滴滴涕和多氯联苯的限用已使……母乳污染水平降低。

荷兰：长期调节膳食也许能让体内污染维持在相对较低的水平……但唯有全球环境污染水平的降低才能有望产生重大作用。

简言之，身为哺乳妈妈的我们要叩谢过去三十年间世界各地为消除有毒污染根源而不懈努力的许许多多不留姓名的公民。他们包括公益律师、公共卫生工作者、新闻记者、医生、选任官员、科学工作者、环保政策制定者、环境工程师和有机作物种植者。还有那些关心环境的普通百姓。他们自发组织起来，调动资源，撰写信函，发表文章，参加听证，诉诸法律，参与请愿书签名，联系街坊邻里，四处奔走相告，举行静坐活动，总体上提升民众对有毒化学物的意识。由于他们以往的努力，今天的宝贝们才能享用到更纯净的乳汁。

报答这份恩情——并且将排毒行动继续下去的办法是继续奋斗。目前最为迫切的任务是要求推行无毒材料的生产和使用，替代PBDE阻燃剂等化学品（母乳中PBDEs的含量仍在上升）。我们也要确保持久性有机污染物在全世界被禁用，使北部地区妈妈的乳房不再成为它们的终极仓储站。我们要认真对待北美产生二噁英的44 000家工厂。我们要提醒每一个人——朋友、邻居和政治领导人，所有能在人类食物链上聚集的有毒化学物迟早会让母乳污染达到最高水平。同时，我们也要坚定地认为哺乳是母亲的圣礼，不可沦落为风险分析的对象——即使我们手上有充足的数据去进行这样的分析。我们担心有毒化学物的危害，针对母乳喂养和奶粉喂养优劣的讨论就变得毫无意义，只会迫使我们要么闭嘴，继续哺乳；要么放弃，换成奶粉。把哺乳纳入人权的范畴，就可以避免这样的窘境。

在这最后一项行动中，我们可借助法律强大的力量。例如，1989年联
280 合国大会通过的《儿童权利公约》认为母乳喂养是儿童权利基本组成部分
之一，目的是“享有能达到最高标准的健康”。包括我目前居住的州在内
的很多州，也认为母亲哺乳的权利是一项公民权利。

再来看看佛罗里达州橙郡学前班老师珍妮特·戴克（Janet Dike）的诉讼案例。戴克是一名新妈妈，在产假结束后想继续给儿子哺乳。然而，校长不许她在午餐时间离开校园，也不准她的丈夫带孩子进入校园。在人工喂养期间，孩子开始出现不适，并对奶粉产生过敏。在那年剩下的日子里，戴克被迫停薪留职。之后她把校委会告上了法庭，称哺乳是一项基本权利，受管辖隐私权的宪法第九修正案和第十四修正案的保护。地区法院不予支持，但上诉法院却持相反的观点。最终，戴克赢得了欠薪，也保住了工作。上诉法院的判决包含下列陈述：“哺乳是亲代抚育最基本的形式，是母婴的融合，如同婚姻，‘亲密至极，甚为神圣’……我院最终认为，宪法保护女性哺育自己孩子的决定，使其免受过多的行政干预。”

那么母乳的有毒污染肯定也是这种神圣融合的亵渎，而污染的程度往往违反了商业食品污染水平监管的法律，并威胁到女性产乳的能力。母乳所含的有毒化学物削弱了母乳的营养，降低其治愈疾病、促进脑部发育以及引导免疫系统建立的能力。纵然在被削弱的情况下，哺乳的益处仍大于没有哺乳的风险。即便如此，母乳污染依然侵犯了孩子作为一个人获得完全行为能力的权利，也侵害了其享受安全食物和人身安全的权利。

*Barnegat*是荷兰语，指有时延绵堰洲岛两岸狭窄海域波涛汹涌的浅
281 滩。巴尼加特灯塔就屹立在新泽西州沿海一座堰洲岛北缘上，帮助引导船
只穿越大浪滔天的海湾口，进入巴尼加特湾平静的水域。费思过完两岁生
日一周之后，我们搬进了那座灯塔正南方的一栋瓦房。在接下来的两个月
里，杰夫在当地一家艺术中心担任驻留艺术家。我没有任何职位，只是全
职妈妈、家庭主妇和海滩拾荒者。

这里很安静。夏季结束后，岛上的候鸟居民全都走了，只剩下商业渔

民和他们的家人、几个酒吧看守和鱼饵店业主、一些能吃苦耐劳的退休老人和少数痴心不改的常住居民。十月初，海玫瑰依然在盛开。林莺在浆果灌木丛中忙碌着。海边的沙坡上，秋麒麟草闪耀着金色的光芒，引来迁徙途中的帝王蝶。

这是我平生第一次在海边居住。海洋生态对我和费思都很新鲜，所以每天早上我们一起出发，共同学习。我们的目的地完全被风所控制。如果风刮向大海，我们就会迈过一座座沙丘，来到海边，沿着高潮线捡贝壳。那些灰白色的小托盘是蛤蜊。那些蓝黑色精巧的小舟是贻贝。一堆堆海草中间夹杂着一个个皮质的空心枕头，从每个角伸出弯弯曲曲的长尾巴。它们是海鳐的卵荚，野外手册上说它们俗称美人鱼的钱包。暴风雨过后，我们则会看到和啤酒杯一样大小的蛾螺、体型呈螺旋状的巨大的玉螺和星星点点形似半透明金币的不等蛤。

如果风是吹向海岸的，我们就会远离刺人的沙子和轰轰的浪涛，而沿着海湾散步。在那里，我们学习分辨鹈鹕和海鸥，区分贴着海面捕猎的鸬鹚和从高处俯冲捉鱼的黑雁。在微波荡漾的水边，我们发现了其他宝藏：橘红色的螃蟹爪子和形状像小女孩拖鞋的冒贝。在我们身后，挡风的芦苇一直在“哗哗”地低声作响，听起来就像八月玉米田发出的白噪声。

但要是风直接从北边吹来，沙丘和芦苇都挡不住，我们就穿厚点，把婴儿车转向巴尼加特灯塔州级公园。那里有一小片残留下来的滨海林地，甚至能抵御每小时25英里的强风。我们把它称为魔法森林。冠层由一片片耸立的冬青叶盾牌和一丛丛杉树枝长矛构成。下面生长着弯弯曲曲的黑莓 282
树，还有带着暖意的檫树，棕色的树枝朝我们撒下像连指手套一样的金黄色树叶。在这里，我学习辨认月桂果。这种像蜡一样的果实是生产名牌蜡烛的原料。还有唐棣木。它们俗称鲱鱼灌木，因开花期恰逢春季鲱鱼迁徙而得名。秋天，弗吉尼亚爬山虎火红色的藤蔓沿着地面爬上冬青树金色的树干。费思总带着她那各式各样的毛绒动物玩具，好给它们喂冬青果、蔷薇果和玫瑰果。绯红，深蓝，橘红。毒藤也结果，白的像珍珠。我把它们指出来。

“不要吃白色的浆果，费思，”我说。这是一项需要严格遵守的植物学法则。

“不吃白浆果，”她郑重地教育她的小兔子们。

除了学习与我们共同分享这座海岛的各种植物的名字之外，探索活动还有一个项目。我在试着帮助费思掌握不吃奶入睡的方法。这是很多孩子在学步之前早就会运用的技巧，但不论是什么原因，费思还没学会。也许是因为吃奶让她安静下来太容易了——最多只需十分钟，我还没准备用其他办法。哺乳让我的孩子爱上睡觉。这样一来，我和杰夫从来都没有经历过睡前大战，也没有经受再讲一个故事、再喝一口水、再上一次厕所等无休无止的要求。因为我一天的工作主要在把费思哄睡、干完家务活后才开始，所以这种安排不仅仅避免冲突的发生，而且也给了我宝贵的写作时间。除实用的好处之外，在哲学层面，这是公认的“延长哺乳”行为。根据社会学家罗比·卡恩（Robbie Pfeufer Kahn）的理论，延长哺乳期所构成的儿童发育模型是以隶属为基础，而不是分离。吃母乳长大的孩子是从与母亲建立的亲情中获得独立，而不是通过一种排斥母亲的行为来实现独立。

然而，我现在越来越感受到一种想把这种母女亲情部分转移到自然界的渴望。我所希望的是波涛声、鸣笛浮标和鸣叫的海鸥能代替我，催我的
283 女儿入睡。我从费思那里也察觉到一种新的可塑性和迎接变化的热情。因此，一天上午，我们没有像往常那样回家睡觉，而是继续散步。

我立刻发现了两个情况：一是困倦的孩子想让人抱着；二是在沙滩上抱着三十磅重、昏昏欲睡的孩子不轻松。我改变策略。在上午散完步，吃点零食之后，我推着婴儿车来到灯塔后的一条没有出口的柏油小路上。我把它叫作睡觉之路。这一招很管用。伴随着婴儿车的轮子碾压在干檫树叶上发出的声音，尤其在我同时唱《小柑橘》这首儿歌时，效果更好。很奇怪，这首歌的旋律让费思觉得舒服。（“你迷路了，永远离开了，我真懊悔，小柑橘！”）很快，小眼睛闭上了，小脑袋耷拉下来。我以为断奶入睡会让自己感到分离的痛苦，但我不得不承认这种改变实际上带来解放的感觉。我猜我俩都做好了准备，这是我之前没有料到的。

一个母亲，一部婴儿车，一个睡着的小孩。从外表看，这想必是一个再普通不过的场景。我发觉断奶像婴儿降生、喜结良缘及其他人生重大事件那样值得庆祝一番。于是，我轻声地作了一个小小的庆典祷告：*睡梦中的女孩，我把你从我的胸前送归外面的世界。在这里，鱼儿随浪花翻滚，候鸟在浆果丛中嬉戏。*

路过远处的防浪堤，渔民朝我们挥手致意，我也冲他们挥挥手。他们在钓青鱼和条纹鲈。新泽西州政府认为这两种鱼都被严重污染，不宜供儿童、育龄期女性、孕妇和哺乳妈妈食用。二噁英。多氯联苯。氯丹。

愿天下之盛宴为妇幼安全享用。愿母亲的乳汁再度变得纯净。愿否认化为勇敢的行动。愿我始终坚守信念。

后 记

（加强预防的呼声）

1998年1月，在得知自己怀上费思两天后——当她还是一个两周大的胚胎、我还在为之惊叹时，我正乘坐火车从伊利诺伊下州前往威斯康星州拉辛市。在那儿，由建筑师弗兰克·劳埃德·赖特（Frank Lloyd Wright）设计的温斯布雷德中心正在召开美国首届预防原则大会。预防原则本身由来已久，也许伴随着人类母亲出现，因为其核心意义就是在说不论何种情况，只要看似暗藏危险，就应小心谨慎。正是有了这样的信条，我们才会想到要扣好安全带，闪电时离开游泳池，扔掉从冰箱里面翻出的不知剩了多久的食物。正因为有预防原则，我们才会把塑料袋和火柴盒搁在小孩够不到的地方。“一分预防顶得上十分补救”这句名言是该项原则更加为人熟知的体现。

作为引导环境决策制定的工具，预防原则体

系至少在二十世纪七十年代就已建立，是当时联邦德国环保法的一部分。然而，在地球另一边，预防原则鲜为人知，直至1992年巴西召开地球峰会，才将预防定为从化学品管控到气候变化一系列政策的主要指导原则之一：“若存在严重或不可逆损害的威胁，缺乏全面的科学确证不应被用作推迟执行具成本效益特点的环境恶化预防措施的理由。”

在温斯布雷德会议上，我们这些与会者竭力表达预防的基本要素，使 285
之切实可行。我们认为，举证责任应该让潜在有害活动的实施者承担，而不应该由公众在证实已经出现危害的过程中承担。环境决策制度应该是开放、知情和民主的，同时还应该审视各种可能替代有害技术的办法。

最后，我们重申地球峰会的定义，一致认为即使某些因果关系在科学上还未完全建立，也应采取预防措施。与会的科学家深有体会，尤其明白对所有可能的因果关系进行评估是永远不可能实现的。原因有很多：没有接触过有毒物的人群不存在，无法构成对照组；开展人类的对照试验有悖伦理，而由于个体的敏感性千差万别，由于化学物质产生多重影响，也由于多种化学物质相互作用不可预测，现实中的可变因素无穷无尽。最为重要的是，预防观点认识到科学即使登峰造极，基本上也是一个缓慢的进程。在科学摸清水俣市民甲基汞中毒原委之前，已经有两代儿童的大脑受到永久损伤，日语里也增加了一个新词——kogai，意思是“公共领域受到的破坏”。

自1998年那届大会以来，预防原则如燎原之火传播开来。乳腺癌活动家运用预防原则关注乳腺癌的预防，而不是寄希望于农业采取虚无缥缈的补救措施。公共学区采用预防原则管理学校的农药使用。新英格兰的一个健康环保组织联盟建立马萨诸塞州预防原则项目，旨在将该州法律、法规和政策纳入“安全第一”的儿童健康措施。同时在欧洲，瑞典环境大臣谢尔·拉松（Kjell Larsson）呼吁禁用所有能在人体组织里渐渐累积的化学物质，认为不论我们是否了解其对健康产生的影响，它们都具有内在的危险性。在欧洲议会环境委员会发言时，拉松尤其提到在全球范围清除母乳
中发现的生物累积性化学物质的必要性。“儿童不会为自己营造环境，我 286
们会为他们营造。”他说。

最为显著的是，预防原则被纳入到了联合国持久性有机污染物协定的文本中。2000年，这项公约在南非约翰内斯堡完成，2001年5月在斯德哥

尔摩由包括美国在内的122个国家的代表正式签署。这是一项强有力的协定，立刻在全球范围内禁止八种有毒农药的生产和使用，同时严格限制另外两种有毒农药的使用。从2025年开始，协定禁止在电力变压器中使用多氯联苯。（目前，多氯联苯仅限用于密封性好的设备。）协定要求立刻减少并最终“在可行的情况下”完全消除二噁英和呋喃，而滴滴涕的使用则被限制，严格用于疟疾防控。该协定——现被正式称为《斯德哥尔摩公约》——为贫穷国家提供资金支持，帮助其过渡到新替代材料的生产和使用阶段。当新的化学品被选入协定被禁物质名单之列时，预防原则依然要发挥作用——而不仅仅是积累科学证据。显而易见，候选者包括穿越胎盘和在母乳中累积的化学物质。

截至本书撰写时，协定还未生效，要求至少五十个国家批准。《斯德哥尔摩公约》肯定还未通过美国国会的批准。

此时，全世界的妈妈都应该加入到预防的宣传活动中。预防是我们作为父母或准父母日常生活的基础，是我们熟练掌握的技术。预防是我们个人决策制定的核心。我们每天都要做各种决策，不遗余力地保护我们的孩子，使其免受伤害。我们需要确保预防原则同样被运用到政治决策制定当中。

预防原则要求确立坚定的目标，然后找出实现这些目标的步骤。对此，妈妈依然具有丰富的经验。如果目标是教孩子安全地过马路，那么第一步也许就是演示如何停住脚步，左右观察；经过很多步骤之后，终于能允许孩子自己过马路了。设想一下，我们的目标是让每个孩子出生时体内
287 不含有毒化学物，我们怎样实现这个目标？需要采取哪些步骤？顺序是什么？我们想要何时实现目标？

当妈妈在环境政策制定的政治场上发声时，影响是有力的——即使她们沉默不语，亦是如此。2000年11月，二十位女士来到华盛顿特区，环保局科学咨询委员会正在那里召开会议，审核他们对二噁英的最新评估，其中有新证据显示，当污染接近目前在一般人群中观察到的水平就可能导致出生缺陷和生育异常。那些女士一言不发，而是在各自的衣服外面套上了实际大小的孕妇石膏肚模，有的站在狭窄的走廊两边，有的坐在前排座位上。石膏肚模上的标语提醒专家们二噁英毒害着未出世的孩子。有些专家明显感到不舒服，而其他专家，尤其是女专家为之动容。之后，其中一位

专家对一位参与活动的女士表示：“大肚子长廊”提醒她，像这样的争论不仅仅涉及剂量-反应曲线、模型和数据点，而是关系到实实在在的生命。

一位参与活动的女士被会议内容（最终审核通过草案报告中主要的研究成果）和连续几小时托举着石膏肚模的行为所感动，决定自己准备动真格了。她回到家，成为一名孕妈妈。

致 谢

如果缺少非同寻常的帮助，没有哪位新妈妈能写成一本书。首先感谢我的丈夫杰夫·德·卡斯特罗（Jeff de Castro）。以上大部分文字都是在晚上九点至次日凌晨两点费思入睡时写下的。杰夫在破晓时分或在天亮之前起床，快快乐乐地守好第一班岗，让我安心睡觉，在近两年的时间里天天如此。多亏有他，这一切才能变成现实。在我去图书馆做研究的那几个月里，他还要接着值第二班岗。杰夫牺牲了自己的职业机会，负责计划一日三餐、刷锅洗碗、洗衣服、铲雪、抱柴火、包装生日礼物、买日常用品、做婴儿饭、定期带费思去看儿医、陪她参加亲子游戏小组、音乐班和幼儿故事会。除此之外，本书初稿的每一章都由他过目。晚上开始审稿前，他总要先嘱咐一声：“记住，要是我看着看着睡着了，可不是因为你写的东西让我感到乏味哦。”

衷心感谢每一位帮助我们照看孩子的人，其中最大的功臣莫过于Jan Jorrin，她俨然是具有舞蹈家Twyla Tharpe范儿的玛丽·波平斯。[①] 同时感谢婆婆、姑嫂Mary Ludwig、妹妹Julie Jones、妈妈Kathryn Steingraber、Caryl Silberman、Janet Collins和Bobbi Dennis。其中妈妈也对书稿的修改和事实的求证提供了帮助，并告诉我本书该如何结尾。

在过去两年的时间里，我一直享受康纳尔大学的访问学者待遇，有办公空间和电脑服务，方便进入世界一流的图书馆，并受到同事们的鼓舞。尤其感谢纽约州乳腺癌与环境风险因素研究项目组的同事，我的许多想法在他们那里得到实验。还有前任和现任项目主任June Fessenden-MacDonald博士和Rodney R. Dietert博士，他们分别给予我许多帮助和中肯的建议。同时还要感谢我的那两位不怕吃苦的助研Fan Lau和Tamar Melen。两人花费了大量时间搜罗各大院校图书馆的相关著作和期刊、查询电子数据库、求证事实、影印资料、追查文献来源，还要在我意志消沉的时候鼓励我振作起来。感谢两位我从未曾有机会共事的天资聪颖的学生。同时感谢Jenifer Altman基金会为本研究提供资金支持，帮助报销从会议费到婴幼儿保育的各项开支。尤其感谢基金会会长Marni Rosen和Commonweal公益组织主席Michael Lerner一直让我们保持联系。

对许多在图书馆工作的朋友，我都要致以万分谢意，特别感谢康纳尔大学图书馆负责馆际互借系统的员工和萨默维尔市公共图书馆文献管理人员。

通过对书稿进行全面或部分点评，许多同事为本项目贡献出自己的专业知识。对于这些无比珍贵的反馈和建议，我要感谢汞政策规划机构（Mercury Policy Project）主席Michael Bender、美国环保局Linda Birnbaum博士以及下列各地人士：圣弗朗西斯科环保局Judy Brady、纽约罗切斯特环保局Margaret Lee Braun、锡耶纳学院Pat Brown博士、密歇根大学Bruce Carlson博士、伊利诺伊卫斯理大学Bruce和Norma Criley博士、约翰·霍普金斯大学Lynn Goldman博士、韦尔斯利学院Barbara Goldoftos、波士顿大学公共卫生学院与南丹麦大学公共卫生研究院Philip Grandjean博士、伊利诺伊卫斯理大学R. Given Harper博士、加利福尼亚州环保局危险品实验室Kim Hooper博士、南卡罗莱纳州大学公共卫生学院

① 电影《欢乐满人间》刻画的魔法保姆形象。——译者注

Tomohiro Kawaguchi博士、阿姆斯特丹大学Janna Koppe博士、荷兰国家应用科学院（TNO）预防与健康研究所Caren Lanting博士、伊利诺伊州布卢明顿市JamesMcGowan博士及妻Anne、儿童出生缺陷研究公司Betty Mekdeci、阿拉斯加社区有毒物质防控行动组织Pamela K. Miller、环境研究基金会Peter Montague博士、康纳尔大学Peter Nathanielsz博士、科罗拉多大学健康科学中心Margaret Neville博士、科学与环境健康联盟Mary O’Brien博士、Commonweal公益组织Sharyle Patton、康纳尔大学Fred Quimby博士、纽约市立大学伯恩纳德巴鲁学院Barbara Katz Rothman博士、得克萨斯大学达拉斯公共卫生学院Arnold Schecter博士、宾夕法尼亚州立大学Londa Schiebinger博士、社会责任医师组织Ted Schettler、康纳尔大学Suzanne Snedecker博士、国家资源保护委员会和加利福尼亚大学旧金山分校Gina Solomon博士、明尼苏达污染防控局Edward Swain博士、得克萨斯州公园与野生动物部Louis Verner博士、波士顿大学公共卫生学院Tom Webster博士、罗切斯特大学医学与牙科学院Bernard Weiss博士、加利福尼亚出生缺陷监测机构Jackie Wynne。尽管有上述各界人士的帮助，但对于本书内容的正确性，我本人自然应承担全部责任。

有三位孕妈妈朋友阅读了本书各章的草稿——其中一位孕妈妈在临产48小时前完成任务。她们的评论对我来说十分重要，不逊于她们鼓励的话语和晚餐的邀请。因此，我向Karol Bennett、Monica Hargraves和Carmi Orenstein表达久久的感谢，她们分别是三个孩子、一个孩子和两个孩子的妈妈。

另有许许多多的科学工作者、研究人员和记者答疑解惑，分享数据，向我介绍重要的最新出版物，为本书写作发挥了举足轻重的作用。因篇幅有限，无法一一列出。尤其感谢儿童环境健康联盟、国际消除持久性有机污染物网络及防汞工作组织成员。

在Melanie Kroupa和Merloyd Lawrence两位编辑的指导下，本书稿得以顺利出版。对于他们坚实的支持和敏锐的专业判断，我深表感谢。从Melanie那里，我学到了很多讲故事的技巧，而Merloyd对宫内生命和分娩措施广博的知识给我指出许多新的方向。我们都惊叹于大自然的鬼斧神工，这构成作者和编辑之间紧密合作的基础。

十分感谢我的文稿代理Charlotte Sheedy。从始至终，她对本项目坚信不疑。

最后，谢谢你，费思，感谢你耐心地成为我创作的源泉和主题。每一天，你的名字都会重新教我认识其内在的含义。你是我心中的喜乐。

参考文献注释

说明：注释以原著页码（即本书中边码）排序。

作者注：对于各章中引用的文献资料，首次出现时提供完整的出处，之后仅提供作者姓氏和文献标题. 288

注释采用下列缩写：

AAP：美国儿科学会

EHP：《环境健康展望》（*Environmental Health Perspectives*）

JAMA：《美国医学会杂志》（*Journal of the American Medial Association*）

NEJM：《新英格兰医学杂志》（*New England Journal of Medicine*）

sup.：增刊

Am.：美国

J.：期刊

Intl.：国际

前　言

ix 满月的称呼：一部分是北美原住民对满月的称呼，另外一部分是欧洲殖民者使用的名称。R. E. *Guiley, Moonscapes: A Celebration of Lunar Astronomy, Magic, Legend, and Lore* (New York: Prentice Hall, 1991).

x Katsi Cook：参见W. LaDuke,"Akwesasne: Mohawk Mothers' Milk and PCBs," *All Our Relations: Native Struggles for Land and Life* (Cambridge: South End Press, 1999), pp. 9—23.

第一部分

4 迁徙规律：S. Weidensaul, *Seasonal Guide to the Natural Year* (Golden, Colo.: Fulcrum Publishing, 1993), pp. 208—210.

第1章：旧月

6 阿-宋二氏妊娠试验法：1933年，同为犹太妇科医生的塞耳玛·阿舍姆（Selmar Aschheim）和伯恩哈德·宋德克（Bernhard Zondek）被迫逃离德国。参见P. Schneck [Selmar Aschheim (1878—1965) Zondek Berlin Charité Hospital], *Zeitschrift für Ärztliche Fortbildung und Qualitätssicherung* 91 (1997): 187—194 (德文)。另一种采用兔子的妊娠试验方法被称作弗利曼氏妊娠试验。更多有关妊娠试验的历史，参见A. Frye, "Pregnancy Testing," in B. K. Rothman, ed., *Encyclopedia of Childbearing: Critical Perspectives* (Phoenix: Oryx Press, 1993), pp. 327—328.

7—9 经期和排卵描述：B. M. Carlson, *Human Embryology and Developmental Biology*, 2d ed. (St. Louis: Mosby, 1999), pp. 10—20; P. Shuttle and R. Redgrove, The Wise Wound: *Myths, Realities, and Meanings of Menstruation* (New York: Grove Press, 1986), pp. 34—38. 月经和排卵生物学的详细论述，参见Natalie Angier在*Woman: An Intimate Geography*一书中精彩的阐述。(Boston: Houghton Mifflin, 1999), pp. 90—119 和pp. 176—192.

8 教科书案例：Carlson, *Human Embryology*, pp. 24—25.

8 输卵管位移：K. L. Moore and T. V. N. Persaud, *Before We Are Born: Essentials of Embryology and Birth Defects*, 5th ed. (Philadelphia: Saunders, 1998), p. 30.

8 卵子在输卵管中的移动：Carlson, *Human Embryology*, pp. 24—25.

9 未受精：同上；Moore and Persaud, *Before We Are Born*, pp. 29—30.

9—10 受精和着床的描述：Carlson, *Human Embryology*, pp. 24—58; Y. W. Loke and A. King, *Human Implantation: Cell Biology and Immunology* (Cambrige, U. K.: Cambridge University Press, 1995), pp. 1—33; D. A. Fisher, "Endocrinology of Development," in J. D. Wilson and D.
289 W. Foster, eds., *Williams Textbook of Endocrinology*, 8th ed. (Philadelphia: Saunders, 1992), pp. 1049—1077; P. W. Nathanielsz, *Life Before Birth: The Challenges of Fetal Development* (New York: W. H. Freeman, 1996), p. 28.

10 人绒毛膜促性腺激素：M. L. Casey et al., "Endocrinological Changes of Pregnancy," in Wilson and Foster, *Williams Textbook of Endocrinology*, pp. 977—1005.

10 验孕试剂的免疫学基础：R. J. Mayer and J. H. Walker, *Immunological Methods in Cell and Molecular Biology* (San Diego: Academic Press, 1987); FDA Center for Devices and Radiological Health, *Review Criteria for Assessment of Professional Use of Human Chorionic Gonadotropin (hCG) In Vitro Diagnostic Devices (IVDs)* (Washington, D. C.: Food and Drug Administration, 1996; www. fda. gov/cdrh/ode/phcg. html).

第2章：饥饿月

11—12 两套计算孕期的体系：B. M. Carlson, *Human Embryology and Developmental Biology*, 2d ed. (St. Louis: Mosby, 1999), p. 22.

15 三胚层胚盘的形成：W. J. Larsen, *Human Embryology* (New York: Churchill Livingstone,

1993), pp. 47—63.

14—15 器官发生：Carlson, *Human Embryology*, pp. 75—105; Larsen, *Human Embryology*, pp. 65—130; K. L. Moore and T. V N. Persaud, *Before We Are Born: Essentials of Embryology and Birth Defects*, 5th ed. (Philadelphia: Saunders, 1998), 81—100.

15 牙釉质的形成：Carlson, *Human Embryology*, pp. 103.

15 楼梯扶手装饰物的比喻：见Carlson, *Human Embryology*, p. 100, and Larsen, *Human Embryology*, pp. 328—329.

15—16 细胞迁移：Carlson, *Human Embryology*, pp. 60—64.

16 原始精子细胞之旅：同上，p. 142.

16 诱导：同上, pp. 59—105; Larsen, *Human Embryology*, pp. 47—92.

16 限制点：Carlson, *Human Embryology*, pp. 70—71.

16 音猬因子：同上, pp. 80—82, 89. 音猬因子也是指受该基因支配的糖蛋白。这种蛋白在胚胎发生期间直接调节基因表达。其多种功能的概述，参见J. M. Britto et al., "Life, Death and Sonic Hedgehog," *Bioessays* 22(2000): 499—502.

16—17 迪乔治综合征：M. Hagmann, "A Gene That Scrambles Your Heart," *Science* 283(1999): 1091—1093; H. Yamagishi et al., "A Molecular Pathway Revealing a Genetic Basis for Human Cardiac and Craniofacial Defects," *Science* 283(1999): 1158—1161.

17 多涎症：A. Eisenberg et al., *What to Expect When You're Expecting* (New York: Workman, 1996), p. 107.

18 孕激素减缓新陈代谢：E. Davis, "Common Complaints of Pregnancy," in B. K. Rothman, ed., *Encyclopedia of Childbearing: Critical Perspectives* (Phoenix: Oryx Press, 1993), p. 79.

19 妊娠反应：症状一般在怀孕第六周开始，在第九周最为严重，往往在第十四周突然消失。[R. Gadsby, "Pregnancy Sickness and Symptoms: Your Questions Answered," *Professional Care of Mother and Child* 4 (1994): 16—17; F. D. Tierson et al., "Nausea and Vomiting of Pregnancy and Association with Pregnancy Outcome," *Am. J. of Obstetrics and Gynecology* 155 (1986): 1017—1022]. 大众读物往往对这一问题轻描淡写。在对孕妇进行的电话访谈中，妊娠反应的时长和严重程度超过了人们普遍的认识。很多孕妇表示自己无法工作，被迫请假. 其他孕妇对工作时去哪里呕吐表现出了焦虑情绪。[B. O'Brien and S. Naber, "Nausea and Vomiting During Pregnancy: Effects on the Quality of Women's Lives," *Birth* 19 (1992): 138—143]. 有些孕妇因妊娠反应导致身体虚弱而选择终止妊娠，或认真考虑过选择性堕胎。[P. Mazzotta et al., Nausea and Vomiting in Pregnancy: the Motherisk Experience," *Teratology* 55(1997): 101].

19 妊娠反应比例：M. A. Klebanoff et al.. "Epidemiology of Vomiting in Early Pregnancy," Obstetrics and Gynecology 66(1985): 612—616; O'Brien and Naber, "Nausea and Vomiting During Pregnancy"; I. D. Vellacott et al., "Nausea and Vomiting in Early Pregnancy," *Inti. J. of Gynaecology and Obstetrics* 27 (1988): 57—62. 另见 Gadsby, "Pregnancy Sickness and Symptoms" and Tierson, "Nausea and Vomiting of Pregnancy and Association with Pregnancy Outcome."

19 其他文化里的妊娠反应：P. Andrews and S. Whitehead, "Pregnancy Sickness," *News in Physiological Sciences 5*(1990): 5—10; K. Karasawa and S. Muto, "Taste Preference and Aversion 290
in Pregnancy," Japanese J. of Nutrition 36(1978): 31—37; L. Minturn and A. W. Weiher, "The Influence of Diet on Morning Sickness: A Cross-Cultural Study," *Medical Anthropology* 8(1984): 71—75; K. A. O'Connor et al., "Reproductive Hormones and Pregnancy-Related Sickness in a Prospective Study of Bangladeshi Women," *Am. J. of Physical Anthropology* 105(1998, sup. 26): 172; I. L. Pike, "Pregnancy Sickness and Food Aversions During Pregnancy for Nomadic Turkana

Women of Kenya," *Am. J. of Physical Anthropology* 104(1997, sup. 24): 186; M. Shostak, Nisa: *The Life and Words of a!Kung Woman* (Cambridge: Harvard University Press, 1981), pp. 178, 190; A. R. P. Walker et al., "Nausea and Vomiting and Dietary Cravings and Aversions During Pregnancy in South African Women," *British J. of Obstetrics and Gynaecology* 92(1985): 484—489.

19 妊娠反应的历史记载：Andrews and Whitehead, "Pregnancy Sickness"; B. O'Brien and N. Newton, "Psyche Versus Soma: Historical Evolution of Beliefs About Nausea and Vomiting During Pregnancy," *J. of Psychosomatic Obstetrics and Gynecology* 12(1991): 91—120; O. Tempkin (trans.), *Soranus' Gynecology* (Baltimore: Johns Hopkins University Press, 1956), p. 51.

19 心理学理论的兴起减少了人们对妊娠反应的同情：M. Erick, *No More Morning Sickness* (New York: Plume, 1993); A. S. Kaspar, "Nausea of Pregnancy: An Historical Medical Prejudice," *Women and Health* 5(1980): 35—44; Minturn and Weiher, "The Influence of Diet on Morning Sickness."

19 禁止探视，禁用呕吐盆：H. B. Atlee, "Pernicious Vomiting of Pregnancy," *J. of Obstetrics and Gynaecology* 41 (1934): 750—759. 另见 Erick, *No More Morning Sickness*, p. 69.

19—20 妊娠反应与恋母情结：G. G. Robertson, "Nausea and Vomiting of Pregnancy," *Lancet* 251 (1946): 336—341.

20 护理文献引语：O'Brien and Naber, "Nausea and Vomiting During Pregnancy," p. 141.

20 妊娠反应同妊娠的内心感受无关：S. A. Whitehead et al., "Pregnancy Sickness," in A. L. Bianchi et al., eds., *Mechanisms and Control of Emesis* (London: John Libbey,1992), pp. 297—306.

20 妊娠反应不受社会因素的影响：Vellacott, "Nausea and Vomiting in Early Pregnancy." 除此之外，妊娠反应看来也相对独立于抑郁、焦虑、压力、社会支持和工作量等社会心理因素。(K. M. Paarlberg et al., "Psychosocial Factors as Predictors of Maternal Well-Being and Pregnancy-Related Complaints," *J. of Psychosomatic Obstetrics and Gynaecology* 17(1996): 93—102.

20 妊娠反应在城镇更常见：C. N. Broussard and J. E. Richter, "Nausea and Vomiting of Pregnancy," *Gastroenterology Clinics of North America* 27(1998): 123—151.

20 妊娠反应的遗传因素：R. Gadsby et al., "Pregnancy Nausea Related to Women's Obstetric and Personal Histories," *Gynecologic and Obstetric Investigation* 43(1997): 108—111.

20 妊娠反应预示分娩结局较好：R. S. Boneva et al., "Nausea During Pregnancy and Congenital Heart Defects: A Population-Based Case-Control Study," *Am. J. of Epidemiology* 149(1999): 717—725; M. A. Klebanoff et al., "Epidemiology of Vomiting in Early Pregnancy," *Obstetrics and Gynecology* 66(1985): 612—616; F. D. Tierson et al., "Nausea and Vomiting of Pregnancy and Association with Pregnancy Outcome," *Am. J. of Obstetrics and Gynecology* 155(1986): 1017—1022.

21 慢波干扰：J. W. Walsh et al., "Progesterone and Estrogen Are Potential Mediators of Gastric Slow-Wave Dysrhythmias in Nausea of Pregnancy," *Am. J. of Physiology* 270(1996): G506—514.

21 HCG: Boneva, "Nausea During Pregnancy and Congenital Heart Defects"; Walsh, "Progesterone and Estrogen."

21 孕激素或雌激素：Broussard and Richter, "Nausea and Vomiting of Pregnancy"; J. Hawthorne, *Understanding and Management of Nausea and Vomiting* (Oxford: Blackwell, 1995),

p. 66—68; A. Järnfelt-Samsioe et al., "Nausea and Vomiting in Pregnancy——A Contribution to Its Epidemiology," *Gynecologic and Obstetric Investigation* 16(1983): 221—229; Walsh, "Progesterone and Estrogen."

21—22 甲状腺及其他激素：Andrews and Whitehead, "Pregnancy Sickness"; Walsh, 291
"Progesterone and Estrogen."

22 激素转运：Andrews and Whitehead, "Pregnancy Sickness."

22 脑极后区：同上. 另见H. L. Borrison et al., "Phylogenic and Neurological Aspects of the Vomiting Process," *J. of Clinical Pharmacology* 21(1981): 23S—29S.

22 统一理论：Andrews and Whitehead, "Pregnancy Sickness."

22—23 米丽亚姆·艾里克：Erick, *No More Morning Sickness.*

22 妊娠剧吐症：由于多胞胎中的妊娠剧吐症发病率较高，至少有一位研究人员认为HCG是导致妊娠反应的元凶。雌激素和孕激素在患妊娠剧吐症的孕妇中并没有相应升高。有关这一情况的更多信息，参见M. Hod et al., "Hyperemesis Gravidarum: A Review," *J. of Reproductive Medicine* 39(1994): 605—612. 瑞典较为近期的一项研究发现妊娠早期因妊娠剧吐症入院治疗的孕妇生女婴的概率大幅上升。研究人员注意到女性胎儿在出生时，相关HCG水平高于男性胎儿——尽管早期阶段的HCG水平不为人知. 因此，研究人员也怀疑HCG是妊娠反应的根源所在。[J. Askling et al., "Sickness in Pregnancy and Sex of the Child," *Lancet* 354 (1999): 2053].

22 洛蒂·勃朗特：G. Weis, "The Death of Charlotte Brontë," *Obstetrics and Gynecology* 78(1991): 705—708.

23 航天项目研究：尽管如此，呕吐原因依然不明。脑内似乎不止有一个部位负责呕吐反射。例如，脑干某些部分受损的病人不会对催吐药产生反应，但他们仍会出现晕动，在运动时仍会呕吐。另一方面，内耳前庭缺失的人不会晕动，也不会对催吐药产生反应 (A. D. Miller, "Physiology of Brain Stem Emetic Circuitry," in Bianchi, *Mechanisms and Control of Emesis*. pp. 41—50).

23—25 玛吉·普洛菲特：M. Holloway, "Margie Profet: Evolutionary Theories for Everyday Life," *Scientific American* 274(1996): 40; 同上, *Protecting Your Baby-to-Be: Preventing Birth Defects in the First Trimester* (Reading, Mass.: Addison-Wesley, 1995); 同上, "The Evolution of Pregnancy Sickness as Protection to the Embryo Against Pleistocene Teratogens," *Evolutionary Theory* 8(1988): 177—190.

24 "人体纠错的办法"：Hawthorne, *Understanding and Management of Nausea and Vomiting*, p. 4.

24 普洛菲特理论未得到证实：奇怪的是，据说有助于减轻孕吐的各种食物都是味道强烈的植物，它们包括生大杏仁、西瓜和柑橘。[G. Bennett, "Queasy No More!" *Parenting* 11 (Oct. 1997): 144—148]. 而另一方面，普洛菲特似乎说中了咖啡. 一项较为近期的研究认为超过93%的孕妇对咖啡感到恶心 [C. C. Lawson et al., "Coffee Aversion Patterns of Early Pregnancy," *Am. J. of Epidemiology* 147(1998, sup. 11): S18].

24 蔬菜摄入和呕吐无关：J. E. Brown et al., "Profet, Profits, and Proof: Do Nausea and Vomiting of Early Pregnancy Protect Women from 'Harmful' Vegetables?" *Am. J. of Obstetrics and Gynecology* 176(1997): 179—181.

25 会呕吐和不会呕吐的动物：Miller, "Physiology of Brain Stem Emetic Circuitry," pp. 41—50.

25 普洛菲特理论的修订：S. M. Flaxman and P. W. Sherman, "Morning Sickness: A Mechanism for Protecting Mother and Embryo," *Quarterly Review of Biology* 75(2000): 113—148.

25 其他已知触发呕吐的因素：Hawthorne, *Understanding and Management of Nausea*

and Vomiting, pp. 1—4; B. O'Brien et al., "Diary Reports of Nausea and Vomiting During Pregnancy," *Clinical Nursing Research* 6(1997): 239—252; and O'Brien and Naber, "Nausea and Vomiting During Pregnancy." 有意思的是，患晕动症的女性在怀孕期间出现呕吐的可能性要大得多(Whitehead, "Pregnancy Sickness")。

26 我的体重增加了4磅：研究显示在怀孕第九周，体型、心肺功能及代谢功能出现重大变化，包括皮褶变厚、体内脂肪增加、血浆容量增加、心率上升、供氧和耗氧量增加。脂肪积贮率上升看来是孕后期和哺乳期的先决条件。[J. F. Clapp et al., "Maternal Physiologic Adaptations to Early
292 Pregnancy," *Am. J. of Obstetrics and Gynecology* 159(1988): 1456—1460].

第3章：树液月

30 糖枫之谜：R. Archibald, "How Sweet It Is!" *American Forests* 100(1994): 28—34; J. W. Marvin et al., "New Research Findings at the University of Vermont's Proctor Maple Research Farm," *Proceedings of the Seventh Conference on Maple Products* (Philadelphia: USDA, 8—9 Oct. 1968), pp. 16—19.

30—31 有关胎盘的介绍：D. A. Fisher, "Endocrinology of Development," in J. D. Wilson and D. W. Foster, eds., *Williams Textbook of Endocrinology*, 8th ed. (Philadelphia: Saunders, 1992), pp. 1049—1077; K. L. Moore and T. V. N. Persaud, *The Developing Human: Clinically Oriented Embryology*, 5th ed. (Philadelphia: Saunders, 1993), pp. 113—141; P. W. Nathanielsz, *Life Before Birth: The Challenges of Fetal Development* (New York: W. H. Freeman, 1996), pp. 65—82; J. R. Scott et al., eds., *Danforth's Obstetrics & Gynecology*, 8th ed. (Philadelphia: Lippincott Williams & Wilkins, 1999), pp. 37—38.

31—32 胎盘激素：胎盘分泌至少二十种不同的激素，其中多数激素的功能尚不为人所知。[M. L. Casey and P. C. MacDonald, "Placental Endocrinology," in C. W. G. Redman et al., eds., *The Human Placenta* (Oxford: Blackwell, 1993), pp. 237—272]. 另见 Fisher "Endocrinology of Development," pp. 1049—1077, and Nathanielsz, *Life Before Birth*, pp. 65—82.

32 松弛关节：顾名思义，这种激素被称作松弛素。[D. Bani, "Relaxin: A Pleiotropic Hormone," *General Pharmacology* 28(1997): 13—22].

32 胎盘与免疫功能：Nathanielsz, *Life Before Birth*, pp. 65—82.

32—33 胎盘比较解剖研究；E. M. Ramsey, *The Placenta: Human and Animal* (New York: Praeger, 1982); Scott, *Danforth's Obstetrics Gynecology*, p. 37.

33 有关人类胎盘的描述：Moore and Persaud, *The Developing Human*, pp. 113—141; D. D'Alessandro, "Placenta," in B. K. Rothman, ed., *Encyclopedia of Childbearing: Critical Perspectives* (Phoenix: Oryx, 1993); Scott, *Danforth's Obstetrics & Gynecology*, p. 37.

33 我们人类是唯一不吃胎盘的哺乳类生物：然而，在大多数人类文化中，随分娩排出体外的胎盘极受重视。在西方工业化国家的现代文化里，胎盘往往被当成医疗垃圾丢弃和焚烧。有些社会却把胎盘视为婴儿的孪生体或化身，认为胎盘直接关系到婴儿、母亲和社会的健康。在苗语里，胎盘是"外衣"的意思，被理解成婴儿的第一件衣装，认为在人死后，胎盘又为灵魂做衣裳，随之见先祖。因此，掩埋胎盘的地点决定了故土所在地。[W. M. Birdsong, "The Placenta and Cultural Values," *Western J. of Medicine* 168(1998): 190—192]. 我把费思的胎盘埋在了我父母的后院里。

33—34 胎盘屏障：Moore and Persaud, *The Developing Human*, pp. 119—120.

34 胎盘防止病原体侵入：Nathanielsz, *Life Before Birth*, pp. 65—82.

34 霍夫包尔氏细胞：同上, pp. 65—82; E. J. Popek, "Normal Anatomy and Histology of the Placenta," in S. H. Lewis and E. Perrin, eds., *Pathology of the Placenta*, 2d ed. (New York:

Churchill Livingston, 1999), pp. 49—88.

34 肾上腺激素失活：Nathanielsz, *Life Before Birth*, p. 79.

34 按大小、电荷量及脂溶性划分化学物质：E. Reynolds, “Drug Transfer Across the Term Placenta: A Review,” in A. Carter et al., eds., *Trophoblast Research*, vol. 12: *The Maternal-Fetal Interface* (Rochester, N. Y.: University of Rochester Press, 1998), pp. 239—255; J. Stulc, “Placental Transfer of Inorganic Ions and Water,” *Physiological Reviews* 77(1997): 805—836.

34 农药和甲基汞穿越胎盘：R. G. Gupta, “Environmental Agents and Placental Toxicity: Anticholinesterases and Other Insecticides,” in B. V Rama Sastry, ed., *Placental Toxicology* (Boca Raton: CRC Press, 1995), pp. 257—278; L. W. Chang and G. L. Guo, “Fetal Minamata Disease: Congenital Methylmercury Poisoning,” in W. Slikker, Jr., and L. W. Chang, eds., *Handbook of Developmental Neurotoxicology* (San Diego: Academic Press, 1998), pp. 507—515.

34 尼古丁的影响：A. Pastrakuljic et al., “Maternal Cocaine Use and Cigarette Smoking in Pregnancy in Relation to Amino Acid Transport and Fetal Growth,” *Placenta* 20(1999): 499—512.

34 多氯联苯的影响：实验对象是水貂。[C. J. Jones et al., “Environmental Pollutants as Aetiological Agents in Female Reproductive Pathology: Placental Glycan Expression in Normal and Polychlorinated Biphenyl [PCB]-exposed Mink [*Mustela vision*],” *Placenta* 18(1997): 689— 293
699].

34—35 镍的影响：E. Reichrtova et al., “Sites of Lead and Nickel Accumulation in the Placental Tissue,” *Human and Experimental Toxicology* 17(1998): 176—181.

35 古人的观念：R. Jaffe et al., “Maternal Circulation in the First Trimester Human Placenta——Myth or Reality,” *Am. J. of Obstetrics and Gynecology* 176(1997): 695—705.

35 迦太基人的新婚之夜：A. Dally, “Thalidomide: Was the Tragedy Preventable?” *Lancet* 351(1998): 1197—1199.

35 注射蜡：Jaffe, “Maternal Circulation in the First Trimester Human Placenta.”

35—36 安·达立对历史的分析：Dally, “Thalidomide.”

36 格雷格1941年的研究报告震动了医学界：M. A. Burgess, “Gregg’s Rubella Legacy, 1941—1991,” *Medical J. of Australia* 155(1991): 355—357; N. M. Gregg, “Congenital Cataract Following German Measles in the Mother,” *Transactions of the Ophthalmological Society of Australia* 3(1941): 35—46.

37 风疹对眼睛、心脏、大脑和耳部的伤害：Burgess, “Gregg’s Rubella Legacy, 1941—1991.”

37 1964年风疹大爆发：同上; K. Ueda and K. Tokugawa, “Gregg’s Rubella Legacy,” letter, *Medical J. of Australia* 157(1992): 282.

37 终止妊娠：R. Rapp, *Testing Women, Testing the Fetus: The Social Impact of Amniocentesis in America* (New York: Routledge, 1999), p. 35.

37 首批疫苗于1969年上市：Burgess, “Gregg’s Rubella Legacy, 1941—1991.”

38 格雷格著作中其他有毒物质影响的论述：Gregg, “Congenital Cataract.”

39 里奇的诗作：A. Rich, *Diving into the Wreck: Poems 1971—1972* (New York: W. W. Norton, 1973).

39 反应停的历史：“A Stubborn FDA Inspector Saves the Day,” *The CQ Researcher* 7(1997): 493; Dally, “Thalidomide”; Insight Team of the Sunday Times of London, *Suffer the Children: The Story of Thalidomide* (New York: Viking Press, 1979); C. Marwick “The Drug That Changed US Pharmaceutical History,” *JAMA* 278(1997): 1136; E. Roskies, *Abnormality and Normality: The Mothering of Thalidomide Children* (Ithaca, N. Y.: Cornell University Press, 1972).

39 八千名儿童受到影响：G. J. Annas and S. Elias, “Thalidomide and the Titanic: Reconstructing the Technology Tragedies of the Twentieth Century,” *Am. J. of Public Health* 89(1999): 98—101.

39 肢体残缺症: T. V N. Persaud et al., *Basic Concepts in Teratology* (New York: Wiley-Liss, 1985).

39 被摧毁的生命：Insight Team of the Sunday Times (London), *Suffer the Children*.

40 反应停与神经损伤：Marwick, “The Drug that Changed US Pharmaceutical History.”

40 FDA引语：H. Burkholz, “Giving Thalidomide a Second Chance,” *FDA Consumer* 31(Sept. —Oct. 1997): 12—14.

40 德国海豹肢症：1961年11月，维杜金德·伦茨正确地指出反应停是德国出现大量先天肢体
294 畸形的根源所在。参见“Stubborn FDA Inspector”; W. Lenz and K. Knapp, “Foetal Malformations due to Thalidomide,” *GermanMedical Monthly* 7(1962): 253—258.

40 麦克布莱德的征询信：W. G. McBride, “Thalidomide and Congenital Abnormalities,” *Lancet* 2(1961, no. 721): 1358—1363.

40 全球涌现报告：“Stubborn FDA Inspector.”

40 欧洲遭禁后在加拿大上市：A. Elash, “Thalidomide Is Back,” *Maclean's* 110(10 Mar. 1997): 48.

40 危害的证据渐渐浮现：Dally, “Thalidomide,” p. 1197.

40—41 弗朗西斯·凯尔西的故事：“Stubborn FDA Inspector”; Burkholz, "Giving Thalidomide a Second Chance.”

41 反应停产生损害的原理：同上。

42 胎儿易受反应停伤害的窗口期：Persaud, *Basic Concepts in Teratology*, pp. 10—11.

43 胎儿第三个月的变化：Moore and Persaud, *Developing Human*, p. 106.

43 史密斯的照片故事：W. E. Smith and A. M. Smith, *Minamata: Words and Photos* (New York: Holt, Rinehart & Winston, 1975).

44 亚里士多德与炼金术士：T. W. Clarkson, “The Toxicology of Mercury,” *Critical Reviews in Clinical Laboratory Sciences* 34(1997): 369—403.

44 水俣中毒事件的历史：S. Nomura and M. Futatsuka, “Minamata Disease from the Viewpoint of Occupational Health,” *J. of Occupational Health* 40(1998): 1—8.; C. Watanabe and H. Satoh, “Evolution of Our Understanding of Methylmercury as a Health Threat,” *EHP*104(1996, sup. 2): 367—379.

44 三条线索否认传染源的存在：同上。

44—45 进行性病症：M. Harada, “Minamata Disease: A Medical Report,” in Smith and Smith, Minamata, pp. 180—192; Watanabe and Satoh, “Evolution of Our Understanding.”

44—45 先前报道过但随后被忽视的事件：Harada, “Minamata Disease.”

45 当地政府的反对：Watanabe and Satoh, “Evolution of Our Understanding.”

45 池肃拒绝整改：Smith and Smith, *Minamata*, pp. 28—33.

45 大学研究团队发布的调查结果：Harada, “Minamata Disease”; Nomura and Futatsuka, “Minamata Disease.”

45 池肃称仅采用金属汞：Nomura and Futatsuka, “Minamata Disease.”

45—46 秘密发现：Harada, “Minamata Disease.”

46 废水排入河流、脑瘫、建议引产：Watanabe and Satoh, “Evolution of Our Understanding.”

46 “脑瘫”其实是水俣病； Clarkson, “Toxicology of Mercury”; Watanabe and Satoh, “Evolution of Our Understanding.” 在三个污染最严重的村子里，近8%的新生儿患有“脑瘫”。[K. Kondo, “Congenital Minamata Disease: Warnings from Japan’s Experience,” *J. of Child Neurology* 15(2000): 458—464].

46 先天性水俣病患者的症状更为严重：Watanabe and Satoh: “Evolution of Our Understanding.”

46 29%的患儿出现智力缺陷：Harada, “Minamata Disease.”

46 1962年发现被遗忘的瓶子：Nomura and Futatsuka, “Minamata Disease.”

46 池肃化工厂继续排污，直至1968年：同上。

46—47 1969年诉讼案：Harada, “Minamata Disease.”

47 史密斯遭殴打：Smith and Smith, *Minamata*, p. 95.

47 智子面对官员的照片：同上, pp. 44—45。

47 1973年法院裁决：同上, p. 129。

47 英译文献：K. Tsurumi, “New Lives: Some Case Studies in Minamata,” Ph. d. diss., Sophia University, Institute of International Relations, Sophia University, 1988.

47 2011年汞水平下降：A. Kudo et al., “Lessons from Minamata Mercury Pollution, After a Continuous 22 Years of Observation,” *Water Science and Technology* 38(1998): 187—193.

47 鱼类和贝类可安全食用：Dr. Tomohiro Kawaguchi, University of South Carolina, 个人通信。

48 甲基汞的形成：在池肃化工厂的案例中，汞的甲基化过程发生在工厂内部，但从化工厂、造纸厂或煤电厂排放出的无机汞进入开放的水域后也会发生甲基化。参见Nomura and Futatsuka, “Minamata Disease from the Viewpoint of Occupational Health,” and Clarkson, “Toxicology of Mercury.”

48 生物富集原理：但持久性并不能与生物富集性相提并论. 邻苯二甲酸酯类增塑剂等一些污染物在环境中具有持久性，但不具有生物富集性。

48 高一百万倍：Clarkson, “Toxicology of Mercury.”

49 脑细胞迁移：K. Eto, “Pathology of Minamata Disease,” *Toxicologic Pathology* 25(1997): 614—623. 在胎儿脑部，汞还具有其他毒性机制，干扰突触传导、微管形成及氨基酸转运。汞还促使氧化应激和线粒体功能异常的发生，并对酶、膜功能和脑神经递质水平产生不利影响。[T. Schettler et al., *In Harm's Way: Toxic Threats to Child Development* (Cambridge: Greater Boston Physicians for Social Responsibility, 2000), p. 67].

49 毒性取决于剂量：M. A. Gallo, “History and Scope of Toxicology,” in C. D. Klaassen et al., eds., *Casarett and Doull's Toxicology: The Basic Science of Poisons*, 5th ed. (New York: McGraw Hill, 1996), pp. 3—11.

49 脐带被保存在小木箱里：H. Akagi et al., “Methylmercury Dose Estimation from Umbilical 295
Cord Concentrations in Patients with Minamata Disease,” *Environmental Research* 77(1998): 98—103.

50《一名健康的女婴》：赫尔方的影片于1997年6月17日在PBS电视台播出，目前通过Women Make Movies, 462 Broadway, #500, New York, NY 10013 (www. wmm. com) 对外传播。

52—54 己烯雌酚历史：R. J. Apfel and S. M. Fisher, *To Do No Harm: DES and the Dilemmas of Modem Medicine* (New Haven, Conn.: Yale University Press, 1984); R. Mittendorf, "Teratogen Update: Carcinogenesis and Teratogenesis Associated with Exposure to Diethylstilbestrol (DES) InUtero," *Teratology* 51(1995): 435—445; National Research Council, *Hormonally Active Agents in the Environment* (Washington, D. C.: National Academy Press, 1999), pp. 10—12, 399—406. 可读性极强的相关描述参见T. Colbom et al., *Our Stolen Future: Are We Threatening Our Fertility, Intelligence, and Survival? A Scientific Detective Story* (New York: Dutton, 1996), pp. 47—57. 提倡孕期补充己烯雌酚的原始观点参见O. W Smith, "Diethylstilbestrol in the Prevention and Treatment of Complications of Pregnancy," *Am. J. of Obstetrics and Gynecology* 56(1948): 821—834; 己烯雌酚受害家庭访谈参见M. L. Brown, *DES Stories: Faces and Voices of People Exposed to Diethylstilbestrol* (Rochester, NY: Visual Studies Workshop Press, 2001).

52 美国科学院的引语：National Research Council, *Hormonally Active Agents in the Environment*, p. 11.

53 二十世纪三十年代的研究：C. F. Geschickter, "Mammary Carcinoma in the Rat with Metastasis Induced by Estrogen," *Science* 89(1939): 35—37; R. Greene et al., "Experimental Intersexuality: Modification of Sexual Development of the White Rat with a Synthetic Estrogen," *Proceedings of the Society for Experimental Biology and Medicine* 41 (1939): 169—170.

53 二十世纪五十年代显示己烯雌酚没有预防流产作用的研究：如W. Dieckmann et al., "Does the Administration of Diethylstilbestrol During Pregnancy Have Therapeutic Value?" *Am. J. of Obstetrics and Gynecology* 66(1953): 1062—1081. 这些研究的生动描述见Colborn, *Our Stolen Future*, p. 54. 另见J. Travis, "Modus Operandi of an Infamous Drug," *Science News* 155(1999): 124—126.

53 二百多家制药企业生产己烯雌酚：R. Meyers, *D. E. S.: The Bitter Pill* (New York: Seaview/Putnam, 1983), p. 18.

53 在波士顿听取患者母亲经历的医生；同上, pp. 93—94. 另见Colborn, *Our Stolen Future*, p. 55.

53 1971年论文：A. L. Herbst et al., "Adenocarcinoma of the Vagina: Association of Maternal Stilbestrol Therapy with Tumor Appearance in Young Women," *NEJM* 284(1971): 878—881.

53 己烯雌酚健康风险：R. M. Giusti et al., "Diethylstilbestrol Revisited: A Review of the Long-Term Health Effects," *Annals of Internal Medicine* 122(1995): 778—788.

53 生殖器官畸形：得到多项研究证实，相关综述见National Research Council, *Hormonally Active Agents in the Environment*, pp. 10 and 400—402. 另见Giusti, "Diethylstilbestrol Revisited," and Mittendorf, "Teratogen Update."

53—54 *Wnt7a*基因：C. Miller et al., "Fetal Exposure to DES Results in Deregulation of Wnt7a During Uterine Morphogenesis," *Nature Genetics* 20(1998): 228—230. 另见Travis, "Modus Operandi of an Infamous Drug."

54 人类胎盘专著引语：Redman, *The Human Placenta*, p. ix.

55 1944年对格雷格发现提出怀疑："Rubella and Congenital Malformations" [annotation], *Lancet* 246 (1944): 316.

第4章：粉红月

56 伊利诺伊州鸟类习性：大多数关于伊利诺伊州中部地区鸟类的知识，是我最初从维吉尼亚·艾菲尔特（Virginia S. Eifert）1941年出版的一本手册上了解到的，书名为*Birds in Your Backyard: Typical Native Birds in Their Habitats* (Springfield, Ill.: Illinois State Museum). 应市场需求，该书于1986年再版。这位深受欢迎的作者在书中的描述无疑为本书提供了大量素材。

58 棕夜鸫：H. D. Bohlen, *The Birds of Illinois* (Bloomington, Ind.: Indiana University Press,

1989), p. 138.

58 鸣鸟迁徙：K. P. Able, ed., *Gatherings of Angels: Migrating Birds and their Ecology* 296
(Ithaca, N. Y.: Comstock Books, 1999); B. Wuethrich, “Songbirds Stressed in Winter Grounds,” *Science* 282(1998): 1791—1794.

58—59 观月：R. Burton, *Bird Migration* (London: Aurum Press, 1992), p. 14; J. Elphick, ed., *The Atlas of Bird Migration: Tracing the Great Journeys of the World's Birds* (New York: Random House, 1995), pp. 17, 47; 另见Able, *Gatherings of Angels*.

60 羊水组成：R. M. Goldblum and S. Hilton, “Amniotic Fluid and the Fetal Mucosal Immune System,” in P. L. Ogra et ah, eds., *Mucosal Immunology*, 2d ed. (San Diego: Academic Press, 1999), pp. 1555—1564.

60 羊膜穿刺术的描述：*Gale Encyclopedia of Medicine*, s. v. “Amniocentesis,” by K. R. Sternlof.

60 α-甲胎蛋白：*Gale Encyclopedia of Medicine*, s. v. “Alpha-fetoprotein Test,” by A. R. Massel.

60 流产风险：*Gale Encyclopedia*, “Amniocentesis.”

61 约翰·唐：R. Rapp, *Testing Women, Testing the Fetus: The Social Impact of Amniocentesis in America* (New York: Routledge, 1999), pp. 295—329.

61 利弊分析：*Gale Encyclopedia*, “Amniocentesis.”

61—62 医学百科的引语：同上。

62 失能性知识：B. K. Rothman, *The Tentative Pregnancy: How Amniocentesis Changes the Experience of Motherhood* (New York: W. W. Norton, 1993), pp. 135—176.

62 雷娜·拉普：Rapp, Testing Women, Testing the Fetus. 另见Rapp’s essays “Refusing Prenatal Diagnosis: The Meanings of Bioscience in a Multicultural World,” *Science, Technology, and Human Values* 23(1998): 45—70, and “The Ethics of Choice,” *Ms. Magazine*, April 1984, pp. 97—100. 拉普三十六岁接受羊水筛查后发现胎儿患唐氏综合征，于是选择了引产。

63 被封存的收养记录：在本书撰稿时，全美仅有四个州开放了收养记录，它们分别是亚拉巴马州、阿拉斯加州、堪萨斯州和俄勒冈州。在全国一线争取收养记录开放政策的被收养者权利组织名为Bastard Nation (www. bastards. org)。

63 孕检指导书中有关被收养者的引语：K. Wexler and L. Wexler, *The ABC's of Prenatal Diagnosis: a Guide to Pregnancy Testing and Issues* (Aurora, Colo.: Genassist Publishing, 1994).

64 鸟类迁徙机制：Elphick, *Atlas of Bird Migration*, pp. 32—34.

65 鸣鸟的迁徙：Eifert, *Birds in Your Backyard*.

65—66 羊水：B. M. Carlson, *Human Embryology and Developmental Biology*, 2d ed. (St. Louis: Mosby, 1999), pp. 106—109; Goldblum and Hilton, “Amniotic Fluid and the Fetal Mucosal Immune System.”

67—68 超声波的描述：R. A. Bowerman, *Atlas of Normal Fetal Ultrasonographic Anatomy*, 2d ed. (St. Louis, Mo.: Mosby, 1992). 很多准妈妈想知道超声波是否安全. 临床医生认为低强度超声波不会伤害胎体组织，但从未有人对其可能出现的风险进行过长期的研究。多项研究发现在产前超声检查和左撇子之间存在一定的联系。[B. B. Haire, “Ultrasound in Obstetrics: A Question of Safety,” in B. K. Rothman, ed., *Encyclopedia of Childbearing: Critical Perspectives* (Phoenix: Oryx Press, 1993), pp. 407—409]. 此外，实验室实验结果显示超声波造成膜的某种变化，可能对产前和产后发育有影响。令人欣慰的是，瑞典的一项大型病例对照研究没有发现孕期超声波暴露和儿童白血病有关。[E. Naumburg, “Prenatal Ultrasound Examinations and Risk of Childhood Leukaemia: Case-

Control Study," *British Medical Journal* 320(2000): 282—283].

67 超声波被用于军事的历史：R. V Wade, "Images, Imagination and Ideas: a Perspective on the Impact of Ultrasonography on the Practice of Obstetrics and Gynecology," *Am. J. of Obstetrics and Gynecology* 181(1999): 235—239.

68：英格兰的研究：R. H. Steinhorn, "Prenatal Ultrasonography: First Do No Harm?" *Lancet* 352(1998): 1568—1569.

69 黄腰白喉林莺（Myrtle warbler）：读过本书稿的鸟类学专家指出，这种鸟已正式更名为yellow-rumped warbler；我会一直管它们叫myrtle的。

297 69 鸟与广播塔：Bohlen, *Birds of Illinois*, p. 158; R. Braile, "Bird Life: Towers Exacting Terrible Tolls," *Sports Afield* 222(Aug. 1999): 18.

69—70 吉文·哈珀尔与鸟类农药污染：G. Harper, 个人通信；J. A. Klemens et al., "Patterns of Organochlorine Pesticide Contamination in Neotropical Migrant Passerines in Relation to Diet and Winter Habitat," *Chemosphere* 41(2000): 1107—1113.

72—74 遗传分析的描述：Rapp, *Testing Women*, pp. 191—219.

72 遗传学者朋友：Michael Hoffman, Dept, of Genetic Epidemiology, University of Utah, 个人通信。

73—74 各种不同的染色体异常：J. Barrett, "*Gale Encyclopedia of Medicine*, s. v. "Edwards' Syndrome," by J. Barrett; R. J. M. Gardner and G. R. Sutherland, *Chromosomal Abnormalities and Genetic Counseling*, 2d ed. (Oxford, U. K.: Oxford University Press, 1996).

75 羊水中含农药和多氯联苯：D. Christensen, "Pesticide Exposure Begins Early," *Science News* 156(17 July 1999): 47; W. Foster, "Detection of Endocrine Disrupting Chemicals in Samples of Second Trimester Human Amniotic Fluid," *J. of Clinical Endocrinology and Metabolism* 85(2000): 2954—2957.

第5章：花卉月

79 约翰·霍普金斯大学的报告：Pew Environmental Health Commission, *Healthy from the Start: Why America Needs a Better System to Track and Understand Birth Defects and the Environment* (Baltimore: Johns Hopkins School of Public Health, 1999).

79 古人对出生缺陷的看法：M. V Barrow, "A Brief History of Teratology in the Early 20th Century," and J. Warkany, "Congenital Malformations in the Past," in T. V N. Persaud, ed., *Problems of Birth Defects from Hippocrates to Thalidomide and After* (Baltimore: University Park Press, 1977), pp. 5—17 and 18—28.

79 遗传理论站不住脚：D. T. Janerich and A. P. Polednak, "Epidemiology of Birth Defects," *Epidemiologic Reviews* 5(1983): 16—37.

79 近期综评的引语：同上，p. 19.

79 适度饮酒也可造成智力低下：N. L. Day et al., "Effect of Prenatal Alcohol Exposure on Growth and Morphology of Offspring at 8 months of Age," *Pediatrics* 85(1990): 748—752; Pew Environmental Health Commission, *Healthy from the Start*, p. 23. 何为"适度"，并无真正的共识。有些研究认为一周喝两杯酒可能导致新生儿不安情绪增加和压力行为的出现。(P. W. Nathanielsz, Life in the Womb: *The Origin of Health and Disease* [Ithaca, N. Y.: Promethean Press, 1999], p. 179). 妈妈在孕期饮酒，孩子的注意力和记忆力问题明显增多——平均每天喝酒不到一杯，依然如此。[M. May, "Disturbing Behavior: Neurotoxic Effects in Children," *EHP* 108(2000): A262—267.] 另见本书第105页"一次纵情饮酒"词条的注释。

79 香烟降低婴儿出生体重：这包括不吸烟女性接触的二手烟。参见J. C. Kleinman and J. H. Madans, "The Effects of Maternal Smoking, Physical Stature, and Educational Attainment on the Incidence of Low Birth Weight," *Am. J. of Epidemiology* 121(1985): 843—855; Pew Environmental Health Commission, *Healthy from the Start*, p. 23; G. C. Windham et al., "Evidence for an Association Between Environmental Tobacco Smoke Exposure and Birthweight: A Meta-analysis and New Data," *Paediatric and Perinatal Epidemiology* 13(1999): 35—57.

79 约翰·霍普金斯报告引语：Pew Environmental Health Commission, *Healthy from the Start*, p. 23.

80 缺陷的本质不能指明其根源：B. M. Carlson, *Human Embryology and Developmental Biology*, 2d ed. (St. Louis: Mosby, 1999), pp. 133—134.

80 理查德·克拉普引语：Dr. Richard Clapp, *Boston University School of Public Health*, 个人通信。

80 最令人敬佩的专著：K. L. Jones, ed., *Smith's Recognizable Patterns of Human Malformation*, 5th ed. (Philadelphia: Saunders, 1997).

81 骇人得多：D. A. Nyberg et al., *Diagnostic Ultrasound of Fetal Abnormalities: Text and Atlas* (Chicago: Year Book Medical Publishers, 1990).

81 布鲁斯·卡尔森的著作：Carlson, *Human Embryology*.

81 胎动开始：M. R. Primeau, "Fetal Movement," in B. K. Rothman, ed., *Encyclopedia of Childbearing: Critical Perspectives* (Phoenix: Oryx Press, 1993), pp. 151—153.

81 "口咽部巨型畸胎瘤"的照片：Carlson, *Human Embryology*, p. 4. 298

82 出生缺陷是头号杀手：Pew Environmental Health Commission, *Healthy from the Start*, p. 8.

82 出生缺陷患病率：对于出生缺陷发生的频率，我效仿很多流行病学家的做法，使用"患病率"一词，而不是"发生率"。"患病率"承认自发性流产和选择性引产使胎儿损毁的事件导致缺陷儿实际人数被低估，而缺陷儿人数往往属于"发生率"的统计范畴。流行病学家使用的"发生率"一词是指某个特定的时期被诊断出具有某种健康问题的总人数，往往以每年每10万人中新增病例数表示。相比之下，"风险"是一种概率，代表个人或团体即将受到影响的可能性。对于出生缺陷而言，"过高风险"指某个婴儿被诊断出异常的可能性增加，可通过将某个亚群中某种缺陷患病率（如接触己烯雌酚的男婴群体中生殖器官异常）与总人口中预期率或本底率对比计算而得。

83 出生缺陷患病率统计数据：M. C. Lynberg and L. D. Edmonds, "Surveillance of Birth Defects," in W. Halperin et ah, eds., *Public Health Surveillance* (New York: John Wiley, 1992), pp. 157—172; Pew Environmental Health Commission, *Healthy from the Start*, p. 45. 据国家研究委员会（National Research Council）于2000年开展的一项研究估算，各种出生缺陷中有3%归因于有毒化学品的暴露。如此来看，这就意味着美国每年三万名缺陷儿的出生是由于遗传和环境因素双重作用造成的。然而，委员会也表示近一半的主要出生缺陷，人们对其根源知之甚少，无法将其按环境或遗传划分。据推测，其中一部分和环境因素相关。[National Research Council, *Scientific Frontiers in Developmental Toxicology and Risk Assessment* (Washington, D. C.: National Academy Press, 2000), pp. ix, 1, and 25].

83 全国缺乏追踪出生缺陷的体系：Pew Environmental Health Commission, *Healthy from the Start*, p. 65. 1998年末，美国国家毒理学规划处（National Toxicology Program）和国家环境卫生科学研究所（National Institute of Environmental Health Sciences）联合宣布新建一家研究机构——人类生殖健康风险评估中心，评估有毒化学物在引发出生缺陷和不孕不育症方面的影响。[J. Stephenson, "Weighing Reproductive Threats," *JAMA* 281(1999): 600].

83 二十世纪七十年代建立的登记机制：Centers for Disease Control, "Temporal Trends in

the Incidence of Birth Defects," *Morbidity and Mortality Weekly Report* 46(1997): 1171—1176; L. D. Edmonds et al., "Congenital Malformations Surveillance: Two American Systems," *Inti J. of Epidemiology* 10(1981): 247—252; G. P. Oakley, Jr., "Population and Case-Control Surveillance in the Search for Environmental Causes of Birth Defects," *Public Health Reports* 99(1984): 465—468; T. Schettler et al., *Generations at Risk: Reproductive Health and the Environment* (Cambridge: MIT Press, 1999), pp. 39—42.

83 出生缺陷（BDMP）监控项目瓦解：Lynberg and Edmonds, "Surveillance of Birth Defects" Centers for Disease Control, "Temporal Trends in the Incidence of Birth Defects." 在本书撰稿时，美国仅有儿童出生缺陷研究公司这一家非营利组织从事全国出生缺陷的登记工作。

83 出生缺陷（BDMP）监控项目没有积极开展信息调查：Working Group on Human Reproductive Outcomes, *Improving Assessment of the Effects of Environmental Contamination on Human Reproduction: Report of Findings and Recommendations* (Washington D. C.: Child Trends, Inc., 1986), pp. 7—8.

83 很多畸形在出生时不明显：M. A. Honein and L. J. Paulozzi, "Birth Defects Surveillance: Assessing the 'Gold Standard,'" *Am. J. of Public Health* 89(1999): 1238—1240.

83 极少数的出生缺陷被正确记录在出生证明上：M. L. Watkins et al., "The Surveillance of Birth Defects: The Usefulness of the Revised U. S. Standard Birth Certificate," *Am. J. of Public*
299 *Health* 86(1996): 731—734. 同样，加利福尼亚州出生缺陷监测项目的研究人员对旧金山湾区的数据进行了评估，发现"出生证明上登记的出生缺陷信息对各种情况而言都不充分"。[A. C. Hexter et al., "Evaluation of the Hospital Discharge Diagnoses Index and the Birth Certificate as Sources of Information on Birth Defects," *Public Health Reports* 105(1990): 296—307]. 分析亚特兰大城市先天性缺陷管理项目数据的研究人员发现出生证明在确认许多种消化系统缺陷方面尤为不足。他们还认为亚特兰大的登记项目少计了13%的出生一年的幼儿先天缺陷。(Honein and Paulozzi, "Birth Defects Surveillance").

83 亚特兰大登记局限：Dr. Lynn Goldman, Johns Hopkins University，个人通信。

83 州级登记系统的作用十分有限：Pew Environmental Health Commission, *Healthy from the Start*, p. 9.

84 加利福尼亚州出生缺陷（BDMP）监测项目描述：www. cbmp. org and Jackie Wynne, California Birth Defects Monitoring Program, 个人通信。

84 加利福尼亚州出生缺陷（BDMP）监测项目引发的研究：G. M. Shaw et al., "Maternal Pesticide Exposure from Multiple Sources and Selected Congenital Anomalies," *Epidemiology* 10(1999): 60—66.

84 得克萨斯州运营最好的登记体系之一：同上, 66—67.

84—85 布朗斯维尔的无脑症：同上, p. 49; L. E. Sever, "Looking for Causes of Neural Tube Defects: Where Does the Environment Fit In?" *EHP* 103(1995, sup. 6): 165—171.

85 无脑症发生原因：L. D. Botto et al., "Neural Tube Defects," *NEJM* 341(1999): 1509—1519.

85 无脑症与基因干扰：J. Chen et al., "Disruption of the MacMARKS Gene Prevents Cranial Neural Tube Closure and Results in Anencephaly," *Proceedings of the National Academy of Science* 93(1996): 6275—6279.

85 无脑症与产前污染暴露：J. D. Brender and L. Suarez, "Maternal Occupation and Anencephaly," *Am. J. of Epidemiology* 131 (1990): 517—521.

85—86 房间隔缺损：Pew Environmental Health Commission, *Healthy from the Start*, pp. 15, 59.

83—86 出生缺陷数据解读：出生缺陷的患病率相对较低，更妨碍了相关统计数据的解读。不论以婴幼儿健康标准来看有多么的普遍，出生缺陷都属于小概率事件。癌症患病率的估算要求登记人员确定每年每十万人中新增确诊病例数。这也是出生缺陷的计算方法。可出生缺陷的发生风险是人在一生中患癌风险的十分之一，而目前40%的美国人受癌症影响。较低的比率意味着数据对比的统计力度较弱。因此，必须大幅扩宽出生缺陷信息人口采集范围，提供足够多的病例，才能满足统计检验的严谨性要求。但事与愿违。在范围不足的情况下，统计人员处理相关数据时，出生缺陷的真实变化可能就消失不见了。社会责任医师组织（Physicians for Social Responsibility）的泰德·谢特勒医生（Ted Schettler）及其同事用以下假设解释这种消失现象：假如市场上出现了一种引发出生缺陷的新型化学品，可导致腭裂。假如这种化学品被广泛用于消费品中，美国十分之一的孕妇接触到它。又假设它的致癌力较强——它把腭裂的风险提高了五分之一，而所有腭裂病例中约有一半是由可能受该化学品影响的生物机理造成的。由于这种新型致癌物的接触，人群中腭裂总比率将上升40%，意味着在每年监测约40 000名新生儿的州级登记体系中，患腭裂的新生儿人数从每年四十例增加到五十六例。因为数字太小，所以此次升幅不具重大的统计意义。

有人问这种新型化学品是否可能造成腭裂发病率的明显上升（答案是肯定的），则会被告知登记数据没有显示相关统计证据（确实如此）。这样的计算像是在变戏法，但公共卫生统计数据的设计十分保守，这样才能使人们相信被认为具有统计意义的变化趋势是真实的。我们为这种严谨性付出的代价是某些真实存在的问题不会反映在最终的分析结果中，除非对数据库进行扩展，尽量扩大人口数据捕捉范围 (Schettler et al., *Generations at Risk*, pp. 39—42)。

86 绿植间歇期：B. R Lawton, *A Seasonal Guide to the Natural Year: Illinois, Missouri, and Arkansas* (Golden, Colo: Fulcrum, 1994), pp. 114—120.

87 尿道下裂：A. Czeizel et al., “Increased Birth Prevalence of Isolated Hypospadias in 300
Hungary,” *Acta Paediatrica Hungarica* 27(1986): 329—337; H. Dolk, “Rise in Prevalence of Hypospadias,” *Lancet* 351(1998): 770; A. Giwercman et al., “Evidence for Increasing Incidence of Abnormalities of the Human Testis,” *EHP* 101(1993, sup. 2): 65—71; J. M. Moline et al., “Exposure to Hazardous Substances and Male Reproductive Health: A Research Framework,” *EHP* 108(2000): 803—813; L. J. Paulozzi et al., “International Trends in Rates of Hypospadias and Cryp-torchidism,” *EHP* 107(1999): 297—302; L. J. Paulozzi, “Hypospadias Trends in Two U. S. Surveil-lance Systems,” *Pediatrics* 100(1997): 831—834.

87—88 无脑症与引产：J. D. Cragan et al., “Surveillance for Anencephaly and Spina Bifida and the Impact of Prenatal Diagnosis—United States, 1985—1994,” *Teratology* 56(1997): 33—49. 此外，产前检查和引产的普及程度在美国各地大为不同。

88 夏威夷无脑症引产率：M. B. Forrester, et al., “Impact of Prenatal Diagnosis and Elective Termination on the Prevalence of Selected Birth Defcts” *American Journal of Epidemiology* 148(1998): 1206—1211.

88 脊柱裂：Centers for Disease Control, “Spina Bifida Incidence at Birth—United States, 1983—1990,” *Morbidity and Mortality Weekly Report* 41(1992): 497—500.

88 夏威夷脊柱裂引产率：Forrester, “Impact of Prenatal Diagnosis.”

88 夏威夷登记体系：同上。

88 加利福尼亚州无脑症比例：在加利福尼亚州，1989年至1991年间，超过半数的无脑症胎儿和30%的脊柱裂胎儿被选择性引产。[E. M. Velie and G. M. Shaw, “Impact of Prenatal Diagnosis and Elective Termination on Prevalence and Risk Estimates of Neural Tube Defects in California, 1989—1991,” *American Journal of Epidemiology* 144(1996): 473—479].

88 法国出现类似的结果：在法国，研究人员发现产前超声检查后终止妊娠在一定程度上影响了以出生存活率低为特点的先天异常的患病率。[C. Julian-Reynier et al., “Impact of Prenatal Diagnosis by Ultrasound on the Prevalence of Congenital Anomalies at Birth in Southern France,” *J. of Epidemiology and Community Health* 48(1994): 290—296].

88 大多数化学品未经致畸性检测：Pew Environmental Health Commission, *Healthy from the Start*, pp. 34—36.

88—89 市场上经检测和未经检测的化学品数量：同上，pp. 34—35。

89 接受更全面评估的农药：同上，p. 35。

89 约翰·霍普金斯报告引语：同上，p. 35。

89 知情权法律：知情权法律简史参见S. Steingraber, *Living Downstream: An Ecologist Looks at Cancer and the Environment* (Reading, Mass.: Addison-Wesley, 1997), pp. 100—103. 以胎儿毒性化学品为关注点对知情权数据力度和局限的描述参见 T. Schettler et al., *In Harm's Way: Toxic Threats to Child Development* (Cambridge: Greater Boston Physicians for Social Responsibility, 2000), pp. 103—116. 有关获取各地社区有毒化学品排放数据的更多信息参见本书后记（第284页）。

89 1997年全美及伊利诺伊州有毒化学品排放数据：摘自Pew Environmental Health Commission, *Healthy from the Start*, pp. 34—36及随附的伊利诺伊州资料页. 国家环境信托基金会（National Environmental Trust）对1998年的数据进行分析，将各州按发育和神经毒物排放量TRI排名。排名前十位的州分别是路易斯安那州、得克萨斯州、犹他州、俄亥俄州、亚拉巴马州、印第安纳州、伊利诺伊州、乔治亚州和北卡罗来纳州。排在首位的郡是犹他州托依拉郡（Touela）。[National Environmental Trust, Physicians for Social Responsibility, and the Learning Disabilities Association of America, *Polluting Our Future: Chemical Pollution in the United States that Affects Child Development and Learning* (Washington, D. C.: National Environmental Trust, 2000), p. 10].

90—92 欧洲登记体系的优势：自1967以来，挪威的医疗出生登记处收到了一份关于胎龄在十六周以上出生总人数的报告。[R. T. Lie, “Environmental Epidemiology at the Medical Birth Registry of Norway: Strengths and Limitations,” *Central European J. of Public Health* 5(1997): 57—59]. 同样，1974年建立的格拉斯哥先天异常登记体系包含了产前诊断后所有出生和引产人数。
301 利用这一登记体系产生的数据，并与英格兰和威尔士的报告进行对比，研究人员能够证实英国北部地区腹壁缺陷患病率呈上升趋势，尤其证实了在格拉斯哥本地的高发病率。这种趋势反映了英国神经管缺陷的观察数据。[D. H. Stone et al., “Prevalence of Congenital Anterior Abdominal Wall Defects in the United Kingdom: Comparison of Regional Registers,” *British Medical Journal* 317 (1998): 1118—1119]. 对比斯洛文尼亚、芬兰、丹麦、匈牙利、波兰和波西米亚的登记数据，研究人员发现唇腭裂发病率跨地区同步波动. 这表明某种环境因素在病因方面产生了一定的作用。[W. Kozelj, “Epidemiology of Orofacial Clefts in Slovenia, 1973—1993: Comparison of the Incidence in Six European Countries,” *J. of Cranio-Maxillofacial Surgery* 24(1996): 378—382]. 然而，在欧洲范围内进行广泛的国家间对比仍具挑战性——特别是那些危及生命的出生缺陷。不同国家的产前诊断率不同，引产的可选性不同（截至1993年，在爱尔兰和马耳他，堕胎仍是非法的）。孕妇离家去别处引产，出生缺陷登记就无法如实反映问题。欧洲集中协调各地登记体系的网络名叫“欧洲先天性畸形与双胞胎登记联盟（EUROCAT）”。该组织成立于1979年，旨在监测出生缺陷发生频率趋势，并评估环境因素的影响。[M. F. Lechat and H. Dolk, “Registries of Congenital Anomalies: EUROCAT,” *EHP* 101 (1993, sup. 2): 153—157].

90—91 挪威研究(1994)：R. T. Lie et al., “A Population-Based Study of the Risk of Recurrence of Birth Defects,” *NEJM* 3 31(1994): 1—4.

91 《新英格兰医学杂志》评论挪威研究的引语：J. F. Cordero, “Finding the Causes of Birth

Defects,"*NEJM* 331(1994): 48—49.

91 欧洲有毒垃圾场与出生缺陷：H. Dolk et al., "Risk of Congenital Anomalies Near Hazardous—Waste Landfill Sites in Europe: The EUROHAZCOM Study," *Lancet* 352(1998): 423—427; B. L. Johnson, "A Review of the Effects of Hazardous Waste on Reproductive Health," *Am. J. of Obstetrics and Gynecology* 181(1999): S12—S16. 多尔克（Dolk）实际上并没有测定个人暴露量，这是其薄弱之处所在。在保加利亚，研究人员测定了个人暴露量，并且能够证实环境污染物和妊娠并发症之间存在联系。住在金属冶炼厂和石化厂附近且出现毒血症、贫血、先兆流产和肾病等妊娠并发症的女性，其血液中环境有毒物含量水平大幅增高——即铅和有机溶剂。没有出现并发症的孕妇，其血液中的污染物水平较低。然而，研究没有分析出生缺陷患病率。[S. Tabacova and L. Balabaeva, "Environmental Pollutants in Relation to Complications of Pregnancy," *EHP* 101 (1993, sup. 2), 27—31].

91 美国相似的调查结果：S. A. Geschwind et al., "Risk of Congenital Malformations Associated with Proximity to Hazardous Waste Sites," *Am. J. of Epidemiology* 135(1992): 1197—1207; Johnson, "A Review of the Effects of Hazardous Waste on Reproductive Health," *Am. J. of Obstetrics and Gynecology* 181(1999): S12—S16.

91 加利福尼亚州有毒垃圾场与出生缺陷：L. A. Croen et al., "Maternal Residential Proximity to Hazardous Waste Sites and Risk for Selected Congenital Malformation," *Epidemiology* 8(1997): 347—354; Johnson, "A Review of the Effects of Hazardous Waste on Reproductive Health"; J. Raloff, "Superfund Sites and Birth Defects," *Science News* 151(1997): 391. 有关流行病学术语"风险"的论述，参见本书（英文原版）第82页"出生缺陷患病率"的关键词条下方内容。

91—92 近期综述引语：Johnson, "A Review," p. S15.

92 溶剂与出生缺陷：Schettler et al., *Generations at Risk*, p. 76.

92 图森市研究：Johnson, "A Review."

93 纽约市研究：E. G. Marshall et al., "Maternal Residential Exposure to Hazardous Wastes and Risk of Central Nervous System and Musculoskeletal Birth Defects," *Archives of Environmental Health* 52(1997): 416—425.

93 女性在工作中溶剂暴露：R. Edwards, "The Chips Are Down: Health Problems Among Semiconductor Industry Workers," *New Scientist*, 15 May 1999, pp. 18—19; A. Ericson et al., "Delivery Outcome of Women Working in Laboratories During Pregnancy," *Archives of Environmental Health* 39(1984): 5—10; P. O. D. Pharoah et al., "Outcome of Pregnancy Among Women in Anaesthetic Practice," *Lancet* 1(1977, no. 8001): 34—36; J. C. McDonald et al., "Chemical Exposures at Work in Early Pregnancy and Congenital Defect: A Case-Referent Study," *British J. of Industrial Medicine* 44(1987): 527—533.

93 前瞻性研究：S. Khattak et al., "Pregnancy Outcome Following Gestational Exposure to 302
Organic Solvents: A Prospective Controlled Study," *JAMA* 281(1999) 1106—1109.

93 论文综合分析报告引语：K. I. McMartin et al, "Pregnancy Outcome Following Maternal Organic Solvent Exposure: A Meta-Analysis of Epidemiologic Studies," *Am. J. of Industrial Medicine* 34(1998): 288—292.

94—95 父亲一方的污染暴露与出生缺陷：K. J. Aronson et al., "Congenital Anomalies Among the Offspring of Fire Fighters," *Am. J. of Industrial Medicine* 30(1996): 83—86; B. M. Blatter et al., "Patenal Occupational Exposure Around Conception and Spina Bifida in Offspring," *Am. J. of Industrial Medicine* 32(1997): 283—291; W. H. Dimich-Ward et al., "Reproductive Exposure to Chlorophenate Wood Preservatives in the Sawmill Industry," *Scandinavian J. of*

Work, Environment, and Health 22(1996): 267—273; A. M. Garcia et al., "Paternal Exposure to Pesticides and Congenital Malformations," *Scandinavian J. of Work and Environmental Health* 24(1998): 473—480; M. A. McDiarmid et al., "Reproductive Hazards and Firefighters," *Occupational Medicine* 10(1995): 829—841; 同上, "Reproductive Hazards of Fire Fighting II. Chemical Hazards," *Am. J. of Industrial Medicine* 19(1991): 447—472; A. F. Olshan et al., "Paternal Occupational Exposures and the Risk of Down Syndrome," *American J. of Human Genetics* 44(1989): 646—651; Pew Environmental Health Commission, *Healthy from the Start*, pp. 22—23; D. H. Poyner et al., "Paternal Exposures and the Question of Birth Defects," *J. of the Florida Medical Association* 84(1997): 323—326; P. G. Schnitzer et al. "Paternal Occupation and Risk of Birth Defects in Offspring," *Epidemiology* 6(1995): 577—583.

95 精子伴侣：Poyner et al., "Paternal Exposures." 这是一个新型研究领域。

96 越南记者报告大量出生缺陷事件：T. Whiteside, "Defoliation," *The New Yorker*, 7 Feb. 1970, pp. 32—69.

96 秘密行动目的改变：A. H. Westing, ed., *Herbicides in War: The Long-Term Ecological and Human Consequences* (Philadelphia: Taylor & Francis, 1984); Whiteside, "Defoliation."

96 除草剂喷洒量："Exposure to Herbicide Agent Orange is Linked to Some Forms of Cancer," *Chemical Market Reporter* 255(22 Feb. 1999): 17; H. Warwick "Agent Orange: The Poisoning of Vietnam," *Ecologist* 28(1998): 264—265.

96 橙剂致小鼠出生缺陷的消息披露：R. W. Bovey and A. L. Young, *The Science of 2,4,5-T and Associated Phenoxy Herbicides* (New York: John Wiley, 1980); B. Nelson, "Herbicides: Order on 2,4,5-T Issued at Unusually High Level," *Science* 166(1969): 977—979; Whiteside, "Defoliation."

96 吸入二噁英：G. L. Henriksen and J. E. Michalek, "Serum Dioxin, Testosterone, and Gonadotropins in Veterans of Operation Ranch Hand," *Epidemiology* 7(1996): 454—455.

96—97 二噁英对健康的影响：M. J. DeVito and L. S. Birnbaum, "Toxicology of Dioxin and Related Compounds," in A. Schecter, ed., *Dioxins and Health* (New York: Plenum Press, 1994), pp. 139—142.

97 环境和人体组织中二噁英水平仍居高不下：S. M. Booker, "Dioxin in Vietnam: Fighting a Legacy of War," *EHP* 109(2001): A116—117; D. Cayo, "Toxic Legacy Plagues Vietnam," *Ottawa Citizen*, 9 April 2000, pp. Al, A12; S. Mydans, "Vietnam Sees War's Legacy in Its Young," *New York Times*, 16 May 1999, sec. 1, p. 12; F. Pearce, "Innocent Victims," *New Scientist*, 3 Oct. 1998, 18—19; A. Schecter et al., "Recent Contamination from Agent Orange in Residents of a Southern Vietnam City," *Journal of Occupational and Environmental Medicine* 43 (2001): 435—443.

97 美军子女：J. Stephenson, "New IOM Report Links Agent Orange Exposure to Risk of Birth Defect in Vietnam Vets' Children," *JAMA* 275 (1996): 1066—1067.

97 作者论文：S. K. Steingraber, "Deer Browsing, Plant Competition, and Succession in a Red Pine Forest, Itasca State Park, Minnesota," Ph. D. diss., University of Michigan, 1989.

97—98 明尼苏达林区清除灌木作业：同上, pp 60—105.

98 1995年综评引语：T. Nurminen, "Maternal Pesticide Exposure and Pregnancy Outcome," *J. of Occupational and Environmental Medicine* 37(1995): 935—940. 相比之下，来自实验室的证据力度要大得多：至少一次实验的结果显示，超过100种农药导致实验动物发生出生缺陷。[A. S. Rowland, "Pesticides and Birth Defects," *Epidemiology* 6(1995): 6—7].

98—99 芬兰研究：T. Nurminen et al., "Agricultural Work During Pregnancy and Selective

Structural Malformations in Finland," *Epidemiology* 6(1995): 23—30. 同时摘自Schettier, *In Harm's Way*, p. 119.

99 西班牙：A. M. Garcia et al., "Parental Agricultural Work and Selected Congenital 303
Malformations," *Am. J. of Epidemiology* 149(1999): 64—74; J. Garcia-Rodriguez et. al., "Exposure to Pesticides and Cryptorchidism: Geographical Evidence of a Possible Association," *EHP* 104(1996): 1090—1095.

99 丹麦：I. S. Weidner et al., "Cryptorchidism and Hypospadias in Sons of Gardeners and Farmers," *EHP* 106(1998): 793—796.

99 挪威：P. Kristensen et al., "Birth Defects Among Offspring of Norwegian Farmers, 1967—1991," *Epidemiology* 8(1997): 537—544.

99 美国加州：E. M. Bell et al., "A Case-Control Study of Pesticides and Fetal Death Due to Congenital Anomalies," *Epidemiology* 12(2001): 148—156.

99—100 文森特·加里的研究：V. F. Garry et al., "Pesticide Appliers. Biocides, and Birth Defects in Rural Minnesota," *EHP* 104(1996): 394—399. 加里的调查结果仅仅以活婴出生记录为基础，这意味着他们对流产或引产后死胎的出生缺陷忽略不计。

100 艾奥瓦州莠去津的使用与出生缺陷：R. Munger et al., "Birth Defects and Pesticide Contaminated Water Supplies in Iowa," *Am. J. of Epidemiology* 136(1992): 959.

100 打开洗碗机：C. Howard-Reed et al., "Mass Transfer of Volatile Organic Compounds from Drinking Water to Indoor Air: The Role of Residential Dishwashers," *Environmental Science & Technology* 33(1999): 2266—2272.

100 十分钟的淋浴相当于喝下半加仑的自来水：C P. Weisel and W K Jo, "Ingestion, Inhalation, and Dermal Exposures to Chloroform and Trichloroethene from Tap Water " *EHP* 104(1996): 48—51.

101 布卢明顿市饮用水水源：K. D. Smiciklas and A. S. Moore, "Fertilizer Nitrogen Management to Optimize Water Quality," unpublished report (Normal, Ill.: Illinois State University, Dept, of Agriculture, 1999; www. cast. ilsm. edu/moore/lakeproj/IFCA99. html).

101 1996—1997年在布卢明顿市饮用水中发现的污染物：环境工作小组（Environmental Working Group）将布卢明顿的饮用水列为美国需要进行更密切监测的三十三大水系统之一，因为自1993年以来，他们至少报告过一次，称水中硝酸盐含量超过百万分之九。(B. A. Cohen and R. Wiles, *Tough to Swallow: How Pesticide Companies Profit from Poisoning America's Tap Water* [Washington D. C.. Environmental Working Group, 1997], p. 35).

101 1990—1993年布卢明顿市饮用水中硝酸盐含量超标：1986年至1995年的十年间，布卢明顿饮用水硝酸盐含量超标八年 (同上，p. 1)。

101 关于饮用被硝酸盐污染的水所引发健康风险的评述引语：S. Crutchfield, "Agriculture and Water Quality Conflicts," *FoodReview* 14 (April-June 1991): 12—14.

101 硝酸盐与青蛙：A. Marco et al., "Sensitivity to Nitrate and Nitrite in Pond-Breeding Amphibians from the Pacific Northwest, USA," *Environmental Toxicology and Chemistry* 18 (1999): 2836—2839.

第6章：玫瑰月

104 胚胎教科书引语：M. A. England, *Life Before Birth*, 2nd ed. (London: Mosby-Wolfe, 1996), p. 15.

105 一次纵情饮酒：乙醇对胎儿脑部的影响还没有被人很好地了解。近期德国的一项研究发现在怀孕后期参加一次持续四小时的酒宴就可使人类胎儿暴露于在动物实验中引发脑神经大面积死亡（细胞凋亡）的血液酒精量。换句话说，酒精的暴露导致正在发育的脑部缺失大量脑细胞。在此项研究中，正在发育的脑细胞在酒精的作用下死亡，原因是在神经突触形成的阶段两种不同的化学受体同时受到阻滞和激活。[C. Ikonomidou et al., “Ethanol—Induced Apoptotic Neurodegeneration and Fetal Alcohol Syndrome,” *Science* 287(2000): 1056—1060; J. W. Obey et al., “Environmental Agents That Have the Potential to Trigger Mass Apoptotic Neurodegeneraaon in the Developing Brain,” *EHP* 108(2000, sup. 3): 383—388]. 在怀孕中早期，一次开怀畅饮（每次超过五杯酒）就可能永久改变胎儿脑细胞的迁移. 在怀孕期间大量饮酒可降低学龄期孩子的智力，增加他们出现学习障碍的风险。在绵羊体内，酒精降低胎儿脑部供血量。此外，在怀孕头几周，酒精暴露可减少视神经的数量，因而损伤其视力。[P. W. Nathamelsz, *Life in the Womb: The Origin of Health and Disease* (Ithaca, N. Y.: Promethean Press, 1999), pp. 112 and 180—181]. 有关近些年孕期饮酒研究的综
304 评，参见D. Christensen, “Sobering Work: Unraveling Alcohol’s Effects on the Developing Brain,” *Science News* 158(2000): 28—29. 另见本书第79页“适度饮酒也可造成智力低下”词条的注释。

105 伏尔泰引语：P. W. Nathanielsz, *Life Before Birth: The Challenges of Fetal Development*(New York: W. H. Freeman, 1996), p. 158. 原文直译过来是“若怀疑某个行动是否正确，需慎行” [源于“Le Philosophe Ignorant,” in *Melanges de Voltaire* (Paris: Bibliotheque de la Pleiade, Librairie Gallimard, 1961), p. 920]. 感谢伊利诺伊卫斯理大学法国学者詹姆斯·马修博士（James Matthews）查证原著。

105—106 未经证实对胎儿具有安全性的饮用水硝酸盐含量标准：Committee on Environmental Health, American Academy of Pediatrics, *Handbook of Pediatric Environmental Health* (Elk Grove Village, Ill: AAP, 1999), p. 164; National Research Council, *Nitrate and Nitrite in Drinking Water* (Washington, D. C.: National Academy Press, 1995), p. 2.

106 450万美国人饮用硝酸盐含量较高的水：AAP, *Handbook of Pediatric Environmental Health*, p. 164.

106 科学报告引语：International Joint Commission, *Ninth Biennial Report on Great Lakes Water Quality* (Ottawa, Ont.: International Joint Commission, 1998), p. 10.

106 畅销怀孕指导书的引语：A. Eisenberg et al., *What to Expect When You’re Expecting* (New York: Workman, 1996), pp. 129—132.

107 麦克林郡有毒物排放：有毒排放物数据由相关行业测定并发送给美国环保局，再通过环境保护基金会（Environmental Defense）以便于公众阅读的形式发布在互联网上 (www. scorecard. org)。

107 大学里的农药使用：据场务主任介绍，1999年使用的农药包括2-甲-4-氯丙酸和溴苯腈。从2001年起，已不再使用。感谢我的学生萨拉·佩里调查这一问题。

108—110 1997年伊利诺伊州总共排放了340万磅的生育毒性物质：Toxics Release Inventory (www. scorecard. org).

109—110 胎儿脑部发育描述（大体解剖学）：B. M. Carlson, *Human Embryology and Developmental Biology*, 2d ed. (St. Louis: Mosby, 1999) pp. 208—248; England, *Life Before Birth*, pp. 51—70.

110 胎儿脑部发育描述（分子解剖学）：D. Bellinger and H. L. Needleman, “The Neurotoxicity of Prenatal Exposure to Lead: Kinetics, Mechanisms, and Expressions,” in H. L. Needleman and D. Bellinger, eds., *Prenatal Exposure to Toxicants: Developmental Consequences* (Baltimore: Johns Hopkins University Press, 1994), pp. 89—111; Carlson, *Human Embryology*, pp. 208—248; England, *Life Before Birth*, pp. 51—70; Victor Friedrich, “Wiring of the Growing

Brain," presentation at the conference Environmental Issues on Children: Brain, Development, and Behavior, New York Academy of Medicine, New York City, 24 May 1999; Nathanielsz, *Life Before Birth*, pp. 38—42; T. Schettler et al., *In Harm's Way: Toxic Threats to Child Development* (Cambridge: Greater Boston Physicians for Social Responsibility, 2000), pp. 23—28.

110 神经胶质调节葡萄糖的摄入量：Nathanielsz, *Life Before Birth*, p. 16.

111 后期发育的脑细胞受早期迁移的神经元指引：K. Suzuki and P. M. Martin, "Neurotoxicants and the Developing Brain," in Harry, *Developmental Neurotoxicology*, pp. 9—32.

111 神经毒素在胎儿脑部的作用原理：G. J. Harry, "Introduction to Developmental Neurotoxicology," in G. J. Harry, ed., *Developmental Neurotoxicology* (Boca Raton: CRC Press 1994) pp. 1—7.

111 TRI中超过半数的化学品为神经毒素：1997年，美国在空气、水体、水井、垃圾填埋场排放的神经毒素总计12亿磅。这些化学品包括铅和汞等重金属，还包括甲醇、氨、锰化合物、氯、苯乙烯、乙二醇醚以及甲苯和二甲苯等各种溶剂 (Schettler, *In Harm's Way*, pp. 103—105)。

111—112 脑部发育的种间差异：E. M. Faustman et al., "Mechanisms Underlying Children's Susceptibility to Environmental Toxicants," *EHP* 108(2000, sup. 1): 13—21; P. M. Rodier, "Comparative Postnatal Neurologic Development," in Needleman and Bellinger, *Prenatal Exposure to Toxicants*, pp. 3—23.

112 测验范围扩大到行为问题后：Harry, "Introduction to Developmental Neurotoxicology"; H. L. Needleman and P. J. Landrigan, *Raising Children Toxic Free: How to Keep Your Child Safe from Lead, Asbestos, Pesticides and Other Environmental Hazards* (New York: Farrar Straus & 305
Giroux, 1994), pp. 11—15.

114 历史上人们对铅中毒的认识：Bellinger and Needleman, "The Neurotoxicity of Prenatal Exposure to Lead: Kinetics, Mechanisms, and Expressions"; Suzuki and Martin, "Neurotoxicants and the Developing Brain."

114 铅潜入胎儿体内：Bellinger and Needleman, "The Neurotoxicity ot Prenatal Exposure to Lead."

114 二十世纪四十年代的认识：AAP, *Handbook of Pediatric Environmental Health*, pp. 131—143; H L. Needleman, "Childhood Lead Poisoning: The Promise and Abandonment of Primary Prevention," *Am. J. of Public Health* 88(1998): 1871—1877; Needleman and Landrigan, *Raising Children Toxic Free*, pp. 11—15.

115 埃尔帕索儿童智力降低：摘自Needleman and Landrigan, *Raising Children Toxic Free*, pp. 11—15.

115 世界各地的研究：AAP, *Handbook of Pediatric Environmental Health*, pp. 131—143.

115 可降低精神敏锐度的铅摄入量：Suzuki and Martin, "Neurotoxicants and the Developing Brain."

115 铅破坏脑发育的机制：Bellinger and Needleman, "The Neurotoxicity of Prenatal Exposure to Lead"; M. K. Nihei et al., "*N*-Methyl-*D*-Aspartate Receptor Subunit Changes are Associated with Lead-Induced Deficits of Long-Term Potentiation and Spatial Learning," *Neuroscience* 99(2000): 233—242; Suzuki and Martin, "Neurotoxicants and the Developing Brain."

115 胎儿易受铅的伤害：老年人也面临风险. 骨骼中的矿物质会随年龄减少，血铅水平可随之上升。在老年人中，血铅含量轻微的升高也会对认知产生负面影响 (Bernard Weiss, University of Rochester, 个人通信)。

115 改变一生的后果：新近的研究认为这些后果包括暴力行为倾向以及智力降低。可参见

R. Nevin, "How Lead Exposure Relates to Temporal Changes in I. Q., Violent Crime, and Unwed Pregnancy," *Environmental Research* 83 (2000): 1—22.

115 成功禁铅：AAP, *Handbook of Pediatric Environmental Health*, pp. 131—143.

115 血铅水平降75%：Nevin, "How Lead Exposure Relates to Temporal Changes."

116 5%的儿童：G. Markowitz and D. Rosner, "'Cater to the Children': The Role of the Lead Industry in a Public Health Tragedy, 1900—1955," *Am. J. of Public Health* 90(2000): 36—46.

116 铅在化妆品中未遭禁：T. Schettler et al., *Generations at Risk: Reproductive Health and the Environment* (Cambridge: MIT Press, 1999), p. 273.

116—117 含铅涂料：Markowitz and Rosner, "'Cater to the Children'"; E. K. Silbergeld, "Protection of the Public Interest, Allegations of Scientific Misconduct, and the Needleman Case," *Am. J. of Public Health* 85(1995): 165—166; Schettler et al., *Generations at Risk*, pp. 52—57.

117 一位著名毒理学家回忆：Herbert Needleman, "Environmental Neurotoxins and Attention Deficit Disorder," presentation at the conference Environmental Issues on Children: Brain, Development, and Behavior, New York Academy of Medicine, New York, N. Y., 24 May 1999.

117—118 含铅汽油：J. L. Kitman, "The Secret History of Lead," *The Nation* 270(20 March 2000): 11—41; Needleman, "Childhood Lead Poisoning"; H. L. Needleman, "Clamped in a Straitjacket: The Insertion of Lead into Gasoline," *Environmental Research* 74(1997): 95—103; D. Rosner and G. Markowitz, "A'Gift of God'?: The Public Health Controversy over Leaded Gasoline During the 1920s," *Am. J. of Public Health* 75(1985): 344—352; Silbergeld, "Protection of the Public Interest."

118 1979年针对萨默维尔儿童的研究：Needleman, J. Palca, "Lead Researcher Confronts Accusers in Public Hearing," *Science* 256(1992): 437—438.

119 有关男性体内较低铅含量的举例：Schettler et al., *Generations at Risk*, p. 57.

119 铅引发的损伤：B. P. Lanphear et al., "Cognitive Deficits Associated with Blood Lead Concentrations <10 microg/dL in US Children and Adolescents," *Public Health Reports* 115(2000): 521—529; J. Raloff, "Even Low Lead in Kids has High Cost," *Science News* 159(2001): 277. 此外，1992年的一项研究发现两岁龄幼儿血铅水平略微升高与十岁时学习成绩不好有关。[D. C. Bellinger et al., "Low Level Lead Exposure, Intelligence and Academic Achievement: A Long-Term Follow-up Study," *Pediatrics* 90 (1992): 855—861].

306 120 汞的历史：L. J. Goldwater, *Mercury: A History of Quicksilver* (Baltimore: York Press, 1972) 19世纪，皮帽制作者将汞盐用作海狸皮的固定剂，结果受到严重的神经损伤。这便是"疯帽子"的由来。

120—121 食物链上的汞：Dr. Edward Swain, Minnesota Pollution Control Agency, 个人通信。

121 汞蒸气浓度增加了三倍：D. C. Evers et al., "Geographic Trends in Mercury Measured in Common Loon Feathers and Blood," *Environmental Toxicology and Chemistry* 17(1998): 173—183.

121 空气中汞含量以每年1%的速度上升：同上。

121 鱼类和潜鸟体内的甲基汞水平上升，同上。

121 潜鸟繁殖力受损：在缅因州，27%的潜鸟体内含汞量达到了扰乱其行为、发育和有效卵生产的水平。[P. Evers et al., *Assessing the Impacts of Methylmercury on Piscivorous Wildlife as Indicated by the Common Loon*, 1998—1999 (Freeport, Me.: BioDiversity Research Institute, 2000), report submitted to the Maine Department of Environmental Protection].

121 森林砍伐和采矿：B. Weiss, "The Developmental Neurotoxicity of Methyl Mercury, in Needleman and Bellinger, *Prenatal Exposure to Toxicants*, pp. 112—129.

121 煤电厂与汞：J. Coequyt et al., *Mercury Falling: An Analysis of Mercury Pollution from Coal-Burning Power Plants* (Washington, D. C.: Environmental Working Group, 1999).

121 伊利诺伊州是全国排名第五的汞污染大户：前四名是宾夕法尼亚州、得克萨斯州、俄亥俄州和印第安纳州 (J. Coequyt, *Mercury Falling*, p. 12)。

121 家乡的电厂：National Wildlife Federation, *Clean the Rain, Clean the Rain, Clean the Lakes: Mercury in Rain Is Polluting the Great Lakes* (Ann Arbor: National Wildlife Federation 1999); S. Richardson, "Pekin Plant Illinois's No. 3 Mercury Polluter," *Pantagraph*, 15 Sept. 1999.

121 环保局将要求煤电厂减少汞排放：Environmental Protection Agency, "Regulatory Finding on the Emissions of Hazardous Air Pollutants from Electric Steam Generating Units," *Federal Register* 65, 20 Dec. 2000, pp. 79825—79831. 此外访问www. epa. gov/mercury.

121—122 使用汞的消费品和工业活动：AAP, *Handbook of Pediatric Environmental Health*, pp. 145—154; M. T. Bender and J. M. Williams, "A Real Plan of Action on Mercury," *Public Health Reports* 114(1999): 416—420; EPA, *Mercury Study Report to Congress*, vol. 1, executive summary (Washington, D. C.: U. S. Environmental Protection Agency 1997); Weiss, "Developmental Neurotoxicity of Methyl Mercury"; B. Weiss et al., "Human Exposures to Inorganic Mercury," *Public Health Reports* 114(1999): 400—401. 美国居民污水也增加了河流、海湾和港口的汞污染。2000年的一项研究发现美国从居家环境抵达污水处理厂的汞80%源自人类粪便和尿液。溶解的银汞合金填牙材料被认为是人类排泄物中汞的来源。[Association of Metropolitan Sewerage Agencies, Mercury Working Group, *Evaluation of Domestic Sources of Mercury* (Washington D. C.: AMSA, 2000)].

122 氯业是最大的汞消费者：截至1994年，北美14%的氯气通过汞电池产生。1995年，美国氯碱业汞排放总量达到了七吨。[R. Ayres, "The Life of Chlorine, Part I: Chlorine Production and the Chlorine-Mercury Connection," *Journal of Industrial Ecology* 1 (1997): 81—94]. 截至1999年，美国仍有十二家汞电池氯碱厂 (Dr. Edward Swam, Minnesota Pollution Control Agency, 个人通信)。使用汞生产氯的详细论述，参见 J. Thornton, *Pandora's Poison: Lhlonne, Health, and a New Environmental Strategy* (Cambridge: MIT Press, 2000), pp. 238—245.

122 丧葬业与汞：S. R. Maloney, "Mercury in the Hair of Crematoria Workers" *Lancet* 352(1998): 1602; A. Mills, "Mercury and Crematorium Chimneys," *Nature* 346(1990): 615. Mills 数据研究的重新分析，参见V J. Burton, "Too Much Mercury," *Nature* 351(1991): 704.

122 汞破坏胎儿大脑的机制：M. Baldini and P. Stacchini, *Mercury in Food* (Strassbourg, France: Council of European Publications, 1995), pp. 7—9; M. Kunimoto and T. Suzuki, "Migration of Granule Neurons in Cerebellar Organotypic Cultures Is Impaired by Methylmercury," *Neuroscience Letters* 226(1997): 183—186; Schettler et al., *Generations at Risk*, p. 60.

122 汞被送入胎盘：在格陵兰岛，新生儿血液中甲基汞的含量比母体血液中甲基汞含量高 307
40%；在瑞典，脐带血中的甲基汞比母亲血液中的甲基汞高47%。见A. Foldspang and J. C. Hansen, "Dietary Intake of Methylmercury as a Correlate of Gestational Length and Birth Weight Among Newborns in Greenland," *Am. J. of Epidemiology* 132(1990): 310—317; H. E. Ratcliffe et al., "Human Exposure to Mercury: A Critical Assessment of thc Evidence for Adverse Health Effects," *J. of Toxicology and Environmental Health* 49(1996): 221—270.

122 鱼类是最主要的暴露途径：EPA, Mercury Study Report to Congress; A. D. Kyle, *Contaminated Catch: The Public Threat from Toxics in Fish* (New York: Natural Resources

Defense Council, 1998).

123 法罗群岛：法罗群岛居民起源于公元800年殖民这些岛屿的挪威移民。从1380年起，法罗群岛隶属丹麦。巨头鲸是岛民主要肉食来源，而鳕鱼是主要食用鱼品种。[Arctic Monitoring and Assessment Programs, Arctic Pollution Issues: A State of the Arctic Report (Oslo, Norway: AMAP, 1997), p. 61].

123—124 法罗群岛研究：P. Grandjean et al., “Cognitive Deficit in 7-Year-Old Children with Prenatal Exposure to Methylmercury,” *Neurotoxicology and Teratology* 19(1997): 417—428; D. MacKenzie “Arrested Development: Official Safety Limits on Mercury Are Too High to Prevent Damage Before Birth,” *New Scientist*, 22 Nov. 1997, p. 4; D. MacKenzie, “Mercury Alert” *New Scientist*, 12 June 1999, p. 12; K. R. Mahaffey, “Methylmercury: A New Look at the Risks,” *Public Health Reports* 114(1999): 396—413. 研究人员之所以能将多氯联苯暴露和汞暴露产生的影响加以区分，是因为这两种污染物分布在鲸鱼身体不同的部位。汞集中在肌肉组织里，而多氯联苯等含氯污染物主要聚集在鲸脂中。此次研究中有一部分被调查的人群只食用巨头鲸的肉，而不吃鲸脂。[U. Steurwald et al., “Maternal Seafood Diet, Methylmercury Exposure, and Neonatal Neurologic Function,” *J. of Pediatrics* 136(2000): 599—605].

124 塞舌尔拉迪戈群岛研究：P. W. Davidson et al., “Effects of Prenatal and Postnatal Methylmercury Exposure from Fish Consumption on Neurodevelopmental Outcomes at 66 Months of Age in the Seychelles Child Development Study,” *JAMA* 280(1998): 701—707.

124 伊拉克中毒事件：1971年末至1972年初的冬季，经汞制防霉剂处理的小麦分发给在上一季遭受严重旱灾的伊拉克农民。然而，很多农家把它们磨成面粉，做成了干粮，而不是贮藏育种。结果是灾难性的。六千五百多人汞中毒，数千人死亡。可怕的水俣病重现了. 吃下有毒干粮的母亲，子女出生后罹患癫痫、重度智障和脑瘫——简言之，他们换上了先天性水俣病 (Weiss, “Developmental Neurotoxicity of Methylmercury”)。近些年，在偏远的亚马孙雨林村民中发现了水俣病，明显是食用鱼类造成的，但鱼类受污染的根源却不明显。也许是上游采用汞采金作业和森林砍伐导致自然界中的汞进入土壤产生的双重作用。(F. Pearce, “A Nightmare Revisited,” *New Scientist*, 6 Feb. 1999, p 4).

124—125 马德拉群岛研究：K. Murata et al., “Delayed Evoked Potentials in Children Exposed to Methylmercury from Seafood,” *Neurotoxicology and Teratology* 21(1999): 343—348.

125 医学研究所关于剑鱼的警告：Institute of Medicine, *Seafood Safety* (Washington, D. C.: National Academy Press, 1991). 医学研究所是一家私立非营利组织，在科学院被授予的国会特许状法律框架下提供卫生政策建议。

125 华盛顿州关于食用金枪鱼的警告：Washington State Department of Public Health, “State Issues Fish Consumption Advisory: Too Much Mercury,” press release, 12 Apr. 2001. 此外访问www doh. wa. gov/fish. 其他州级警告，访问www. mercurypolicy. org.

125 要求更加严格的报告：J. Houlihan et al., *Brain Food: What Women Should Know About Mercury Contamination of Fish* (Washington, D. C.: Environmental Working Group and U. S. Public Interest Research Group, 2001).

125 科学院的研究：National Research Council, *Toxicological Effects of Methylmercury* (Washington, D. C.: National Academy Press, 2000), pp. 7, 276.

308 125—126 疾控中心研究：更具体地讲，10%的受试者体内的汞含量处于基准剂量的十分之一以下，而这一水平的暴露即可破坏胎儿脑部发育。[Centers for Disease Control, “Blood and Hair Mercury Levels in Young Children and Women of Childbearing Age——United States, 1999,” *Morbidity and Mortality Weekly Report* 50(2001): 140—143].

126—127 汞的防控历史：M. Bender and J. Williams, *The One That Got Away: FDA Fails to Protect the Public from High Mercury levels in Seafood* (Montpelier, Vt.: Mercury Policy Project and California Communities Against Toxics, 2000); Bender and Williams, "Real Plan of Action"; Mahaffey, "Methylmercury."

127 《消费报告》的研究："America's Fish: Fair or Foul?" *Consumer Reports* 66 (Feb. 2001): 24—31.

127 审计总署的批评：United States General Accounting Office, *Federal Over-sight of Seafood Does Not Sufficiently Protect Consumers: Report to the Committee on Agriculture, Nutrition, and Forestry, U. S. Senate* (Washington D. C.: U. S. General Accounting Agency, 2001).

127 汞政策规划机构制定的计划：Bender and Williams, "Real Plan of Action."

127 含汞产品替代技术：本书撰稿时，波士顿各大城市、圣弗朗西斯科、明尼苏达州德卢斯市、密歇根州安阿伯市、以及威斯康星州德弗罗斯特市和斯托顿市都已禁止水银体温计的销售。除此之外，新罕布什尔州已通过立法，禁止水银温度计以及各种含汞玩具、衣物和装饰品的销售(Mercury Policy Project; www. mercurypolicy. org)。

127 煤电厂污染防控措施：其中包括活性炭喷注法（将活性炭注入烟道气中，使其吸附汞蒸气）、洗煤作业（在燃烧前，将汞从煤中清洗出去）、换用含汞量较低的燃料（如天然气或石油）以及节电措施（若将节约下来的能源开支用于煤电厂的换代工作，就会降低我们对燃煤的依赖）(EPA, *Mercury Study Report to Congress*; National Wildlife Federation, *Clean the Rain*)。当然，捕获烟尘中的汞、在燃烧前清洗煤中的汞等办法还是会产生含汞废料，需要长久隔离。停止对煤的依赖要好得多。

128 FDA对食用鱼的指导意见：访问www. fda. gov.

128 四十个州发布了1675条警告：American Public Health Association, "Policy Statement Adopted by the Governing Council of the American Public Health Association, 9910: Preventing Human Methylmercury Exposure to Protect Public Health," 10 Nov. ' 1999 (www. apha. org).

128 印第安纳州和伊利诺伊州食用鱼警告差异：Richardson, "Pekin Plant Illinois No. 3 Mercury Polluter."

128 长岛海湾：Dr. Christopher Perkins, Environmental Research Institute, University of Connecticut, 个人通信。

129 鱼对健康的好处：G. M. Egeland and J. P. Middaugh, "Balancing Fish Consumption Benefits with Mercury Exposures," *Science* 278(1997): 1904—1905.

129 原住民女性健康受到不利影响：American Public Health Association, "Policy Statement; Egeland and Middaugh," "Balancing Fish Consumption."

129 鱼脂肪酸有助于胎儿脑部发育：Egeland and Middaugh, "Balancing Fish Consumption."

131 国际联合委员会：International Joint Commission, Tenth Biennial Report on Great Lakes Water Quality (Ottawa, Ont.: IJC, 2000). 国际联合委员会负责监督美国和加拿大于1978年联合签署的五大湖水质量协议的实施。

第7章：干草月

135 阿拉斯加有毒垃圾场：研究由Alaska Community Action on Toxics (www. akaction. net)开展。

136—140 持久性有机污染物特性：J. Thornton, *Pandora's Poison: Chlorine, Health, and a New En-vironmental Strategy* (Cambridge: MIT Press, 2000), pp. 4, 31—39, 203—232.

137 各国政府无法独自防控持久性有机污染物：B. E. Fisher, "Most Unwanted: Persistent

Organic Pollutants," *EHP* 107(1999): A18—23.

138 持久性有机污染物的无毒替代品：同上；World Wildlife Fund, *Successful, Safe, and Sustainable Alternatives to Persistent Organic Pollutants* (Washington, D. C.: WWF, Sept. 1999). 农药滴滴涕的替代是持久性有机污染物消除工作中最艰难的任务，原因是滴滴涕在很多发展中国家
309 仍起着疟疾防控的作用。替代滴滴涕的产品包括纱窗、浸过杀虫剂的蚊帐及清除蚊子滋生地的积极行动。全球仅有印度和中国还在生产滴滴涕。持久性有机污染物协定谈判的进展，参见本书后记（第284—287页）。

138 前空军基地：State of Alaska Division of Public Health, *Health Consultation Interim Report: Former Umiat Air Force Station, Umiat Alaska* (Anchorage: State of Alaska Division of Public Health, Section of Epidemiology, Feb. 2000).

138 远程预警雷达线：Arctic Monitoring and Assessment Programme, *Arctic Pollution Issues: A State of the Arctic Environment Report* (Oslo: Arctic Monitoring and Assessment Programme, 1997), p. 77.

138—139 鲑鱼成为持久性有机污染物载体：G. Ewald et al., "Biotransport of Organic Pollutants to an Inland Alaskan Lake by Migrating Sockeye Salmon (Oncorhynchus nerka)," *Arctic* 51(1998): 40—47.

139 北部地区野生动物繁殖问题：Arctic Monitoring and Assessment Programme, *Arctic Pollution Issues*, pp. 73—74; P. D. Jepson et al., "Investigating Potential Associations between Chronic Exposures to Polychlorinated Biphenyls and Infectious Disease Mortality in Harbour Porpoises from England and Wales," *Science of the Total Environment* 243—244(1999): 339—348; O. Wiig et al., "Female Pseudohermaphrodite Polar Bears at Svalbard," *J. of Wildlife Diseases* 34(1998): 792—796.

139—140 基奈半岛海域的虎鲸：D. O'Harra, "High Toxin Levels Found in Alaska Killer Whales," *Anchorage Daily News*, 5 June 1999, p. Al; C. O. Matkin et al., *Comprehensive Killer Whale Investigation*, Exxon Valdez *Oil Spill Restoration Project Annual Report* (Homer, Alaska: North Gulf Oceanic Society, Restoration Project 98012, April 1999). 又名杀人鲸，黑白色的虎鲸其实是体型巨大的海豚。在加拿大不列颠哥伦比亚省海域生活的虎鲸体内也发现了高水平的多氯联苯。[P. S. Ross et al., "High PCB Concentrations in Free-Ranging Pacific Killer Whales, *Orcinus orca*: Effects of Age, Sex, and Dietary Preference," *Marine Pollution Bulletin* 40 (2000): 504—515].

140 阿留申群岛上的海獭：S. L. L. Reese, "Levels of Organochlorine Conta-mination in Blue Mussels, Mytilus trossulus, from the Aleutian Archipelago," 硕士论文, University of California-Santa Cruz, 1998.

140 持久性有机污染物与北极地区居民：P. Bjerregaard and J. C. Hansen, "Organochlorines and Heavy Metals in Pregnant Women from the Disko Bay Area in Greenland," *Science of the Total Environment* 245(2000): 195—202; J. C. Hansen, "Environmental Contaminants and Human Health in the Arctic," *Toxicology Letters* 112—113(2000): 119—125; J. Van Oostdam et al., "Human Health Implications of Environmental Contaminants in Arctic Canada: A Review," *Science of the Total Environment* 230(1999): 1—82.

140 持久性有机污染物在北极地区聚集的原因：Arctic Monitoring and Assessment Programme, *Arctic Pollution Issues*, pp. 71—91.

143—144 多氯联苯的历史与特性：Committee on Environmental Health, AAP, *Handbook of Pediatric Environmental Health* (Elk Grove Village, Ill.: AAP, 1999), pp. 215—222.

143 鱼是最大的多氯联苯污染源：AAP, *Handbook on Pediatric Environmental Health*, p. 216.

143 没有已知清除毒素的办法：同上，p. 220。

144 中国台湾地区和日本食用油污染事件：S. T. Hsu et al., "Discovery and Epidemiology of PCB Poisoning in Taiwan: A Four-Year Follow-up," *EHP* 59(1985): 5—10; W. J. Rogan et al., "Congenital Poisoning by Polychlorinated Biphenyls and Their Contaminants in Taiwan," *Science* 241(1988): 334—336; F. Yamashita and M. Hayashi, "Fetal PCB Syndrome: Clinical Features, Intrauterine Growth Retardation and Possible Alteration in Calcium Metabolism," *EHP* 59(1985): 41—45. 在宫内污染暴露的中国台湾地区儿童中耳疾病的发病率高于没有污染暴露的对照组儿童，说明多氯联苯有抑制免疫系统的作用。[W. Y. Chao et al., "Middle-Ear Disease in Children Exposed Prenatally to Polychlorinated Biphenyls and Polychlorinated Dibenzofurans," *Archives of Environmental Health* 52(1997): 257—262].

144 尚在使用和已被废弃的多氯联苯超过环境中多氯联苯的总量：P. de Voogt and U. A. T. Brinkman, "Production, Properties, and Usage of Polychlorinated Biphenyls," in R. D. Kimbrough
and A. A. Jensen, eds., *Halogenated Biphenyls, Terphenyls, and Naphthalenes, Dibenzodioxins and* 310
Related Products, 2nd ed. (Amsterdam: Elsevier, 1989), pp. 3—46.

144—146 证明多氯联苯对胎儿脑部发育产生不利影响的人类研究：翔实的概论，参见 National Research Council, *Hormonally Active Agents in the Environment* (Washington, D. C.: National Academy Press, 1999), pp. 134—135 and 172—185.

144 北卡罗来纳州研究：B. C. Gladen et al., "Development After Exposure to Polychlorinated Biphenyls and Dichlorodiphenyl Dichloroethene Transplacentally and Through Human Milk," *J. of Pediatrics* 113(1988): 991—995; J. L. Jacobson and S. W. Jacobson, "Dose-Response in Perinatal Exposure to Polychlorinated Biphenyls (PCBs): The Michigan and North Carolina Cohort Studies," *Toxicology and Industrial Health* 12(1996): 435—445; W. J. Rogan et al., "Neonatal Effects of Transplacental Exposure to PCBs and DDE," *J. of Pediatrics* 109(1986): 335—341.

144—145 密歇根研究：J. L. Jacobson and S. W. Jacobson, "Evidence for PCBs as Neurodevelopmental Toxicants in Humans," *NEJM* 335(1996): 283—289.

145 奥斯威戈研究：E. Lonky et al., "Neonatal Behavioral Assessment Scale Performance in Humans Influenced by Maternal Consumption of Environmentally Contaminated Lake Ontario Fish," *J. of Great Lakes Research* 22(1996): 198—212; P. Stewart et al., "Prenatal PCB Exposure and Neonatal Behavioral Assessment Scale (NBAS) Performance, *Neurotoxicology and Teratology* 22(2000): 21—29.

145—146 荷兰研究举例：C. I. Lanting and S. Patandin, "Exposure to PCBs and Dioxins: Adverse Effects and Implications for Child Development," in S. Gabizon et al., eds., *Women and POPs: Women's View and Role Regarding the Elimination of POPs——Report on the Activities of IPEN's Women's Group During the IPEN Conference and the INC3, Geneva, September* 4—11, 1999 (Utrecht: Women in Europe for a Common Future, 1999), p. 11. 本书第十二章对此项研究进行了更为详细的介绍。

148 母亲自体性的概念：K. A. Rabuzzi, *Motherself: A Mythic Analysis of Motherhood* (Bloomington, Ind.: Indiana University Press, 1988).

148 1888年发现呆小症：J. H. Oppenheimer and H. L. Schwartz, "Molecular Basis of Thyroid Hormone-Dependent Brain Development," *Endocrine Reviews* 18(1997): 462—475.

148—149甲状腺与胎儿脑部发育：D. A. Fisher, "The Importance of Early Management in

Optimizing IQ in Infants with Congenital Hypothyroidism," *J. of Pediatrics* 136(2000): 273—274; J. E. Haddow et al., "Maternal Thyroid Deficiency During Pregnancy and Subsequent Neuropsychological Development of the Child," *NEJM* 341 (1999): 549—555; Oppenheimer and Schwartz, "Molecular Basis of Thyroid Hormone-Dependent Brain Development"; V J. Pop et al., "Should All Pregnant Women Be Screened for Hypothyroidism?" *Lancet* 354(1999): 1224—1225.

149 多氯联苯对甲状腺激素的影响：AAP, *Handbook of Pediatric Environmental Health*, p. 84; R. Bigsby et al., "Evaluating the Effects of Endocrine Disruptors on Endocrine Function During Development," *EHP* 107(1999, sup. 4): 613—618.

149—150 胎心监测：C. Marshall, *From Here to Maternity: A Complete Pregnancy Guide* (Minden, N. Y.: Conmar Publishing, 1994); M. R. Primeau, "Nonstress Test," in B. K. Rothman, ed., *Encyclopedia of Childbearing: Critical Perspectives* (Phoenix: Oryx Press, 1993), pp. 283—284.

151 胎儿受到伤害时胎动的丧失：M. R. Primeau, "Fetal Movement," in Rothman, *Encyclopedia of Childbearing*, pp. 283—284.

第8章：嫩玉米月

157—160 产程：M. D. Benson, *Birth Day! The Last 24 Hours of Pregnancy* (New York: Paragon House, 1993).

162 介绍自然分娩的书籍：我查阅的书包括 S. Arms, *Immaculate Deception: A New Look at Women and Childbirth in America* (New York: Bantam Books, 1975); R. B. Dancy, *Special Delivery: A Guide to Creating the Birth You Want for You and Your Baby* (Berkeley, Calif.: Celestial Arts, 1986); R. E. Davis-Floyd, *Birth as an American Rite of Passage* (Berkeley, Calif.: University of California Press, 1992); P. S. Eakins, ed., *The American Way of Birth* (Philadelphia: Temple University Press, 1986); M. Edwards and M. Waldorf, *Reclaiming Birth: History and Heroines of American Childbirth Reform* (Trumansburg, N. Y.: Crossing Press, 1984); I. M.
311 Gaskin, *Spiritual Midwifery* (Summertown, Tenn.: Book Publishing Co., 1980); M. Odent, *Birth Reborn* (New York: Pantheon, 1984); A. Oakley, *The Captured Womb: A History of the Medical Care of Pregnant Women* (Oxford, U. K.: Basil Blackwell, 1984); B. K. Rothman, *In Labor: Women and Power in the Birthplace* (N. Y.: W. W. Norton, 1991).

162 一连串的干预：R. Davis-Floyd, "Hospital Birth: An Anthropological Analysis of Ritual and Practice," in Rothman, *Encyclopedia of Childbearing*, p. 179; I. D. Graham, *Episiotomy: Challenging Obstetric Interventions* (Oxford, U. K.: Blackwell Science, 1997), pp. 51—52.

162 产科麻醉引发的并发症：J. L. Hawkins et al., "A Reevaluation of the Association between Instrument Delivery and Epidural Analgesia," *Regional Anesthesia* 20(1995): 50—56; P. Simkin, "Epidural Update," *Birth Gazette* 15(1999): 12—16.

162—163 持续超声监测不会改善妊娠结局：C. Whitbeck, "Image Techniques," in Rothman, *Encyclopedia of Childbearing*, pp. 184—185.

163 证实会阴切开术引发问题的研究：R. F. Harrison et al., "Is Routine Episiotomy Necessary?" *British Medical Journal* 288(1984): 1971—1975; M. C. Klein et al., "Relationship of Episiotomy to Perineal Trauma and Morbidity, Sexual Disfunction, and Pelvic Floor Relaxation," *Am. J. of Obstetrics and Gynecology* 171(1994): 591—598; P. Shiono et al., "Midline Episiotomies: More Harm Than Good?" *Obstetrics and Gynecology* 75(1990): 765—770. 另见本书第174页"会阴切开术带来的危害"词条的注释。

163 有关助产士记录的研究：M. F. MacDorman and G. K. Singh, "Midwifery Care, Social and Medical Risk Factors, and Birth Outcomes in the U. S. A.," *J. of Epidemiology and Community Health* 52(1998): 310—317.

163 自然分娩不再流行：分娩时硬膜外麻醉产妇的比例在1981至1997年间增了两倍 (C. J. Chivers, "Devotees of No-Drug Childbirth Frustrated by Rise in Use of Anesthesia," *New York Times*, 18 Oct. 1999, B1).

163 引自《纽约时报》信函：R. LaPorta, "Should Pain Be Part of Childbirth?" letter, *New York Times*, 15 Oct. 1999, p. A34.

163 "如今医学界不存在……"：J. Hawkins, quoted in J. Ritter, "Laboring Women Opt for Pain Relief," *Chicago Sun-Times*, 13 Oct. 1999, p. A1.

163 非药物镇痛方法：M. H. Klaus et al., *Bonding: Building the Foundations of Secure Attachment and Independence* (Reading, Mass.: Addison-Wesley, 1995), pp. 23—42; 同上, *Mothering the Mother: How a Doula Can Help You Have a Shorter, Easier, and Healthier Birth* (Reading, Mass.: Addison-Wesley, 1993), pp. 23—42; A. B. Lieberman, "Pain Relief in Labor: Nondrug Methods," in Rothman, *Encyclopedia of Childbirth*, pp. 297—299.

164 1996年调查：U. Waldenstrom et al., "The Complexity of Labor Pain: Experiences of 278 Women," *J. of Psychosomatic Obstetrics and Gynecology* 17(1996): 215—228.

165 一位兴致勃勃的专栏作家；M. Eagan, "Drugs Limiting Childbirth Pain Can Be Every Mother's Gain," *Boston Herald*, 14 Oct. 1999, p. 14.

165 没有打麻药的产妇照片：Odent, *Birth Reborn*.

165—166 医院文化：Simkin, "Epidural Update."

166 一位前产科护士：J. Van Olphen-Fehr, *Diary of a Midwife: The Power of Positive Childbearing* (Westport, Conn.: Bergin & Garvey, 1998).

166 没有接受过针对其他镇痛方法的正规培训：W. L. Larimore, "Family Centered Birthing: A Style of Obstetrics for Family Physicians," *American Family Physician* 48(1993): 725—728.

166 "充满技术官僚的医院环境"：Larimore, "Family Centered Birthing."

166 产妇的自信心受到破坏：B. K. Rothman, *In Labor: Women and Power in the Birthplace* (New York: W. W. Norton, 1991). 另见Dancy, *Special Delivery*.

166 "妇女不能将自己视为健康的"：Rothman, *In Labor*, pp. 15—16.

166—167 自然分娩永恒的遗产：Larimore, "Family Centered Birthing."

167 在家分娩的调查数据：L. Remez, "Planned Home Birth Can Be as Safe as Hospital Delivery for Women with Low-Risk Pregnancies," *Family Planning Perspectives* 29(1997): 141—143.

169—171 产科医生的历史观：D. Caton, *What a Blessing She Had Chloroform: The Medical and Social Response to the Pain of Childbirth from 1800 to the Present* (New Haven: Yale University Press, 1999); L. D. Longo, "A Millennium of Obstetrics and Gynaecology," *Lancet* 354(1999): S39.

169 产科麻醉师事例：Caton, *What a Blessing*, p. xi. 312

169 在现代产科学问世之前：J. Carter and T. Duriez, *With Child: Birth Through the Ages* (Edinburgh: Mainstream Publishing, 1988).

170 佝偻病：同上, p. 34。

170 麻醉术：Caton, *What a Blessing*, pp. 21—37 and 58—69; Longo, "A Millennium of Obstetrics and Gynaecology."

170—171 詹姆斯・马里昂・西姆斯：Longo, “A Millennium of Obstetrics and Gynaecology”; D. K. McGregor, *From Midwives to Medicine: The Birth of American Gynecology* (New Brunswick, N. J.: Rutgers University Press, 1998), pp. 48—49.

171 有关医院护理的引语：N. J. Eastman and K. P. Russell, *Expectant Motherhood* (Boston: Little, Brown, 1970), p. 132.

171 东莨菪碱：Caton, *What a Blessing; J. P. Rooks, Midwifery and Childbirth in America* (Philadelphia: Temple University Press, 1997), p. 488.

171 脊椎麻醉：Caton, *What a Blessing*, pp. 168—169.

171 以“自然”之名义将产妇的痛苦浪漫化：卡顿对自然分娩展开极富创见的批判 (*What a Blessing*, pp. 228—234)。

171—175 助产士讲述的历史：Edwards and Waldorf, *Reclaiming Birth*; M. M. Lay, *The Rhetoric of Midwifery: Gender, Knowledge, and Power* (New Brunswick, N. J.: Rutgers University Press, 2000); McGregor, *From Midwives to Medicine*; Van Olphen-Fehr, *Diary of a Midwife*.

171 医学界认为女人分娩不值得重视：Rooks, *Midwifery and Childbirth in America*, p. 12.

171—172 宗教裁判所：Edwards and Waldorf, *Reclaiming Birth*, pp. 146—147; Rooks, *Midwifery and Childbirth in America*, p. 13.

172 16世纪中叶，英国的助产士受到严格管理：McGregor, *From Midwives to Medicine*, p. 39.

172 女性助产士受阻：Lay, *Rhetoric of Midwifery*, p. 53.

172 美国医生展开运动：A. J. Slomski, “CNMs: ‘We Don’t Just Catch Babies,’” *Medical Economics* 77(2000): 186—189; R. Weitz, “Midwife Licensing,” in Rothman, *Encyclopedia of Childbirth*, pp. 245—247.

172 传统接生人员的产褥热发生率较低：McGregor, *From Midwives to Medicine*, p. 117.

172 两位著名的一线助产士：同上，p. 37。

172 产钳的危害：同上，pp. 33—35; 41。

172 西姆斯与奴役：同上，p. 29。

172—173 女改革家威胁要向媒体揭发：同上，pp. 188—189。

173 二战时期平民医生不足：Dancy, *Special Delivery*, p. 2.

173 哺乳能力被削弱：Graham, *Episiotomy*, pp. 51—52.

173 约瑟夫・德理的愤怒：Rothman, *In Labor*, pp. 57—59.

173 1920年德里发表的论文：J. B. DeLee, “The Prophylactic Forceps Operation,” *Am. J. of Obstetrics and Gynecology* 1 (1920): 33—44.

173—174 有关会阴切开术积极的论断：Edwards and Waldorf, *Reclaiming Birth*, pp. 142—143; Graham, *Episiotomy*, p. 38.

174 会阴切开术带来的危害：P. G. Larsson et al., “Advantage or Disadvantage of Episiotomy Compared with Spontaneous Perineal Laceration,” *Gynecologic and Obstetric Investigation* 31(1991): 213—216; L. B. Signorello et al., “Midline Episiotomy and Anal Incontinence: Retrospective Cohort Study,” *British Medical Journal* 320(2000): 86—90. 另见本书第163页“证实会阴切开术引发问题的研究”词条的注释。

174 预防会阴撕裂的助产方法：Dancy, *Special Delivery*, pp. 65—66.

174 伊恩・格雷厄姆引语：Graham, *Episiotomy*, p. 145.

174—175 反击战：R. Bradley, *Husband-Coached Childbirth* (New York: Harper & Row, 1974); G. Dick-Read, *Childbirth Without Fear: The Principles and Practices of Natural Childbirth*

(New York: Harper & Row, 1959); R. Lamaze, *Painless Childbirth: The Lamaze Method* (New York: Pocket Books, 1972); M. Thomas, *Post-War Mothers: Childbirth Letters of Grantly Dick-Read*, 1946—1956 (Westport, Conn.: Bergin & Garvey, 1998).

第9章：收获月

178 北极熊：J. U. Skaare, "POP Contamination in the Norwegian Arctic; Possible Effects of 313
High-Level PCB Contamination in Top Predators," presentation on polar bear reproduction at the Atlantic Coast Contaminants Workshop, 2000, Jackson Laboratory, Bar Harbor, Maine, 23 June 2000.

178 人类出生高峰期变化：T. Miura, "Recent Changes in the Seasonality of Birth," 同上, "Secular Changes in the Seasonality of Birth," in T. Miura, ed., *Seasonality of Birth* (The Hague: SPB Academic Publishing, 1987), pp. 25—31, 33—44.

178—179 分娩诱因举例：S. H. Lewis and E. Gilbert-Barnes, "Placental Membranes," in S. H. Lewis and E. Perrin, eds., *Pathology of the Placenta*, 2nd ed. (New York: Churchill Livingston, 1999), p. 138.

179 催产素曾被认为是引发分娩的介质：G. C. Liggens, "The Placenta and Control of Parturition," in C. W. G. Redman et al., eds., *The Human Placenta: A Guide for Clinicians and Scientists* (Oxford, U. K.: Blackwell, 1993), pp. 273—290.

179 胎羊出现下丘脑缺陷，母羊便不会分娩：P. W. Nathanielsz, *Life Before Birth: The Challenge of Fetal Development* (New York: W. H. Freeman, 1996), pp. 162—181.

179 胎羊诱导分娩：R. Smith, "The Timing of Birth," *Scientific American* 280(March 1999): 68—75.

179 无脑儿出生往往超过预产期：Nathanielsz, *Life Before Birth*, p. 167.

179—180 史密斯与麦克林的研究：Smith, "Timing of Birth."

180 雌激素、孕激素和子宫肌肉纤维的作用：Smith, "Timing of Birth."

180 前列腺素的作用：Liggens, "Placenta and Control of Parturition."

180 胎头的作用：Nathanielsz, *Life Before Birth*, p. 185.

181 早产因素不明：P. Nathanielsz, *Life in the Womb: The Origin of Health and Disease* (Ithaca, N. Y.: Promethean Press, 1999), pp. 226, 230—254.

181 早产是新生儿头号杀手：每十次生产中，就会发生一次早产 （孕期少于三十七周）；75%新生儿非畸死亡是由早产造成的 (Nathanielsz, *Life Before Birth*, pp. 226, 231.)。早产也可影响脑部发育。二十八周或不足二十八周出生的小学生留级或需要特殊教育的概率上升三倍。(G. M. Buck et al., "Extreme Prematurity and School Outcomes," *Paediatric and Perinatal Epidemiology* 4(2000): 324—331.

182 早产率上升：1989年至1997年间，单胎中度早产（孕期三十二至三十六周）上升14%；重度早产率（孕期不足三十二周）无变化。(Pew Environmental Health Commission, *Healthy From the Start: Why America Needs a Better System to Track and Understand Birth Defects and the Environment* [Baltimore: Johns Hopkins School of Public Health, 2000], p. 55).

182 三分之二的早产原因不明：Nathanielsz, *Life Before Birth*, p. 208.

182 二十世纪七十年代的实验：Z. W. Polishuk et al., "Organochlorine Compounds in Mother and Fetus During Labor," *Environmental Research* 13(1977): 278—284.

182 在工作中多氯联苯暴露的妇女早产发生率较高：National Research Council, *Hormonally Active Agents in the Environment* (Washington D. C.: National Academy Press, 1999), p. 134.

182 多氯联苯引发雌鼠多条离体子宫肌肉的收缩：J. Bae et al., “Stimulation of Pregnant Rat Uterine Contraction by the Polychlorinated Biphenyl (PCB) Mixture Arochlor 1242 May Be Mediated by Arachidonic Acid Release through Activation of Phospholipase A_2 Enzymes,” *J. of Pharmacology and Experimental Therapeutics* 289(1999): 1112—1120.

182 国家科学院报告中的事例：National Research Council, *Hormonally Active Agents in the Environment*, pp. 3—4.

182 密歇根大学实验：J. Bae, “Stimulation of Oscillatory Uterine Contraction by the PCB Mixture Arochlor 1242 May Involve Increased $[Ca^{2+}]_i$ through Voltage-Operated Calcium Channels,” *Toxicology and Applied Pharmacology* 155(1999): 261—272.

183 低出生体重发生率在上升：1989年至1997年，单胎低出生体重上升了4%，极低出生体重上升了7% (Pew Environmental Health Commission, *Healthy from the Start*, pp. 55—56)。

314 183 低出生体重引发的健康风险：Nathanielsz, *Life in the Womb: The Origin of Health and Disease*, pp. 56—74, 110—117, 137—163.

183 在低风险产妇中，低体重发生率上升：1990年至1997年，二十至三十四岁产妇产下单胎低体重儿的发生率上升了2.2%，极低出生体重的发生率上升了5.9% (Pew Environmental Health Commission, *Healthy from the Start*, p. 56)。

183 低出生体重与饮酒、吸烟和药物有关：N. L. Day et al., “Effect of Prenatal Alcohol Exposure on Growth and Morphology of Offspring at 8 Months of Age,” *Pediatrics* 85(1990): 748—752; X. O. Shu et al., “Maternal Smoking, Alcohol Drinking, Caffeine Consumption, and Fetal Growth: Results from a Prospective Study,” *Epidemiology* 6(1995): 115—120 (在咖啡因摄入和胎儿发育之间未发现联系)。

183 德国发现木材防护剂的联系：W. Karmaus and N. Wolf, “Reduced Birthweight and Length in the Offspring of Females Exposed to PCDFs, PCP, and Lindane,” *EHP* 103(1995): 1120—1125.

183—184 多项研究发现饮用水污染的联系：科罗拉多—M. D. Gallagher et al., “Exposure to Trihalomethanes and Adverse Pregnancy Outcomes,” *Epidemiology* 9(1998): 484—489; 艾奥瓦—National Research Council, *Hormonally Active Agents in the Environment*, p. 139; 新泽西—F. J. Bove et al., “Public Drinking Water Contamination and Birth Outcomes,” *Am. J. of Epidemiology* 141 (1995): 850—862; 北卡罗来纳—Agency for Toxic Substances and Disease Registry (ATSDR), *FY 1998 Agency Profile and Annual Report*, pp. iv, 26—27.

184—185 有毒垃圾场的联系：ATSDR, *FY 1998 Agency Profile and Annual Report*, p. iv; M. Berry and F. Bove, “Birth Weight Reduction Associated with Residence Near a Hazardous Waste Landfill,” *EHP* 105(1997): 856—861; N. J. Vianna and A. K. Polan, “Incidence of Low Birth Weight Among Love Canal Residents,” *Science* 226(1984): 1217—1219.

185 北京空气污染研究：X. Wang et al., “Association Between Air Pollution and Low Birth Weight: A Community-Based Study,” *EHP* 105(1997): 514—520.

185 洛杉矶空气污染研究：B. Ritz and F. Yu, “The Effect of Ambient Carbon Monoxide on Low Birth Weight Among Children Born in Southern California between 1989 and 1993,” *EHP* 107(1999): 17—25. 南加州早产率也和空气污染有关。[B. Ritz et al., “Effect of Air Pollution of Preterm Birth Among Children Born in Southern California between 1989 and 1993,” *Epidemiology* 11(2000): 502—511].

185 黑三角：如此命名，是因为该地区是欧洲最大的空气污染源之一，由重工业集中化和褐煤燃烧双重因素所致。[R. J. Sram, “Impact of Air Pollution on Reproductive Health,” *EHP*

107(1999): A542—543].

185 捷克研究：M. Bobak, “Outdoor Air Pollution, Low Birth Weight, and Prematurity,” *EHP* 108(2000): 173—176.

185 波西米亚北部地区研究：J. Dejmek et al., “Fetal Growth and Maternal Exposure to Particulate Matter During Pregnancy,” *EHP* 107(1999): 475—480; J. Dejmek et al., “The Impact of Polycyclic Aromatic Hydrocarbons and Fine Particles on Pregnancy Outcome,” *EHP* 108(2000): 1159—1164.

186 多环芳烃特性：F. P. Perera et al., “Molecular Epidemiological Research on the Effects of Environmental Pollutants on the Fetus,” *EHP* 107(1999 sup. 3): 451—460.

186—187 佩瑞拉在波兰开展的研究：Perera et al., “Molecular Epidemiological Research.”

189 生产的种间差异：W. R. Trevathan, *Human Birth: An Evolutionary Perspective* (Hawthorne, N. Y.: Aldine De Gruyter, 1987), pp. 72—78; 96—97.

189 猴子出生时面部朝上：这种体位能让胎头最宽部分——头后部紧紧贴在母亲骨盆最宽的结构——骶骨上。[W. R. Trevathan, “Evolution of Human Birth,” in B. K. Rothman, *Encyclopedia of Child-bearing: Critical Perspectives* (Phoenix: Oryx, 1993), pp. 131—133].

190 人类助产的悠久历史：同上。

190 直立行走使生产变得困难：同上。

190—191 化解矛盾的进化：M. M. Abitbol, *Birth and Human Evolution: Anatomical and Obstetrical Mechanics in Primates* (Westport, Conn.: Bergin & Garvey, 1996), p. 19.

197—198 胎儿在产道内转身：Trevathan, *Human Birth*, pp. 23—25.

199 同意做会阴切开术：术后六个月，我一直受性生活不适及便尿失禁之苦，两年后遗尿和性 315
生活感觉丧失的问题依然存在。自己深知相关风险，却还是同意做手术，在我看来证明了广大产妇极易受到伤害，也说明在生产时心理暗示具有超强的力量。假若再来一次，我会找一种完全不同的生产场所。

第二部分

202 有个孩子出发了：想要阅读全诗的读者朋友，参见Walt Whitman, *Complete Poetry and Collected Prose* (New York: Penguin Books, 1982), pp. 491—493.

第10章：乳房探秘

204 乳房的内部结构：K. G. Auerbach, “Nipples, Human,” in B. K. Rothman, ed., *Encyclopedia of Childbearing: Critical Perspectives* (Phoenix: Oryx Press, 1993), pp. 281—283; M. Neville, “Physiology of Lactation,” *Clinics in Perinatology* 26 (1999): 251—279; M. Wolff, “Lactation,” in M. Paul, ed., *Occupational and Reproductive Hazards: A Guide for Clinicians* (Baltimore: Lippincott, Williams & Wilkens, 1993), pp. 60—75.

204 很多妇女不会哺乳：E. A. Kaplan, *Motherhood and Representation: The Mother in Popular Culture and Melodrama* (New York: Routledge, 1992), pp. 55—56; S. G. McMillen, *Motherhood in the Old South: Pregnancy, Childbirth, and Infant Rearing* (Baton Rouge, La.: Louisiana State University Press, 1990); M. Yalom, *A History of the Breast* (New York: Knopf, 1997), p. 109.

204 动物园里的类人猿不会哺乳：同上，p. 109。

204—205 国际母乳协会：L. M. Blum, *At the Breast: Ideologies of Breastfeeding and Motherhood in the Contemporary United States* (Boston: Beacon Press, 1999), p. 70; J. D. Ward,

La Leche League: At the Crossroads of Medicine, Feminism, and Religion (Chapel Hill, N. C.: University of North Carolina Press, 2000).

205 乳房平均腺体组织数量相同：N. Angier, *Woman: An Intimate Geography* (Boston: Houghton Mifflin, 1999), p. 137.

205 乳房大小分类成为不解之谜：Angier, *Woman*, pp. 134—156.

205 乳房内的脂肪不具泌乳作用：S. B. Hrdy, *Mother Nature: Maternal Instincts and How They Shape the Human Species* (New York: Ballantine, 1999), pp. 126—127. 有些学者认为在所有哺乳动物中，仅有人类在雌性成年后乳房固定不变，即含有脂肪的乳腺在没有泌乳时也不会缩小。然而，各种哺乳动物的雌性都有乳腺脂肪垫，枝状导管生长在其中。在人类女性体内，这些脂垫在胸壁上形成分散、可见的块状物，而在其他哺乳体内，脂垫更薄，且分布在全身。以啮齿类动物为例，乳腺脂垫延伸过肩，呈马蹄形环绕在背部和臀部上 (Dr. Suzanne Snedecker, Cornell University, 个人通信)。

206 乳房是人体在出生时未发育完全的少数器官之一：J. Russo and I. H. Russo, “Development of the Human Mammary Gland,” in M. C. Neville and C. W. Daniel, eds., *The Mammary Gland: Development, Regulation, and Function* (New York: Plenum Press, 1987), pp. 67—93.

207 宫内、青春期及经期的乳房发育：Russo and Russo, “Development of the Human Mammary Gland.”

207 孕期乳房发育：D. C. Brack, “Breastfeeding: Physiological and Cultural Aspects,” in Rothman, *Encyclopedia of Childbearing*, pp. 43—44; M. Neville, *Milk Secretion: An Overview;* Russo and Russo, “Development of the Human Mammary Gland.” 雌激素也促使乳腺发育。[G. R. Cunha et al., “Elucidation of a Role for Stromal Steroid Hormone Receptors in Mammary Gland Growth and Development Using Tissue Recombinants,” *J. of Mammary Gland Biology and Neoplasia* 2 (1997): 393—402; J. L. Fendrick et al., “Mammary Gland Growth and Development from the Postnatal Period to Postmenopause: Ovarian Steroid Receptor Ontogeny and Regulation in the Mouse,” *J. of Mammary Gland Biology and Neoplasia* 3 (1998): 7—22].

207—208 泌乳开始前期：D. J. Chapman and R. Perez-Escamilla, “Identification of Risk Factors for Delayed Onset of Lactation,” *J. of the American Dietetic Association* 99(1999): 450—454.

316 209 初乳特性：N. Baumslag and D. L. Michels, *Milk, Money, and Madness: The Culture and Politics of Breastfeeding* (Westport, Conn.: Bergin & Garvey, 1995), p. 74.

210 浮肿造成乳房变大：Dr. Margaret Neville, University of Colorado, 个人通信。

210 乳汁的生命史：Russo and Russo, “Development of the Human Mammary Gland.”

210 日产乳量：Neville, “Physiology of Lactation.”

210—211 乳汁成分变动：W. G. Manson and L. T. Weaver, “Fat Digestion in the Neonate,” *Archives of Disease in Childhood* 76(Fetal Neonatal Edition) (1997): F206—211; M. F. Picciano, “Human Milk: Nutritional Aspects of a Dynamic Food,” *Biology of the Neonate* 74(1998): 84—93; B. Wilson, “Milky Ways,” *New Statesman*, 24 May 1999, pp. 43—44.

211—212 催产素的多种功能：Hrdy, *Mother Nature*, 137—140.

212 乳晕的作用：Neville, *Milk Secretion*.

213 吮吸的力学原理：N. P. Alekseev et al., “Compression Stimuli Increase the Efficacy of Breast Pump Function,” *European J. of Obstetrics & Gynecology and Reproductive Biology* 77(1998): 131—139; Auerbach, “Nipples, Human.”

214 数学模型：C. Zoppou et al., “Dynamics of Human Milk Extraction: A Comparative Study of Breast Feeding and Breast Pumping,” *Bulletin of Mathematical Biology* 59(1997): 953—973.

214 机器无法模仿吮吸：Alekseev, “Compression Stimuli.”

214 寄生吸食：D. G. Blackburn et al., “The Origins of Lactation and the Evolution of Milk: A Review with New Hypotheses,” *Mammal Review* 19(1989): 1—26.

215 乳房的种间差异：C. A. Long, “The Origin and Evolution of Mammary Glands,” *Bioscience* 19(1969): 519—523.

215 “乳房”词源：L. Schiebinger, “Why Mammals Are Called Mammals: Gender Politics in Eighteenth-Century Natural History,” *American Historical Review* 98(1993): 382—411.

215—216 子宫自溶：S. Kitzinger, *The Year After Childbirth: Surviving and Enjoying the First Year of Motherhood* (New York: Charles Scribner’s Sons, 1994), p. 16.

216 林奈的决定；Schiebinger, “Why Mammals Are Called Mammals.”

216 乳房起源不甚明了：Blackburn, “The Origins of Lactation”; C. A. Long, “Two Hypotheses on the Origin of Lactation,” *American Naturalist* 106(1972): 141—144.

216 男性乳房：J. Diamond, “Father’s Milk,” *Discover*, Feb. 1995, pp. 82—87; C. M. Francis, “Lactation in Male Fruit Bats,” *Nature* 367(1994): 691—692.

216—217 布莱克伯恩与庞德：D. G. Blackburn, “Evolutionary Origins of the Mammary Gland,” *Mammal Review* 21(1991): 81—96; C. M. Pond, “The Significance of Lactation in the Evolution of Mammals,” *Evolution* 31(1977): 177—199.

217 庞德对新生幼崽食物来源的看法：同上。

217 乳房的出现早于胎盘：Long, “Origin and Evolution of Mammary Glands.”

218 人乳最稀薄：A. M. Prentice and A. Prentice, “Evolutionary and Environmental Influences on Human Lactation,” *Proceedings of the Nutrition Society* 54(1995): 391—400.

218 婴儿体内脂肪较多，但生长缓慢：C. W. Kuzawa, “Adipose Tissue in Human Infancy and Childhood: An Evolutionary Perspective,” *Yearbook of Physical Anthropology* 41(1998, sup. 27): 177—209; Prentice and Prentice, “Evolutionary and Environmental Influences on Human Lactation.”

218 哺乳方式决定乳汁营养含量：W. R. Trevathan, *Human Birth: An Evolutionary Perspective* (Hawthorne, N. Y.: Aldine De Gruyter, 1987), pp. 29—32.

219 圣母玛利亚的乳汁：Schiebinger, “Why Mammals Are Called Mammals.”

219 母乳医病能力：Schiebinger, “Why Mammals Are Called Mammals.” 另见Angier, *Woman*, pp. 157—160.

219《银河的起源》：作为彩图5印在Hrdy, *Mother Nature*。

220 母乳中糖和蛋白组分：Baumslag and Michels, *Milk, Money, and Madness*, pp. 68—70; B. Wilson, “Milky Ways.”

220 育儿初期的极限考验：希拉·季辛吉（Sheila Kitzinger）是这么描述的：“女人成为母亲后，仿佛必须深入漆黑的地下，回到构成生命的情感与力量之源．她是地狱中的尤丽狄茜，从自由的世界被推入母性那温存的充满爱、困惑、渴望、气愤、屈服和极度快乐的混沌中”。[S. Kitzinger, Ourselves as Mothers: *The Universal Experience of Motherhood* (Reading, Mass.: Addison-Wesley, 1995), p. 12].

222—223 林奈的决定：Schiebinger, “Why Mammals Are Called Mammals.” 另见Hrdy, 317
Mother Nature, p. 12.

223 美国的奶妈行业：在19世纪的美国，雇用私人奶妈往往意味着富人家（雇主）的孩子活了下来，而穷人家（奶妈）的孩子却丧了命。在纽约，受雇奶妈的亲生子女被送给别人抚养，用人工方式喂食，因此死亡率高达90%。相比之下，法国人经常把哺乳期的婴儿送到郊外，住在奶妈自己家，但双方的孩子经常夭折。[J. H. Wolf, "'Mercenary Hirelings' or 'a Great Blessing'?: Doctors' and Mothers' Conflicted Perceptions of Wet Nurses and the Ramifications for Infant Feeding in Chicago, 1871—1961," *J. of Social History* 33 (1999): 97—120; Hrdy, *Mother Nature*, pp. 351—372].

第11章：五饼二鱼

225—226 母乳喂养的婴儿，其住院率和死亡率较低：L. M. Gartner et al., "Breastfeeding and the Use of Human Milk," *Pediatrics* 100(1997): 1035—1039; L. K. Pickering et al., "Modulation of the Immune System by Human Milk and Infant Formula Containing Nucleotides," *Pediatrics* 101(1998): 242—249.

226 母乳喂养的婴儿呼吸方式不同：O. P. Mathew and J. Bhatia, "Sucking and Breathing Patterns During Breast-and Bottle-feeding in Term Neonates," *Am. J. of Diseases of Children* 143 (1989): 588—592.

226 耳部感染减少的原因：R. A. Lawrence, *A Review of the Medical Benefits and Contraindications to Breastfeeding in the United States*, Maternal and Child Health Technical Information Bulletin (Arlington, Va.: National Center for Education in Maternal and Child Health, 1997), p. 4.

226 选择母乳喂养和选择奶粉喂养的母亲在社会经济方面的差异：美国母乳喂养比例最高的人群是收入较高、大学毕业、30岁以上、居住在西部山区和太平洋地区的女性。(Gartner, "Breastfeeding and the Use of Human Milk").

226 新墨西哥州研究：A. L. Wright et al., "Increasing Breastfeeding Rates to Reduce Infant Illness at the Community Levels," *Pediatrics* 101(1998): 837—844.

226—227 苏格兰研究：A. C. Wilson et al., "Relation of Infant Diet to Childhood Health: Seven Year Follow Up of Cohort of Children in Dundee Infant Feeding Study," *British Medical Journal* 316(1998): 21—25.

227 不仅仅是简单的传染病预防：A. S. Goldman, "Modulation of the Gastrointestinal Tract of Infants by Human Milk, Interfaces and Interactions: An Evolutionary Hypothesis," *J. of Nutrition* 130(2000): 426S—431S; L. Maher, "Advising Parents on Feeding Healthy Babies," *Patient Care* 32(15 Mar. 1998): 58—68; T. Mason et al., "Breast Feeding and the Development of Juvenile Rheumatoid Arthritis," *J. of Rheumatology* 22(1995): 1166—1170; W. H. Oddy et al., "Association Between Breastfeeding and Asthma in 6-Year-Old Children: Findings of a Prospective Birth Cohort Study," *British Medical Journal* 319(1999): 815—819; A. Rigas et al., "Breast-feeding and Maternal Smoking in the Etiology of Crohn's Disease and Ulcerative Colitis in Childhood," *Annals of Epidemiology* 3(1993): 387—392; A. Singhal, "Early Nutrition in Preterm Infants and Later Blood Pressure: Two Cohorts After Randomized Trials," *Lancet* 357 (2001): 413—439. 母乳喂养长大的孩子，牙齿更整齐，龋坏较少。[M. P. Degano and R. A. Degano, "Breastfeeding and Oral Health: A primer for the Dental Practitioner," *New York State Dental Journal* 59(1993): 30—32].

227 母乳治愈小鼠结肠炎：C. F. Grazioso et al., "Antiinflammatory Effects of Human Milk on Chemically Induced Colitis in Rats," *Pediatric Research* 42(1997): 639—643.

227 母乳预防糖尿病的原理：J. Paronen et al., "Effect of Cow's Milk Exposure and Maternal Type 1 Diabetes on Cellular and Humoral Immunization to Dietary Insulin in Infants at Genetic Risk for Type 1 Diabetes. Finnish Trial to Reduce IDDM in the Genetically at Risk Study Group," *Diabetes* 49(2000): 1657—1665; N. Seppa, "Cows' Milk, Diabetes Connection Bolstered," *Science News* 155(1999): 404—405.

227—228 母乳与肥胖症：K. G. Dewey, "Growth Characteristics of Breast-Fed Compared
to Formula-Fed Infants," *Biology of the Neonate* 74(1998): 94—105; R. Von Kries et al., "Breast 318
Feeding and Obesity: Cross Sectional Study," *British Medical Journal* 319(1999): 147—150.

228 母乳与何杰金氏淋巴瘤：M. K. Davis, "Review of the Evidence for an Association Between Infant Feeding and Childhood Cancer," *Inti. J. of Cancer* 11(1998, sup. 2): 29—33. 近期研究还发现母乳喂养可减少儿童患急性白血病的风险。[A. Bener et al., "Longer Breastfeeding and Protection Against Childhood Leukaemia and Lymphomas," *European Journal of Cancer* 37 (2001): 234—238; X. O. Shu et al., "Breast-Feeding and Risk of Childhood Acute Leukemia," *J. of the National Cancer Institute* 91 (1999): 1765—1772].

228 母乳喂养保护母亲的健康：L. M. Gartner et al., "Breastfeeding and the Use of Human Milk"; M. H. Labbok, "Health Sequelae of Breastfeeding for the Mother," *Clinical Perinatalology* 26(1999): 491—503, 317.

228 母乳喂养与母亲患乳腺癌和卵巢癌的风险：S. M. Enger et al., "Breastfeeding Experience and Breast Cancer Risk Among Postmenopausal Women," *Cancer Epidemiology, Biomarkers & Prevention* 7(1998): 365—369; J. L. Freudenheim et al., "Lactation History and Breast Cancer Risk," *Am. J. of Epidemiology* 146(1997): 932—938; H. Furberg et al., "Lactation and Breast Cancer Risk," *Inti. J. of Epidemiology* 28(1999): 396—402; L. Lipworth et al., "History of Breast-feeding in Relation to Breast Cancer Risk: A Review of the Epidemiologic Literature," *J. of the National Cancer Institute* 92(2000): 302—312; K. A. Rosenblatt and D. B. Thomas, "Lactation and the Risk of Epithelial Ovarian Cancer. The WHO Collaborative Study of Neoplasia and Steroid Contraceptives," *Inti. J. of Epidemiology* 22(1993): 192—197; L. Tryggvadottir, "Breastfeeding and Reduced Risk of Breast Cancer in an Icelandic Cohort Study," *American J. of Epidemiology* 154(2001): 37—42; T. Zheng et al., "Lactation Reduces Breast Cancer Risk in Shandong Province, China," *Am. J. of Epidemiology* 12(2000): 1129—1135. 母乳喂养预防乳腺癌的作用机制尚不明确，可能包括激素变化、乳腺上皮细胞生理变化、排卵延缓以及通过乳汁分泌降低体内化学致癌物质的含量。有意思的是，中国香港地区渔村的女性居民习惯用右侧乳房给孩子喂奶，绝经后她们的左侧乳房患癌风险远远高于右侧乳房。[R. Ing and J. H. C. Ho, "Unilateral Breast-Feeding and Breast Cancer," *Lancet* 2 (1977): 124—127].

228—229 母乳喂养的经济优势：T. M. Ball and A. L. Wright, "Health Care Costs of Formula-Feeding in the First Year of Life," *Pediatrics* 103(1999): 870—876. 纯母乳喂养的婴儿医疗总支出一般比奶粉喂养婴儿低20%左右。[U. S. Department of Health and Human Services, Office on Women's Health, *HHS Blueprint for Action on Breastfeeding* (Washington, D. C.: HHS, 2000), p. 11].

231 所有哺乳动物的免疫力不足：Goldman, "Modulation of the Gastrointestinal Tract."

231 有关免疫发育减缓的解释：同上。

231 母乳是杀手：D. G. Blackburn et al., "The Origins of Lactation and the Evolution of Milk: A Review with New Hypotheses," *Mammal Review* 19(1989): 1—26.

231 母乳中发现活白细胞：M. Xanthou, "Immune Protection of Human Milk," *Biology of the*

Neonate 74(1998): 121—133.

231 白细胞的种类及其功能：H. F. Pabst, "Immunomodulation by Breastfeeding," *Pediatric Infectious Disease Journal* 16(1997): 991—995; Xanthou, "Immune Protection."

231—232 非活性免疫成分：R. M. Goldblum and A. G. Goldman, "Immunological Components of Milk: Formation and Function"; M. Hamosh, "Protective Function of Proteins and Lipids in Human Milk," *Biology of the Neonate* 74(1998): 163—176; Lawrence, *Review of Medical Benefits*, p. 9; Xanthou, "Immune Protection." 母乳中还发现被称作细胞因子的生物活性多肽，也在激活免疫系统方面发挥着一定的作用。[J. M. Wallace et al., "Cytokines in Human Breast Milk," *British J. of Biomedical Science* 54(1997): 85—87].

232 肠道在乳腺免疫防御中的作用：A. S. Goldman et al., "Evolution of Immunologic Functions of the Mammary Gland and the Postnatal Development of Immunity," *Pediatric Research* 43(1998): 155—162.

319 233 用母乳治疗眼睛感染：N. Baumslag and D. Michels, *Milk, Money, and Madness: The Culture and Politics of Breastfeeding* (Westport, Conn.: Bergin & Garvey, 1995), p. 64.

233—234 母乳如何建立婴儿的免疫系统：R. R Garofalo and A. S. Goldman, "Cytokines, Chemokines, and Colony-stimulating Factors in Human Milk: The 1997 Update," *Biology of the Neonate* 74(1998): 134—142; Goldman, "Modulation of the Gastrointestinal Tract"; Pabst, "Immunomodulation by Breast-feeding"; Wallace, "Cytocines in Human Breast Milk"; Xanthou, "Immune Protection."

237—238 消化道是后起之秀：Children's Environmental Health Network, *Training Manual on Pediatric Environmental Health: Putting It into Practice* (Emeryville, Calif.: CEHN, 1999), p. 62

238 母乳对消化道的作用：Goldman, "Modulation of the Gastrointestinal Tract"; Lawrence, *Review of Medical Benefits*, p. 9; J. A. Peterson et al., "Glycoproteins of the Human Milk Fat Globule in the Protection of the Breast-fed Infant Against Infections," *Biology of the Neonate* 74(1998): 143—162; Rubaltelli et al., "Intestinal Flora in Breast-and Bottle-Fed Infants," *J. of Perinatal Medicine* 26(1998): 186—191; I. R. Sanderson, "Dietary Regulation of Genes Expressed in the Developing Intestinal Epithelium," *Am. J. of Clinical Nutrition* 68(1998): 999—1005; Wallace, "Cytocines in Human Breast Milk"; Y. Yamada, "Hepatocyte Growth Factor in Human Breast Milk,"*Am. J. of Reproductive Immunology* 40(1998): 122—220.

238—239 寡糖和乳糖的相互影响：P. McVeagh and J. B. Miller, "Human Milk Oligosaccharides: Only the Breast," *J. of Paediatrics and Child Health* 33(1997): 281—286.

239 布尿布：布尿布明显对健康有益。多个品牌的一次性尿布散发对呼吸道有毒的混合化学物质。在近期一项研究中，小鼠暴露于从一次性尿布排放到空气中的有毒物质会出现呼吸问题，包括哮喘样反应。[R. C. Anderson and J. H. Anderson, "Acute Respiratory Effects of Diaper Emissions," *Archives of Environmental Health* 54(1999): 353—358]. 此外，布尿布使皮肤温度降低。研究显示内衬塑料的一次性尿布使男婴阴囊温度大幅升高，损害睾丸正常的生理降温机制。研究人员推断，婴幼儿时期睾丸温度升高可能导致精子数量持续下降及其他男性生殖健康问题。[C. J. Partsch et al., "Scrotal Temperature Is Increased in Disposable Plastic Lined Nappies," *Archives of Disease in Childhood* 83 (2000): 364—368.] 布尿布也有利于环境。一次性尿布产业委托开展的研究称一次性尿布对生态产生的不利影响不比布尿布严重。[A. Swasy, *Soap Opera: The Inside Story of Procter & Gamble* (New York: Times Books, 1993)]. 但其他研究得出了不同的结论。据伦敦妇女环境网络（Women's Environmental Network）表示，和一次性尿布相比，布尿布消耗约四分之一的能源、八分之一的不可再生资源，以及约百分之一的可再生资源，同时产生约1.5%的固体垃圾。布尿布和一次性尿布生产所需的化石燃料量相近。[A. Link, *Preventing Nappy Waste* (London: Women's Environmental Network, 1998)]. 布尿布的使用几乎成了快失传的手艺。从尿布服务到尿布包再到尿布桶全面介绍布尿布实际应用和哲学思想的上乘佳作要数 T. R. Farrisi, *Diaper Changes: The Complete Diapering Book and Resource Guide* (Richland, Pa.: Homekeepers Publishing, 1997).

239 母乳产生的便便：M. J. Hill, ed., *Nitrates and Nitrites in Food and Water* (New York: Ellis Horwood, 1991), pp. 166—169; Rubaltelli "Intestinal Flora."

239—240 《新英格兰医学杂志》（NEJM）对婴儿哺乳时产生的性感觉的事例：N. Newton and M. Newton, "Psychologic Aspects of Lactation," *NEJM*, 227(1967): 1179—1188.

240 引自露丝·劳伦斯：Lawrence, *Review of Medical Benefits*, p. 5.

240 第一年人脑的质量翻一番：N. Gordon, "Nutrition and Cognitive Function," *Brain & Development* 19(1997): 165—170.

240—241 母乳与脑部发育：Gordon, "Nutrition and Cognitive Function"; C. I. Lanting et 320
al., "Breastfeeding and Neurological Outcome at 42 Months," *Acta Paeditrica* 87(1998): 1224—1229; 同上, "Neurological Differences Between 9-Year-Old Children Fed Breast-Milk or Formula-Milk as Babies," *Lancet* 344(1994): 1319—1322; Lawrence, *Review of Medical Benefits*, p. 5; J. Worobey, "Feeding Method and Motor Activity in 3-Month-Old Human Infants," *Perceptual and Motor Skills* 86(1998): 883—895.

241 研究发现没影响：S. W. Jacobson et al., "Breastfeeding Effects on Intelligence Quotient in 4- and 11-Year-Old Children," *Pediatrics* 103(1999): E71.

241 重新分析先前各项研究成果：J. W. Anderson et al., "Breast-Feeding and Cognitive Development: A Meta-Analysis," *Am. J. of Clinical Nutrition* 70(1999): 525—535.

241 新西兰研究：L. J. Horwood and D. M. Fergusson, "Breastfeeding and Later Cognitive and Academic Outcomes," *Pediatrics* 101(1998): E9; D. M. Fergusson et al., "Breast-Feeding and Cognitive Development in the First Seven Years of Life," *Social Science & Medicine* 16(1982): 1705—1708.

241—242 早产儿研究：Gordon, "Nutrition and Cognitive Function"; A. Lucas et al., "Breast Milk and Subsequent Intelligence Quotient in Children Born Preterm," *Lancet* 339(1992): 261—264.

242 唾液酸：McVeagh and Miller, "Human Milk Oligosaccharides."

242 多不饱和脂肪酸：M. Hamosh and N. Salem, Jr., "Long-Chain Polyunsaturated Fatty Acids," *Biology of the Neonate* 74(1998): 106—120.

242 尸检报告：M. Makrides et al., "Fatty Acid Composition of Brain, Retina, and Erythrocytes in Breast-and Formula-Fed Infants," *Am. J. of Clinical Nutrition* 60(1994): 189—194. 另见 J. Farquharson et al., "Infant Cerebral Cortex Phospholipid Fatty-Acid Composition and Diet," *Lancet* 340(1992): 810—813.

243 赞成母婴合睡的书籍：如 T. Thevenin, *The Family Bed* (Wayne, N. J.: Avery, 1987).

243 不赞成母婴合睡的书籍：如 R. Ferber, *Solve Your Child's Sleep Problems* (New York: Simon & Schuster, 1986).

245 儿科学会发布新政策：Gartner, "Breastfeeding and the Use of Human Milk."

245 美国以往和现今母乳喂养比例：R. D. Apple, *Mothers and Medicine: A Social History of Infant Feeding, 1890—1950* (Madison: University of Wisconsin Press, 1987); Baumslag and Michels, *Milk, Money, and Madness*, p. xxi; K. K. Bell and N. L. Rawlings, "Promoting Breast-

feeding by Managing Common Lactation Problems," *Nurse Practitioner* 23(1998): 102—110; J. E. Brody, "Breast Is Best for Babies, but Sometimes Mom Needs Help," *New York Times*, 30 Mar. 1999, p. F7; J. D. Skinner at al., "Transitions in Infant Feeding During the First Year of Life," *J. of the Am. College of Nutrition* 16(1997): 209—215.

245—246 母乳喂养障碍：N. Q. Danyliw, "Got Mother's Milk? Employers Gradually Make Accommodations for Nursing Moms," *U. S. News and World Report*, 15 Dec. 1997, pp. 79—80; Gartner, "Breastfeeding and the Use of Human Milk"; G. L. Freed et al., "National Assessment of Physicians' Breast-feeding Knowledge, Attitudes, Training, and Experience," *JAMA* 273(1995): 472—476. 母乳喂养的障碍也包括配方奶粉公司积极的营销手段。美国医院与公司签订排他性合同，向所有办理出院手续的产妇发放试用装的婴儿奶粉，以此赚取巨额利润。研究始终显示这些促销战略降低了母乳喂养成功概率。例如，孕妇在医生诊室接触到奶粉广告，大大增加了她们在分娩后头两周停止哺乳的比例。1981年，世界卫生组织制定《国际母乳代用品销售守则》，限制婴儿配方奶粉的销售和宣传。十年之后，世卫组织建立爱婴医院倡议项目，为鼓励母乳喂养、禁止医护人员发放试用奶粉的医院提供官方认证. 在全球根据世卫组织方针获得爱婴认证的13 000家医院中，美国仅有二十六家。[Baumslag and Michels, *Milk, Money, and Madness*; Y. Bergevin et al., "Do Infant Formula Samples Shorten the Duration of Breastfeeding?" *Lancet* 1 (1983, no. 8334): 1148—1151; T. S. Briesch, "Mother Natures Formula," *American Medical News* 41 (19 Jan. 1998): 13—15; C. Howard et al., "Office Prenatal Formula Advertising and Its Effects on Breast-Feeding Patterns," *Obstetrics and Gynecology* 95(2000): 296—303; N. G. Powers et al., "Hospital Policies: Crucial to Breastfeeding Success," *Seminars in Perinatology* 18(1994): 517—524; J. M. Sharfstein, "An Interview with Breastfeeding Advocate and Formula Fighter Bobbi Philipp, M. D.," *Health Letter*, Oct. 1999, p. 2; World Health Organization, *Inti. Code of Marketing of Breast-Milk Substitutes* (Geneva: WHO, 1981); www. babyfriend- lyusa. org].

321 247 挪威母乳喂养：Dr. Elisabet Helsing, Board of Health and University of Oslo, and Halle Margrete Meltzer, National Institute of Public Health, Oslo, Norway, 个人通信。同时感谢挪威的Michael Brady帮助证实相关数据。

247 挤奶器广告：E. Parpis, "Got Milk?" *Adweek*, 27 Mar. 2000, p. 13.

第12章：高瞻远瞩

251 母乳中有机氯污染物：A. A. Jensen and S. A. Slorach, "Assessment of Infant Intake of Chemicals via Breast Milk," in A. A. Jensen and S. A. Slorach, eds., *Chemical Contaminants in Human Milk* (Boca Raton: CRC Press, 1991), pp. 215—222.

251 含量超过商业食品的法定标准：T. Schettler et al., *Generations at Risk: Reproductive Health and the Environment* (Cambridge: MIT Press, 1999), p. 205.

251 1996年相关引用：W. J. Rogan, "Pollutants in Breast Milk," *Archives of Pediatrics and Adolescent Medicine* 150(1996): 981—990.

251 母乳喂养的婴儿吸收多氯联苯比父母高五十倍：L. Birnbaum and B. P. Slezak, "Dietary Exposure to PCBs and Dioxins in Children," *EHP* 107(1999): 1; O. Papke, "PCDD/PCDF: Human Background Data for Germany, a Ten Year Experience," *EHP* 106(1998, sup. 2): 723—731. 尽管二噁英吸收量较大，但由于年龄很小，婴儿体内的积存量仍低于成人. 剂量的测定是采用日常暴露剂量较好，还是参照累计体内积存量为妙，无人知晓 (Dr. Tom Webster, Boston University, 个人通信)。

251—252 二噁英暴露超过世卫组织限量：D. Buckley-Golder, *Compilation of EU Dioxin Exposure and Health Data, Summary Report*, Report Produced for the European Commission, DG

Environment, UK Department of Environment Transport and the Regions (Oxfordshire, U. K.: AEA Technology, 1999).

252 英国婴幼儿吸收的多氯联苯比耐受量高十七倍：J. Wise, “High Amounts of Chemicals Found in Breast Milk,” *British Medical Journal* 314(1997): 1505.

252 奶粉受污染程度较低：J. S. Schreiber, “Transport of Organic Chemicals to Breast Milk: Tetrachloroethene Case Study,” in S. Kacew and G. H. Lambert, eds., *Environmental Toxicology and Pharmacology of Human Development* (Washington, D. C.: Taylor & Francis, 1997), pp. 95—143.

252 奶粉中的脂肪从植物油提取：J. S. Schreiber, “Transport of Organic Chemicals.”

252 1998年针对十一月龄婴儿的研究：Papke, “PCDD/PCDF.”

252 相差二十倍：H. Beck et al., “PCDD and PCDF Exposures and Levels in Humans in Germany,” *EHP* 102(1994, sup. 1): 173—185.

252 荷兰研究：C. I. Lanting et al., “Determinants of Polychlorinated Biphenyl Levels in Plasma from 42-Month-Old Children,” *Archives of Environmental Contamination and Toxicology* 35(1998): 135—139; S. Patandin et al., “Plasma Polychlorinated Biphenyl Levels in Dutch Preschool Children Either Breast-fed or Formula-fed During Infancy,” *Am. J. of Public Health* 87(1997): 1711—1714.

252 研究始终显示在婴幼儿期摄入母乳越多，组织中有机氯的浓度越高：参见Lanting, “Determinants of Polychlorinated Biphenyl Levels in Plasma from 42-Month-Old Children.”

252 甚至到25岁时：S. Patandin et al., “Dietary Exposure to Polychlorinated Biphenyls and Dioxins from Infancy Until Adulthood: A Comparison Between Breast-feeding, Toddler, and Long-term Exposure,” *EHP* 107(1999): 45—51.

252 首篇母乳污染的报告：E. P. Laug et al., “Occurrence of DDT in Human Fat and Milk,” *Archives of Industrial Hygiene* 3(1951): 245.

252 1966年的发现：“Report of a New Chemical Hazard,” *New Scientist* 32(1966): 612.

252 1981年发现200种化学污染物：E. D. Pellizzari et al., “Purgeable Organic Compounds in Mothers' Milk,” *Bulletin of Environmental Contamination and Toxicology* 28(1982): 322—328.

252—253 滴滴涕和多氯联苯成为最广泛的污染物：M. Cavaliere et al., “Polychlorinated Biphenyls and Dichlorodiphenyl Trichloroethane in Human Milk: A Review,” *European Review for Medical and Pharmacological Sciences* 1 (1997): 63—68; A. A. Jensen “Levels and Trends of Environmental Chemicals in Human Milk,” in Jensen and Slorach, *Chemical Contaminants in Human Milk*, pp. 45—198.

253 母乳中其他常见污染物：指对厕所除臭剂二氯苯、木材防护剂五氯酚、阻燃剂多溴联苯； 322
杀虫剂包括毒杀芬、艾氏剂、异狄氏剂和林丹；白蚁防治剂包括七氯和氯丹；垃圾焚烧的副产物是二噁英和呋喃；电缆绝缘材料含多氯奈；杀菌剂里的六氯苯已在美国禁止生产，但依旧在生产莠去津等其他农药、木材防护剂五氯酚以及全氯乙烯、四氯化碳等普通溶剂时作为副产物产生。母乳中的挥发性化学物质包括苯、苯乙烯、氯仿、甲苯和全氯乙烯。母乳中的溶剂物质比血液中的多，这是因为乳房组织在清除它们时效率较低。[A. P. J. M. van Birgelen, “Hexachlorobenzene as a Possible Major Contributor to the Dioxin Activity of Human Milk,” *EHP* 106(1998): 683—688; J. Fisher, “Lactational Transfer of Volatile Chemicals in Breast Milk,” *American Industrial Hygiene Association Journal* 58(1997): 425—431; Schettler et al., *Generations at Risk*, p. 216; Schreiber, “Transport of Organic Chemicals”; B. R. Sonawane, “Chemical Contaminants in Human Milk: An Overview,” *EHP* 103(1995, sup. 6): 197—205].

253 “无知是福”的观点：近期一项评述得出结论：“或许就连得知母乳可能被污染的消息也会引发哺乳妈妈的担忧，影响母乳喂养。”［C. M. Berlin and S. Kacew, “Environmental Chemicals in Human Milk,” in S. Kacew and G. H. Lambert, eds., *Environmental Toxicology and Pharmacology of Human Development* (Washington, D. C.: Taylor & Francis, 1997), pp. 67—93］. 另见 S. L. Hatcher, “The Psychological Experience of Nursing Mothers Upon Learning of a Toxic Substance in their Breast Milk,” *Psychiatry* 45(1982): 172—181.

255 比利时的食品安全危机：T. J. Allen, “Dioxin: It's What's for Dinner!” *In These Times*, 22 Aug. 1999, pp. 14—16; H. Ashraf, “European Dioxin-Contaminated Food Crisis Grows and Grows,” *Lancet* 353(1999): 2049; R. Clapp and D. Ozonoff, “Where the Boys Aren't: Dioxin and the Sex Ratio,” *Lancet* 355(2000): 1838—1839; B. E. Erickson, “Dioxin Food Crisis in Belgium,” *Analytical Chemistry* 71(1999): 541A—543A; D. MacKenzie, “Recipe for Disaster,” *New Scientist*, 12 June 1999, p. 4; C. R. Whitney, “Food Scandal Adds to Belgium's Image of Disarray,” *New York Times*, 9 June 1999, p. A4.

255 有关儿童影响的引用：N. van Larebeke et al., “The Belgian PCB and Dioxin Incident of January-June 1999: Exposure Data and Potential Impact on Health,” *EHP* 109(2001): 265—273.

255—256 二噁英的毒性：Center for Health, Environment and Justice, *American People's Dioxin Report* (Falls Church, Va.: CHEJ, 1999); International Agency for Research on Cancer, *IARC Monographs on the Evaluation of Carcinogenic Risks to Humans, vol. 69, Polychlorinated Dibenzo-para-dioxins and Polychlorinated Dibenzofurans* (Lyons, France: IARC, 1997); D. H. Buckley-Golder, *Compilation of EU Dioxin Exposure and Health Data; Task 8: Human Toxicology*, Report Produced for European Commission on the Environment, U. K. Department of the Environment, Transport and the Regions (Oxfordshire, U. K.: AEA Technology, 1999).

256—257 芳烃受体：M. E. Hahn, “The Aryl Hydrocarbon Receptor: A Comparative Perspective,” *Comparative Biochemistry and Physiology*, Part C, 121(1998): 23—53.

257 对动物和人类健康的影响：有关二噁英围产影响的系列研究成果，参见“Workshop on Perinatal Exposure to Dioxin-like Compounds,” in *Environmental Health Perspectives* 103(1995, sup. 2): G. Lindstrom et al., “Workshop on Perinatal Exposure to Dioxin-like Compounds,” pp. 135—142; B. Eskenazi and G. Kimmel, “Ⅱ. Reproductive Effects,” pp. 143—145; M. M. Feeley, “Ⅲ. Endocrine Effects,” pp. 147—150; M. S. Golub and S. W. Jacobson, “Ⅳ Neurobehavioral Effects,” pp. 151—155; L. S. Birnbaum, “Ⅴ Immunologic Effects,” pp. 157—160.

257 世卫组织宣布二噁英是已知人类致癌物之一：International Agency for Research on Cancer, *IARC Monographs*, vol. 69.

257 两倍大气沉降：D. M. Wagrowski and R. A. Hites, “Insights into the Global Distribution of Polychlorinated Dibenzo-*p*-dioxins and Dibenzofurans,” *Environmental Science and Technology* 34(2000): 2952—2958.

257 二噁英来源：J. I. Baker and R. A. Hites, “Is Combustion the Major Source of Polychlorinated Dibenzo-*p*-dioxins and Dibenzofurans to the Environment? A Mass Balance
323 Investigation,” *Environmental Science and Technology* 34(2000): 2879—2886; 同上, “Siskiwit Lake Revisited: Time Trends of Polychlorinated Dibenzo-*p*-dioxin and Dibenzofuran Deposition at Isle Royale, Michigan,” *Environmental Science and Technology* 34(2000): 2887—2891.

257—258 努纳武特地区：B. Commoner et al., *Long-range Air Transport of Dioxin from North American Sources to Ecologically Vulnerable Receptors in Nunavut, Arctic Canada*, Final Report to the North American Commission for Environmental Cooperation (Flushing, N. Y.: Center for the Biology of Natural Systems, Queens College, CUNY, 2000); P. J. Hilts, "Dioxin in Arctic Circle Is Traced to Sources Far to the South," *New York Times*, 17 Oct. 2000, p. F2; J. Raloff, "Even Nunavut Gets Plenty of Dioxin," *Science News* 158(7Oct. 2000): 230.

258—259 伊利诺伊州哈特福德市冶炼厂：有关U.S. v. Chemetco, Inc. et al. 更多信息，可登录环保局执法数据库：www. epa. gov/region5/enforcement.

259 全球母乳污染：M. A. Alawi et al., "Organochlorine Pesticide Contaminations in Human Milk Samples from Women Living in Amman, Jordan," *Archives of Environmental Contamination and Toxicology* 23(1992): 235—239; I. Al-Saleh et al., "Residue Levels of Organochlorinated Insecticides in Breast Milk: A Preliminary Report from Al-Kharj, Saudi Arabia," *J. of Environmental Pathology, Toxicology and Oncology* 17(1998): 37—50; R. Angulo et al., "PCB Congeners Transferred by Human Milk, with an Estimate of their Daily Intake," *Food and Chemical Toxicology* 37(1999): 1081—1088; N. Basu et al., "DDT Levels in Human Body Fat and Milk Samples from Delhi," *Indian J. of Medical Research* 94(1991): 115—118; M. N. Bates, et al., *Organochlorine Residues in the Breast Milk of New Zealand Women: A Report to the Department of Health* (Petone, New Zealand: Dept, of Scientific and Industrial Research, 1990); O. Chikuni et al., "Residues of Organochlorine Pesticides in Human Milk from Mothers Living in the Greater Harare Area of Zimbabwe," *Central African J. of Medicine* 37(1991): 136—141; J. Clench-Aas et al., "PCDD and PCDF in Human Milk from Scandinavia, with Special Emphasis on Norway," *J. of Toxicology and Environmental Health* 37(1992): 73—83; A. G. Craan and D. A. Haines, "Twenty-five Years of Surveillance for Contaminants in Human Breast Milk," *Archives of Environmental Contamination and Toxicology* 35(1998): 702—710; F. Ejobi et al., "Organochlorine Pesticide Residues in Mothers' Milk in Uganda," *Bulletin of Environmental Contamination and Toxicology* 56(1996): 873—880; B. C. Gladen et al., "Organochlorines in Breast Milk from Two Cities in Ukraine," *EHP* 107(1999): 459—462; M. J. Gonzalez et al., "Levels of PCDDs and PCDFs in Human Milk from Populations in Madrid and Paris," *Bulletin of Environmental Contamination and Toxicology* 56(1996): 197—204; K. Hooper et al., "Analysis of Breast Milk to Assess Exposure to Chlorinated Contaminants in Kazakhstan: Sources of 2,3,7,8—tetrachlorobenzo-*p*-dioxin (TCDD) Exposures in an Agricultural Region of Southern Kazakhstan," *EHP* 107(1999): 447—457; F. J. Paumgartten et al., "PCDDs, PCDFs, PCBs, and Other Organochlorine Compounds in Human Milk from Rio de Janeiro, Brazil," *Environmental Research* 83(2000): 293—297; P. M. Quinsey et al., "Persistence of Organochlorines in Breast milk of Women in Victoria, Australia," *Food and Chemical Toxicology* 33(1995): 49—56.

259 工业区二噁英和多氯联苯污染最严重：Clench-Aas, "PCDD and PCDF in Human Milk from Scandinavia"; J. -C. Dillon et al., "Pesticide Residues in Human Milk," *Food and Cosmetic Toxicology* 19(1981): 437—442; Jensen, "Levels and Trends of Environmental Chemicals in Human Milk"; Quinsey, "Persistence of Organochlorines in Breast Milk of Women in Victoria, Australia." 但也有例外。哈萨克斯坦南部农村妇女体内二噁英含量全球最高，堪比二十世纪七十年代越南橙剂喷洒高峰期时的记录。更细致的研究揭示了母乳中二噁英含量与明显喷洒过已知含二噁英的落叶剂（2,4,5-T）的棉花地有关 (Hooper, "Analysis of Breast Milk")。同样，务农妇女的谷仓被涂刷了多氯联苯浸渍的涂料，她们是母乳中多氯联苯含量最高的人群 (Jensen, "Levels and Trends")。

259 匈牙利和阿尔巴尼亚的污染程度最低：A. K. D. Liem et al., "Exposure of Populations to Dioxins and Related Compounds," *Food Additives and Contaminants* 17(2000): 241—259.

259 非工业化国家含氯农药水平较高：拉丁美洲母乳中滴滴涕平均含量最高，亚洲和中东紧随其后。[D. Smith, “Worldwide Trends in DDT Levels in Human Breast Milk,” *Inti. J. of Epidemiology* 28(1999): 179—188].

259 发展中国家城镇含量农药水平最高：Jensen, “Levels and Trends.” 截至1989年，在全球范围内，中国香港地区的妈妈的乳汁受农药污染最为严重（滴滴涕及其他有机氯），也许是因为
324 大量食用海鲜造成的。从当地海域捕捞上来的贻贝被严重污染，而污染源可能是亚洲的其他地区。[H. M. Ip and D. J. Phillips, “Organochlorine Chemicals in Human Breast Milk in Hong Kong,” *Archives of Environmental Contamination and Toxicology* 18(1989): 490—494].

259 欧洲国家乌克兰母乳中农药浓度最高：G. C. Gladen, “Organochlorines in Breast Milk from Two Cities in Ukraine. "

259 美国南部地区的灭蚁药：E. P. Savage et al., “National Study of Chlorinated Hydrocarbon Insecticide Residues in Human Milk, USA,” *Am. J. of Epidemiology* 113(1981): 413—422.

259 挪威镁厂：J. Clench-Aas, “PCDD and PCDF in Human Milk from Scandinavia.”

260 加拿大垃圾焚烧厂：Jensen, “Levels and Trends of Environmental Chemicals in Human Milk.”

260 夏威夷七氯事件：W. J. Rogan and N. B. Ragan, “Chemical Contaminants, Pharmacokinetics, and the Lactating Mother,” *EHP* 102(1994, sup. 11): 89—95.

260 澳大利亚家庭防蚁措施：M. Sim et al., “Termite Control and Other Determinants of High Body Burdens of Cyclodiene Insecticides,” *Archives of Environmental Health* 53(1998): 114—121; C. I. Stacey et al., “Organochlorine Pesticide Residue Levels in Human Milk: Western Australia, 1979—1980,” *Archives of Environmental Health* 40(1985): 102—108.

260 美国军用住宅里的氯丹：Rogan and Ragan, “Chemical Contaminants.”

260 加拿大北部地区、瑞典和芬兰的农药：W. H. Newsome and J. J. Ryan, “Toxaphene and Other Chlorinated Compounds in Human Milk from Northern and Southern Canada: A Comparison,” *Chemosphere* 39(1999): 519—526; Jensen, “Levels and Trends”; K. Wickstrom et al., “Levels of Chlordane, Hexachlorobenzene, PCB and DDT Compounds in Finnish Human Milk in 1982,” *Bulletin of Environmental Contamination and Toxicology* 31(1983): 251—256.

262 重金属附着在乳蛋白上：Jensen, “Levels and Trends.”

262 脂溶性污染物威胁最大：同上。

262 母乳中脂肪的来源：Schreiber, “Transport of Organic Chemicals.”

262 哺乳期间一生积存在体内的污染物被调动起来：同上。

263 污染物如何进入乳腺：Jensen, “Levels and Trends.”

263 母乳中的污染物比脐带血中的更多：同上。

263 排便分析：K. Abraham et al., “Intake, Fecal Excretion, and Body Burden of Polychlorinated Dibenzo-*p*-dioxins and Dibenzofurans in Breast-fed and Formula-fed Infants,” *Pediatric Research* 40(1996): 671—679; K. Abraham et al., “Intake and Fecal Extraction of PCDDs, PCDFs, HCB and PCBs (138, 153, 180) in a Breast-fed and Formula-fed Infant,” *Chemosphere* 29(1994): 2279—2286.

263 新生鼠体内的滴滴涕含量：Jensen, “Levels and Trends.”

263 母乳污染随母亲年龄增长而加重：J. M. Albers et al., “Factors That Influence the Level of Contaminations of Human Milk with Polychlorinated Organic Compounds,” *Archives of Environmental Contamination and Toxicology* 39(1996): 285—291; M. Schlaud et al., “Organochlorine Residues in Human Breast Milk: Analysis Through a Sentinel Practice Network,” *J. of Epidemiology and Community Health* 49(1995, sup. 1): 17—21.

263 污染随累计哺乳时间增加而减少：Rogan and Ragan, "Chemical Contaminants"; Schettler et al., *Generations at Risk*, pp. 225—226.

263 双胞胎哺乳研究：A. Schecter et al., "Decrease in Levels and Body Burden of Dioxins, Dibenzofurans, PCBs, DDE, and HCB in Blood and Milk in a Mother Nursing Twins over a Thirty-eight Month Period," *Chemosphere* 37(1998): 1807—1816.

263 老大受到的污染最多：T. Vartianen et al., "PCDD, PCDF, and PCB Concentrations in Human Milk from Two Areas of Finland," *Chemosphere* 34(1997): 2571—2583.

264 饮食的作用：K. Noren, "Levels of Organochlorine Contaminants in Human Milk in Relation to the Dietary Habits of the Mothers," *Acta Paediatrica Scandinavica* 72(1983): 811—816; G. Schade and B. Heinzow, "Organochlorine Pesticides and Polychlorinated Biphenyls in Human Milk of Mothers Living in Northern Germany: Current Extent of Contamination, Time Trend from 1986 to 1997, and Factors that Influence the Levels of Contamination," *Science of the Total Environment* 23(1998): 31—39.

264 安大略湖与新贝德福德：P. J. Kostyniak et al., "Relation of Lake Ontario Fish
Consumption, Lifetime Lactation, and Parity to Breast Milk Polychlorobiphenyl Concentration and 325
Pesticide Concentrations," *Environmental Research* 80(1999, sec. A): S166—S174; S. A. Korrick and L. Altshul, "High Breast Milk Levels of Polychlorinated Biphenyls (PCBs) among Four Women Living Adjacent to a PCB-Contaminated Waste Site," *EHP* 106(1998): 513—518.

264 瑞典研究：R. Vaz, "Average Swedish Dietary Intakes of Organochlorine Contaminants via Foods of Animal Origin and their Relation to Levels in Human Milk, 1975—1990," *Food Additives and Contaminants* 12(1995): 543—558.

265 母乳监测项目：K. Hooper and T. A. McDonald, "The PBDEs: An Emerging Environmental Challenge and Another Reason for Breast-Milk Monitoring Programs," *EHP* 108(2000): 387—392.

265 美国母乳监测项目于1978年终结：Schettler et al., *Generations at Risk*, pp. 204—205. 最近，一些研究带头人呼吁美国重新建立母乳监测项目，由美国卫生与人类服务部联手州级与当地机构共同协调。(K. Florini and L. R. Goldman, "Mothers' Milk Should Not Be Such a Mystery," *San Francisco Chronicle*, 29 Nov. 2000), p. A27.

265 加拿大调查：Craan and Haines, "Twenty-five Years of Surveillance."

265 瑞典母乳监测中心：K. Noren and D. Meironyte, "Certain Organochlorine and Organobromine Contaminants in Swedish Breast Milk in Perspective of Past 20—30 Years," *Chemosphere* 40(2000): 1111—1123.

265 德国、荷兰、丹麦和英国的污染趋势：Papke, "PCDD PCDF"; Schade and Heinzrow, "Organochlorine Pesticides and Polychlorinated Biphenyls."

265—266 加拿大的污染趋势：Craan and Haines, "Twenty-five Years of Surveillance."

266 二噁英的趋势：D. H. Buckley-Golder, *Compilation of EU Dioxin Exposure and Health Data. Task 5: Human Tissue and Milk Levels* (Oxford, U. K.: AEA Technology, 1999); J. S. LaKind et al., "Infant Exposure to Chemicals in Breast Milk in the United States: What We Need to Learn from a Breast Milk Monitoring Program," *EHP* 109(2001): 75—88; A. K. Liem et al., "Exposure of Populations to Dioxins and Related Compounds," *Food Additives and Contaminants* 17(2000): 241—259.

266 出现高点的迹象：S. S. Atuma et al., "Organochlorine Pesticides, Polychlorinated Biphenyls and Dioxins in Human Milk from Swedish Mothers," *Food Additives and Contaminants*

15(1998): 142—150; P. Furst, "PCDDs/PCDFs in Human Milk—Still a Matter of Concern?" *Organohalogen Compounds* 48(2000): 111—114.

266 阻燃物质：Hooper and McDonald, "The PBDEs"; Noren and Meironyte, "Certain Organochlorine and Organobromine Contaminants."

266—267 芳香胺：L. S. DeBruin et al., "Detection of Monocyclic Aromatic Amines, Possible Mammary Carcinogens, in Human Milk," *Chemical Research in Toxicology* 12(1999): 78—82.

269 动物研究：D. C. Rice, "Behavioral Impairment Produced by Low—level Postnatal PCB Exposure in Monkeys," *Environmental Research* 80 (1999, 2 Pt 2): S 113—121; 同上, "Effects of Postnatal Exposure of Monkeys to a PCB Mixture on Spatial Discrimination Reversal and DRL Performance," *Neurotoxicology and Teratology* 20(1998): 391—400; 同上, "Effect of Postnatal Exposure to a PCB Mixture in Monkeys on a Multiple Fixed Interval-Fixed Ratio Performance," *Neurotoxicology and Teratology* 19 (1997): 429—434; D. C. Rice and S. Hayward, "Effects of Postnatal Exposure to a PCB Mixture in Monkeys on Nonspatial Discrimination Reversal and Delayed Alternation Performance," *Neurotoxicology* 18(1997): 479—494. 另见A. Brouwer et al., "Report of the WHO Working Group on the Assessment of Health Risks for Human Infants to PCDDs, PCDFs and PCBs," *Chemosphere* 37(1998): 1627—1643; R. D. Kimbrough, "Toxicological Implications of Human Milk Residues as Indicated by Toxicological and Epidemiological Studies," in Jensen and Slorach, *Chemical Contaminants in Human Milk*, pp. 271—283; D. B. Sager and D. M. Girard, "Long-term Effects on Reproductive Parameters in Female Rats after Translational Exposure to PCBs," *Environmental Research* 66(1994): 52—76.

269 引自哺乳方面的畅销书：K. Pryor and G. Pryor, *Nursing Your Baby* (New York: Pocket Books, 1991), pp. 86; H. Lothrop, *Breastfeeding Naturally: An Approach for Today's Mother* (Tucson: Fisher Books, 1999), p. 92; S. Kitzinger, *The Experience of Breastfeeding* (New York: Penguin, 1987), pp. 140—148.

269 1998年研究者引语：van Birgelen, "Hexachlorobenzene as Possible Major Contributor."

269—270 美国研究：相关研究综评，参见K. N. Dietrich, "Environmental Chemicals and
326 Child Development," *J. of Pediatrics* 134(1999): 7—9; National Research Council, *Hormonally Active Agents in the Environment* (Washington, D. C.: National Academy Press, 1999), pp. 178—184. 另见本书第144—146页"证明多氯联苯对胎儿脑部发育产生不利影响的人类研究"词条注释提及的相关参考文献。很多研究分析产前污染暴露的同时也分析母乳污染暴露。

270 因纽特人研究：J. D. Baxter, "Otitis Media in Inuit Children in the Eastern Canadian Arctic——An Overview, 1968 to Date," *Intl. J. of Pediatric Otorhinolaryngology* 49(1999, sup.1): S165—176; E. Dewailly et al., "Susceptibility to Infections and Immune Status in Inuit Infants Exposed to Organochlorines," *EHP* 108(2000): 205—211.

270—272 荷兰研究：Dietrich, "Environmental Chemicals and Child Development"; M. Huisman et al., "Neurological Condition in 18-month-old Children Perinatally Exposed to Polychlorinated Biphenyls and Dioxins," *Early Human Development* 43(1995): 165—176; C. Koopman-Essebaum, "Overview of the Dutch PCB Study in Children: Effects on Neurodevelopment and Thyroid Hormone Levels in the First 3 1/2 Years of Life," in *Proceedings of the Atlantic Coast Contaminants Workshop 2000* (Bar Harbor, Me.: Jackson Laboratory, June 2000); C. I. Lanting et al., "Breastfeeding and Neurological Outcome at 42 Months," *Acta Paediatrica* 87(1998): 1124—1129; C. I. Lanting, "Effects of Perinatal PCB and Dioxin Exposure and Early Feeding Mode on Child Development," Ph. D. diss., Rijksuniversiteit Groningen, Netherlands; S. Patandin et al., "Effects of Environmental Exposure to Polychlorinated Biphenyls and Dioxins on Cognitive Abilities in Dutch Children at 42 Months of Age," *J. of Pediatrics* 134(1999): 33—41; S. Patandin, "Effects of Environmental Exposure to Polychlorinated Biphenyls and Dioxins on Growth and Development in Young Children," Ph. D. diss., Erasmus Universiteit, Rotterdam, 1999; S. Patandin et al., "Plasma Polychlorinated Biphenyl Levels in Dutch Preschool Children Either Breast-fed or Formula-fed During Infancy," *Am. J. of Public Health* 87(1997): 1711—1714; N. Weisglas-Kuperus et al., "Immunologic Effects of Background Exposure to Polychlorinated Biphenyls and Dioxins in Dutch Preschool Children," *EHP* 108(2000): 1203—1207.

271—272 研究作者引语：Weisglas-Kuperus, "Immunologic Effects of Background Exposure."

272 芬兰研究：S. Alaluusua et al., "Developing Teeth as a Biomarker of Dioxin Exposure," *Lancet* 353(1999): 206; A. M. Partanen, "Epidermal Growth Factor Receptor as a Mediator of Developmental Toxicity of Dioxin in Mouse Embryonic Teeth," *Laboratory Investigation* 78(1998): 1473—1481; J. Raloff, "Dioxin Can Harm Tooth Development," *Science News* 155(1999): 119.

272 荷兰研究：M. Forouhandeh-Gever, et al., "Does Perinatal Exposure to Background Levels of Dioxins Have a Lasting Effect on Human Dentition?" *Organohalogen compounds* 44(1999): 279—282; Dr. Janna Koppe, University of Amsterdam, 个人通信。

274 奶粉每年使四千名婴儿夭折：据美国国际开发署营养与孕妇保健处主任米丽亚姆·拉伯克博士（Miriam Labbok）估算，倘若所有的美国妈妈给孩子喂母乳12周以上，每年就会多存活四千名婴儿，包括通过传染病和婴儿猝死综合征的预防拯救下来的生命。

274—275 早期风险评估：W. J. Rogan et al., "Should the Presence of Carcinogens in Breast Milk Discourage Breast Feeding?" *Regulatory Toxicology and Pharmacology* 13(1991): 228—240. 另见J. W. Frank and J. Newman, "Breast-feeding in a Polluted World: Uncertain Risks, Clear Benefits," *Canadian Medical Association Journal* 149(1993): 33—37. 此外，对早期风险评估的批评，参见Schreiber, "Transport of Organic Chemicals."

275 后期风险评估：Buckley-Golder, *Compilation*, pp. 2—3.

275 近期报告引语：同上，pp. 2—3。

275 "那些无视母乳污染的观点已不再有效."：H. R. Pohl and B. F. Hibbs, "Breast-feeding Exposure of Infants to Environmental Contaminants——A Public Health Risk Assessment Viewpoint: Chlorinated Dibenzodioxins and Chlorinated Dibenzofurans," *Toxicology and Industrial Health* 12(1996): 593—611.

275 "通常认为母乳是安全的……"：J. Yonemoto, "The Effects of Dioxin on Reproduction and Development," *Industrial Health* 38(2000): 259—268.

275 2001年综述：LaKind, "Infant Exposure."

275—276 污染物影响乳汁分泌：B. C. Gladen and W. J. Rogan, "DDE and Shortened Duration of Lactation in a Northern Mexican Town," *Am. J. of Public Health* 85(1995): 504—508; C. I. Lanting, "Environmental Exposure to Polychlorinated Biphenyls (PCBs) Is Negatively Related to Human Milk Output and Fat Content," in Lanting, *Effects of Perinatal PCB and* 327
Dioxin Exposure, pp. 101—114; W. J. Rogan et al., "Polychlorinated Biphenyls (PCBs) and Dichlorodiphenyl Dichlorocthene (DDE) in Human Milk: Effects on Growth, Morbidity, and Duration of Lactation,"*Am. J. of Public Health* 77(1987): 1294—1297; W. J. Rogan, "Pollutants in Breast Milk," *Archives of Pediatrics and Adolescent Medicine* 150(1996): 981—990; Schettler et al., *Generations at Risk*, p. 205.

276 食素的问题：严格奉行素食主义（纯素食主义）意味着在饮食上没有奶、奶酪、蛋及其他任何动物食品。1997年，研究人员选定两位纯素食主义者（一位是男性，另一位是女性），测定他们体内二噁英和多氯联苯的含量. 他们血液中的污染物含量是大众男女平均水平的三分之一至二分之一。不过，这两位受试者已食素近三十年。[A. Schecter and O. Papke, "Comparisons of Blood Dioxin, Dibenzofuran, and Coplanar PCB Levels in Strict Vegetarians [Vegans] and the General United States Population," *Organohalogen Compounds* 38(1998): 179—182]. 食用奶产品的素食者接受体内二噁英测试时，其血液中污染物含量与大众水平没有差别。(Linda Birnbaum, U. S. EPA, personal communication). 另见Beck et al., "PCDD and PCDF Exposure"; P. C. Dagnelie et al., "Nutrients and Contaminants in Human Milk from Mothers on Macrobiotic and Omnivorous Diets," *European J. of Clinical Nutrition* 46(1992): 355—366; F. Ejobi et al., "Some Factors Related to sum-DDT Levels in Ugandan Mothers' Breast Milk," *Public Health* 112(1998): 425—427; J. Hergenrather et al., "Pollutants in the Breast Milk of Vegetarians," letter, *NEJM* 304(1981): 792; Jensen, "Levels and Trends"; Papke, "PCDD/PCDF"; H. J. Pluim et al., "Influence of Short-Term Dietary Measures on Dioxin Concentrations in Human Milk," *EHP* 102(1994): 968—971; A. Somogyi and H. Beck, "Nurturing and Breast-feeding: Exposure to Chemicals in Breast Milk," *EHP* 101(1993, sup. 2): 45—52. 感谢社会责任医师组织的医学博士吉尔·斯坦（Jill Stein）就相关主题分析提出建议。

277 不要减肥的问题：J. G. Dorea et al., "Pregnancy-Related Changes in Fat Mass and Total DDT in Breast Milk and Maternal Adipose Tissue," *Annals of Nutrition and Metabolism* 41(1997): 250—254; C. A. Lovelady et al., "Weight Change During Lactation Does Not Alter the Concentrations of Chlorinated Organic Contaminants in Breast Milk of Women with Low Exposure," *J. of Human Lactation* 15(1999): 307—315; Schlaud, "Organochlorine Residues in Human Breast Milk"; M. R. Sim and J. J. McNeil, "Monitoring Chemical Exposure Using Breast Milk: A Methodological Review," *Am. J. of Epidemiology* 136(1992): 1—11; Schreiber, "Transport of Organic Chemicals."

277 把奶水挤出倒掉：Center for Health and Environmental Justice, *American People's Dioxin Report*, p. 29.

328 277 换成奶粉喂养：Beck et al., "PCDD and PCDF Exposure"; Pohl and Hibbs, "Breast-feeding Exposure of Infants"; Sonawane, "Chemical Contaminants in Human Milk."

277 奶粉中铅污染更严重：J. Newman, "Would Breastfeeding Decrease Risks of Lead Intoxication?" *Pediatrics* 90(1993): 131—132. 此外，豆奶中植物性雌激素水平较高，而动物研究发现植物性雌激素改变甲状腺功能，因此引发长期的健康影响。[National Research Council, *Hormonally Active Agents in the Environment*, p. 73; K. D. Setchell et al., "Exposure of Infants to Phyto-oestrogens from Soy-based Infant Formula," *Lancet* 350(1997): 23—27].

278 硝酸盐与除草剂：B. A. Cohen et al., *Pouring It On: Nitrate Contamination of Drinking Water* (Washington, D. C.: Environmental Working Group, 1996); J. Houlihan and R. Wiles, *Into the Mouths of Babes: Bottle-fed Infants at Risk from Atrazine in Tap Water* (Washington, D. C.: Environmental Working Group, 1999); L. Knobeloch et al., "Blue Babies and Nitrate-Contaminated Well Water," *EHP* 108(2000): 675—678.

278 渗出的增塑剂：G. Hess, "Activists Push FDA to Remove Bisphenol—A from Baby Bottles," *Chemical Market Reporter* 255(17 May 1999): 9; A. D'Antuono et al., "Determination of Bisphenal—A in Food-Simulating Liquids Using LC-ED with a Chemically Modified Electrode," *Journal of Agricultural and Food Chemistry* 49(2001): 1098—1101.

278 有效的办法：感谢吉尔·史坦博士和二噁英2000年讨论会母乳工作小组成员——Kim Hooper、Sharyle Patton、Allen Rosenfeld、Gina Solomon、Pilar Weiss和Jane Williams为我在本书的相关分析献计献策。

278 引自美国研究人员：Smith, “Worldwide Trends in DDT Levels in Human Milk.”

278 引自德国研究者：Papke, “PCDD/PCDF.”

278—279 引自瑞典研究者：K. Noren et al., “Methysulfonyl Metabolites of PCBs and DDE in Human Milk in Sweden, 1972—1992,‘ *EHP* 104(1996): 766—772.

279 荷兰研究者引语：C. I. Lanting and S. Patandin, “Exposure to PCBs and Dioxins: Adverse Effects and Implications for Child Development,” in S. Gabizon, ed., *Women and POPs: Women's View and Role Regarding the Elimination of POPs—Report on the Activities of the IPEN's Women's Group During the IPEN Conference and the INC3,* Geneva, September 4—11, 1999 (Utrecht: Women in Europe for a Common Future, 1999), pp. 10—12.

279—280 《儿童权利公约》：Infant Feeding Action Coalition, “Breast-feeding: A Human Right,” *INFACT Newsletter*, Winter 1997, p. 3.

280 将哺乳视为公民权利的美国诸州：根据美国护士助产士学院（American College of Nurse-Midwives）的统计，这些州分别是加利福尼亚州、佛罗里达州、佐治亚州、爱达荷州、艾奥瓦州、明尼苏达州、密苏里州、纽约州、俄勒冈州、田纳西州和得克萨斯州 (www. birth. org)。

280 珍妮特·戴克案例：C. S. Shdaimah, “Why Breastfeeding Is (Also) a Legal Issue,” *10 Hastings Women's Law Journal* 409(1999): 5—34.

283 新泽西州食用鱼警告：访问www. state. nj. us/dep/dsr/njmainfish. htm. 各州的食用鱼警告，访问www. epa. gov/OST/fish.

后　记

284 预防原则的历史：C. Smith and C. Curtis, “The Precautionary Principle and Environmental Policy: Science, Uncertainty, and Sustainability,” *Inti J. of Occupational and Environmental Health* 6(2000): 263—265.

285 温斯布雷德中心会议：C. Raffensperger and J. Tickner, *Protecting Public Health and the Environment: Implementing the Precautionary Principle* (Washington, D. C.: Island Press, 1999), pp. 349—355.

285 预防原则的基本理由：Smith, “Precautionary Principle and Environmental Policy.”

285 “Kogai”: Dr. Tomohiro Kawaguchi, School of Public Health, University of South Carolina, 个人通信。

285 1998年以来的预防原则：C. Raffensperger et al., “Precaution: Belief, Regulatory System, and Overarching Principle,” *Inti J. of Occupational and Environmental Health* 6(2000): 266—269.

286 引自谢尔·拉松：“Swedish Minister Talks Tough on Toxics Phase-Out,” Reuters News Service, 25 Jan. 2001.

286 持久性有机污染物协定：J. Kaiser and M. Enserink, “Treaty Takes a POP at the Dirty Dozen,” *Science* 290(2000): 2053. 协定详细介绍，访问http: //irptc. unep. ch/pops.

286—287 目标制定：Mary O'Brien，个人通信。另见M. O'Brien, *Making Better Environmental Decisions: An Alternative to Risk Assessment* (Cambridge: MIT Press, 2000).

287 “大肚子长廊”：健康、环境与司法中心（Center for Health, Environment and Justice）的夏洛特·布洛迪（Charlotte Brody）帮助组织此次活动，感谢她生动的描述。

更多资源

以下是我在研究和宣传工作中发现十分有帮助的组织（所有网址前缀均为http://）。

名称：Birth Defect Research for Children, Inc.

地址：930 Woodcock Road, Suite 225 Orlando, FL 32803

网址：www. birthdefects. org

面向父母提供儿童出生缺陷信息及支持，同时赞助支持研究出生缺陷与环境污染物关系的研究机构——国家出生缺陷登记局。

名称：California Birth Defects Monitoring Program

地址：1830 Embarcadero, Suite 100 Oakland, CA 94606

网址：www. cbdmp. org

作为公共卫生机构，致力于寻找出生缺陷根源，重点研究基因与环境的相互关系，资金通过加州公共卫生服务部划拨，由畸形儿基金会共同管理，网站对外公布相关出生缺陷登记数据及研究成果，涉及出生缺陷与产前有机溶剂、危险废弃物和农药的关系等各个主题。

名称：Center for Health, Environment and Justice

地址：P. O. Box 6806 · 150 S. Washington, Suite 300 Falls Church, VA 22040

网址：www. chej. org

由爱河社区领导者Lois Gibbs创建，原名为Citizen's Clearinghouse for Hazardous Waste，旨在帮助公民组织起来，对抗当地社区的有毒污染。

名称：Children's Environmental Health Network

地址：5900 Hollis Street, Suite E Emeryville, CA 94608

网址：www. cehn. org

国内机构，致力于维护儿童环境卫生，重点在教育、研究及政策领域。

名称：DES Action

地址：601 Sixteenth Street, Suite 301 Oakland, CA 94612

网址：www. desaction. org

对外公布DES的相关资讯，并向DES暴露的个人提供帮助。

名称：Environmental Defense

地址：257 Park Avenue South New York, NY 10010

网址：www. edf. org

www. scorecard. org（提供根据知情权法公布的您所在社区的环境数据）

致力于保护人人享有的环境权利，网站采用“记分卡”式设计，方便公民查询驻地邮编范围内的污染源，内容包括地图、化学品排放数据、具体有毒化学品对健康的影响等信息。

名称：Environmental Research Foundation

地址：P. O. Box 5036 Annapolis, MD 21403

网址：www. rachel. org

出版Rachel的*Environmental Health Biweekly*，为面对具体环境问题的社区居民提供技术帮助，网站是研究有毒化学物及其影响的绝佳起点。

名称：Health Care Without Harm

地址：c/o CCHWP. O. Box 6806Falls Church, VA 22040

网址：www. noharm. org

宣传绿色医疗，致力于推动医疗产业的转变，使其不再产生环境污染物——尤其是二噁英和汞。

名称：International POPs Elimination Network

地址：c/o Canadian Environmental Law Association 517 College Street, Suite 401

Toronto, Ontario Canada M6G 4A2

网址：www. ipen. org

全球公益组织联盟，致力于在全世界范围内支持持久性污染物的消除，曾在联合国POP协定谈判中发挥重要作用。目前在推动《斯德哥尔摩公约》的审批和实施。

名称：Mercury Policy Project

地址：1420 North Street · Montpelier, VT 05602

网址：www. mercurypolicy. org

提升公众对汞污染威胁的意识，致力于倡导消除汞使用、大幅降低汞暴露的政策。

名称：National Coalition Against the Misuse of Pesticides

地址：701 E Street, SE, Suite 200 Washington, D. C. 20003

网址：www. beyondpesticides. org

向公众提供农药信息及替代途径，范围包括草坪、花园、高尔夫球场、居家环境、日托中心及学校。

名称：Natural Resources Defense Council

地址：71 Stevenson Street San Francisco, CA 94105

网址：www. nrdc. org

www. nrdc. org/breastmilk/

环保组织，会员超过40万人，近期建立“健康母乳，健康宝宝”的网络资源库，以支持母乳喂养的视角提供经深入研究的化学品信息。

名称：Nightingale Institute for Healthand the Environment

地址：P. O. Box 412 · Burlington, VT 05402

网址：www. nihe. org

由一名护士创立，致力于帮助专业医护人员认识到人和环境卫生之间的关联。

名称：Partnership for Children's Healthand the Environment

地址：P. O. Box 757 · Langley, WA 98260

网址：www. partnersforchildren. org

国际联盟组织，致力于保护当前和未来人口，避免环境有害物暴露。

名称：Pesticide Action Network

地址：49 Powell Street, Suite 500 San Francisco, CA 94102

网址：www. panna. org

国际农药改革联盟，在全球范围内推动农药替代措施的研发，其北美区分部——Pesticide Action NetworkNorth America (PANNA)负责协调加拿大、墨西哥和美国的公益组织，并提供在线指导，帮助解决虫害及其相关问题。

名称：Physicians for Social Responsibility

地址：1875 Connecticut Avenue, NW,

Suite 1012 Washington, DC 20009

网址：www. psr. org

致力于解决核武器、全球环境污染和枪支暴力问题，近期重点关注提升对胎儿的脑神经毒素暴露的认识。

名称：Science and Environmental Health Network

地址：3704 W. Lincoln Way, Suite 282 Ames, IA 50014

网址：www. sehn. org

环境保护运动智库，关注科学与道德的关系，是美国和加拿大预防原则的主要支持者，同时管理一个由希望在公益科学领域谋职的学生组成的联盟。

名称：Washington Toxics Coalition

地址：4649 Sunnyside Avenue N, Suite 540 East Seattle, WA 98103

网址：www. watoxics. org

致力于通过倡导有毒化学品的替代来保护公众的健康，提供有关在家庭、学校、工作场所、农业及工业中预防污染的实用信息。

名称：World Alliance for Breastfeeding Action

地址：P. O. Box 1200 10850 Penang, Malaysia

网址：www. waba. org. br

与联合国儿童基金会合作，致力于在全球保护、倡导并支持母乳喂养，加入该联盟的组织和个人相信母乳喂养是所有孩子和母亲享有的权利。

索　引

说明：索引中的页码为原著页码，即本书中的边码。

H

J

K

L

M